21世纪高等学校数字媒体艺术专业规划教材

Photoshop 图形图像处理应用教程（微课视频版）

梁维娜 梁逸晟 ◎ 编著

清華大學出版社
北京

内容简介

本书主要介绍图形图像基础知识、Photoshop 基本操作、绘画与修饰工具、图像的选取操作、色彩与色调的调整、图层、路径与文字、动态图形设计。全书以案例为主导，针对知识点编制了适宜课堂教学的短小精悍案例与大量课外习题，具有很强的指导性与实战性，是学习使用 Photoshop 软件处理图像的教程和指南。

本书可作为高等院校及相关培训机构的教材，也可作为摄影爱好者、平面设计师、数码照片后期处理爱好者的参考书。

图书在版编目(CIP)数据

Photoshop 图形图像处理应用教程：微课视频版/梁维娜，梁逸晟编著．—北京：清华大学出版社，2020.10(2024.8重印)
21 世纪高等学校数字媒体艺术专业规划教材
ISBN 978-7-302-55168-3

Ⅰ．①P…　Ⅱ．①梁…②梁…　Ⅲ．①图象处理软件－高等学校－教材　Ⅳ．①TP391.413

中国版本图书馆 CIP 数据核字(2020)第 049933 号

策划编辑：魏江江
责任编辑：王冰飞
封面设计：刘　键
责任校对：时翠兰
责任印制：丛怀宇

出版发行：清华大学出版社
网　　址：https://www.tup.com.cn, https://www.wqxuetang.com
地　　址：北京清华大学学研大厦 A 座　　**邮　　编**：100084
社 总 机：010-83470000　　**邮　　购**：010-62786544
投稿与读者服务：010-62776969，c-service@tup.tsinghua.edu.cn
质量反馈：010-62772015，zhiliang@tup.tsinghua.edu.cn
课件下载：https://www.tup.com.cn，010-83470236
印 装 者：三河市君旺印务有限公司
经　　销：全国新华书店
开　　本：185mm×260mm　　**印　　张**：18.25　　**字　　数**：441 千字
版　　次：2020 年 11 月第 1 版　　**印　　次**：2024 年8月第6次印刷
印　　数：9501～11500
定　　价：79.80 元

产品编号：083677-01

前言

党的二十大报告指出：教育、科技、人才是全面建设社会主义现代化国家的基础性、战略性支撑。必须坚持科技是第一生产力、人才是第一资源、创新是第一动力，深入实施科教兴国战略、人才强国战略、创新驱动发展战略，开辟发展新领域新赛道，不断塑造发展新动能新优势。高等教育与经济社会发展紧密相连，对促进就业创业、助力经济社会发展、增进人民福祉具有重要意义。

"Photoshop 图形图像处理"这门计算机技能选修课程越来越受到学生的欢迎，从事该课程教学 20 年来，我不断尝试让教材内容的编排更具科学性，目的是为教学与学生自学带来更大的方便，使学生能在短短的一学期时间内基本掌握平面图像处理的概念及操作方法。

本书在内容的编排上打破了传统书籍的惯例，把非常重要的基本概念"选区"和"图层"放在前两章做了陈述性的讲解，为后续章节的铺垫和应用做了充分的准备。全书采用基本知识点和案例相结合的方式讲解知识点，重要的知识点后设有"实例应用"，在案例讲述过程中有必要的解释和说明；每章的课后练习也给出了主要知识点和操作技巧提示，是实用性很强的一本书。

全书共 8 章，深入细致地讲解了 Photoshop 的各种功能、命令及工具的使用，内容涉及选区的创建、图层的应用、图像的绘制、图像的润色、色彩的调整、蒙版的应用、文字编辑等。随着当今科学技术的日益发展，手机摄影已经成为大部分人的生活方式，因此，本书在内容编排上特意加重了对数码图像后期处理方面的内容介绍。从第 4 章开始每章后面都有综合应用实例，帮助读者掌握软件使用方法的同时更能轻松应对平面广告设计、数码照片处理等工作的需要。本书对有软件使用基础的读者也具有一定的进阶提升帮助。

图形图像处理是一门实践性很强的学科，一定要多上机实践才能较好地掌握这门学科。本书列举了大量图文并茂的实例与课后习题，读者只要按实例的引导一步一步地动手做下去，通过实例的操作强化对各知识点的理解，就能轻松自然地掌握图形图像处理的方法。

注：本书提供素材图片，扫描目录上方的二维码可以下载；本书还提供教学大纲、教学课件、期末试卷、教学进度表，扫描封底的课件二维码可以下载；本书还提供 150 分钟的教学视频，扫描书中相关章节的二维码可以在线观看、学习。

本书由梁维娜、梁逸晟编著，纪怀猛、吴铭、欧秀霞参与编辑。在本书的编写过程中，我们力求精益求精，但难免会有疏漏及不妥之处，敬请广大读者批评指正。

梁维娜

目　　录

素材下载

第1章 图形图像基础知识

1.1 Photoshop 功能简介

Photoshop 是一款功能强大的平面设计软件，在网页设计、建筑效果图设计、平面广告设计、特效文字设计、界面设计和影像创意设计等设计领域都有广泛的应用。

1. 平面设计的概念

平面设计是设计者借助一定的工具材料，将所要表达的形象及创意在二维空间中塑造出的视觉艺术，其广泛应用于广告、招贴、包装、海报、插图及网页制作等。因此，平面设计就是视觉传达设计。

2. Photoshop 的应用领域

1）广告设计

现实生活中，广告已和人类社会的经济以及文化生活紧密交织在一起。引人入胜的各类书籍杂志的封面、精美的广告招贴海报等，都是使用 Photoshop 对图像进行合成处理完成的。平面广告设计一般由主题文字、创意、形象和衬托等组成。广告创作就是将这些要素有机地结合起来，成为一则完整的作品，如图 1-1 所示。

图 1-1　广告设计

2）标志设计

标志是识别和传达信息的象征性视觉符号。商标、店标、厂标等专用标志对于发展经济、创造经济效益、维护企业和消费者权益等具有巨大的实用价值和法律保障作用。各种国内外重大活动、会议、运动会以及邮政运输、金融财贸、机关、团体乃至个人（图章、签名）等都有表明自己特征的标志。在当今社会活动中，一个明确而独特、简洁而优美的标志作为识别企业或商品的标记是极为重要的。

标志设计要有自己独特的组合形式，如图形组合、汉字组合、文字与图形组合、抽象图形组合等，如图 1-2 所示。

图 1-2　商标设计

3）包装设计

包装是商品生产的延续，是商品的有机组成部分。随着商品经济的发展，商品的包装设计越来越受到重视。

包装设计的视觉要求主要体现在图形、色彩、文字及编排等环节的艺术处理上，如图 1-3 所示。

图 1-3　包装设计

4）网页设计

Photoshop 是网页图像、界面制作中不可少的图像处理软件。在因特网上有很多设计独特、美观、新颖的网站，这些网站的网页都使用了 Photoshop 提供的图像切片功能及许多平面设计的技巧，如图 1-4 所示。

5）数码作品后期处理

随着数码技术不断深化，对数码后期技术人员的要求也越来越高。Photoshop 强大的调色、修饰、版面设计及合成等功能，可以很大程度上满足用户的需求，如图 1-5 所示。

图 1-4 网页设计

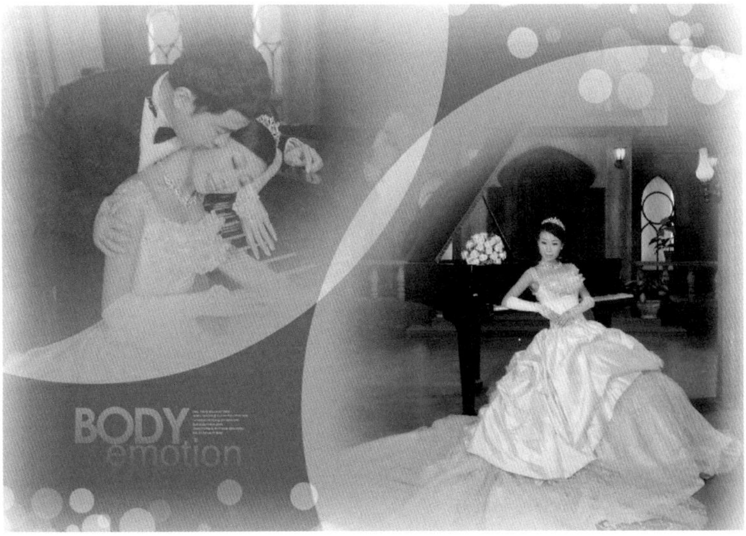

图 1-5 婚纱照

1.2 图像处理的基本概念

学习 Photoshop 之前，首先要理解有关图像的基本概念及 Photoshop 中的一些重要基础概念，为后面的学习奠定良好的基础。

1.2.1 像素和分辨率

学习平面设计，必须掌握图像的像素数据是如何被测量与显示的，这里涉及以下几个概念。

1. 像素

像素（pixel）是构成图像的最小单位，是图像的基本元素。一个像素只能是一种颜色。一个图像文件的像素越多，包含的图像信息就越多，图像的质量也就越高，保存它所需要的磁盘空间也就越大。

2. 分辨率

分辨率是指单位长度内所含像素点的数量，单位为“像素/英寸”（ppi）。分辨率对处理数码图像非常重要，与图像处理有关的分辨率有图像分辨率、打印机或屏幕分辨率等。

3. 图像分辨率

图像分辨率是指图像中每单位大小所包含的像素数目，常以“像素/英寸”为单位，是表明图像品质的重要指标。它直接影响图像输出的品质，图像分辨率越高，则图像的清晰度越高，图像占用的存储空间也越大。

4. 显示器分辨率

显示器分辨率是指显示器能够达到的显示指标，它依赖于显示器尺寸与像素设置。一般显示器最大的分辨率是 72 像素/英寸。

5. 打印机分辨率

打印机分辨率是指激光打印机每英寸产生的所有油墨点数，即打印精度（dpi）。这是衡量打印质量的重要标准，也是判断打印机分辨率的基本指标。大多数喷墨打印机分辨率为 300～720dpi。如果打印机分辨率为 300～600dpi，则图像分辨率最好为 72～150ppi；如果打印机的分辨率为 1200dpi 或更高，则图像分辨率最好为 200～300ppi。

通常情况下，如果图像仅用于显示，可将其分辨率设置为 96ppi（与显示器分辨率相同）；如果图像用于印刷输出，则应将其分辨率设置为 300ppi 或更高。

1.2.2 图像的种类

计算机图像分为位图和矢量图两大类。

1. 位图

位图是由像素点阵方式组成的画面，基本单位是像素。位图图像的大小和质量由图像中的像素多少决定，具有表现力强、层次丰富细腻等特点。位图是连续色调的图像，尺寸放大到一定程度会出现锯齿现象，图像将变得模糊，如图 1-6 所示。

存储位图时要记录每个像素点的位置和颜色，因此位图文件通常较大。位图一般由数码相机、扫描仪、图像绘制软件获得。Photoshop 图像处理软件主要用来处理位图图像。

2. 矢量图

图 1-6　位图放大后会出现锯齿现象

矢量图是用数学公式描述的图形，基本单元是线条。构成图形的线条的颜色、位置、粗细、曲率等属性均由数学模型进行描述，而记录这些公式只需很小的空间，因此矢量图文件较小。

矢量图与分辨率无关，将图形进行任意缩放都不会失真、按任意分辨率打印也不会丢失细节而影响它的清晰度，如图 1-7 所示。

由于矢量图具有这些特性，因此常用来表现企业标志、产品 Logo、卡通形象、文字等色彩较为单纯的作品。

图 1-7　矢量图放大到任意程度都不会影响清晰度

1.2.3　颜色及颜色模式

图像处理离不开色彩处理，在使用色彩之前，需要了解色彩的一些基本知识。

1. 色彩的三要素

色彩的三要素即色相、明度、纯度(色度)。任何颜色或色彩都可以从这三方面进行判断分析。

色相：指色彩所呈现出来的质的面貌，如红、黄、蓝、绿等。

明度：指色彩的明暗深浅程度。明度越高，颜色越亮。

纯度：指色相的鲜艳程度，即色彩中其他杂色所占的比例。

2. 颜色模式

颜色模式用来确定如何描述和重现图像的色彩。常见的颜色模型包括 HSB(色相、饱和度、亮度)、RGB(红色、绿色、蓝色)、CMYK(青色、品红、黄色、黑色)和 Lab 等。因此，相应的颜色模式也就有 RGB、CMYK、Lab 等。如图 1-8 所示的是 Photoshop 调色板的几种颜色模式表示红颜色时的数值。

(1) RGB 颜色模式

RGB 模式是 Photoshop 默认的颜色模式，主要用于屏幕显示，又称色光模式。由红(Red)、绿(Green)和蓝(Blue)3 种颜色组成，每种颜色分为 256 个强度等级。其他颜色由这

3 种颜色进行颜色加法交叠，可以配制出绝大部分肉眼能看到的颜色。彩色电视机的显像管及计算机的显示器都是以这种方式来显示各种不同的颜色效果的，如图 1-9 所示。

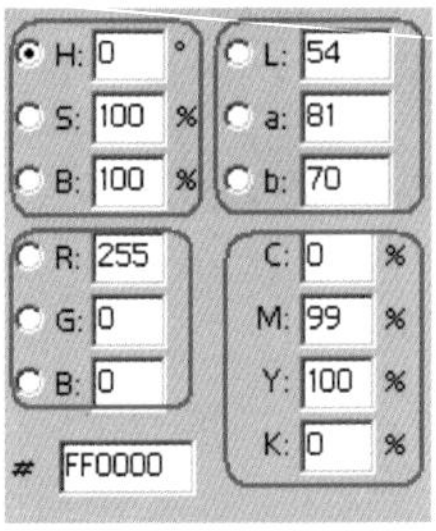

图 1-8 几种颜色模式

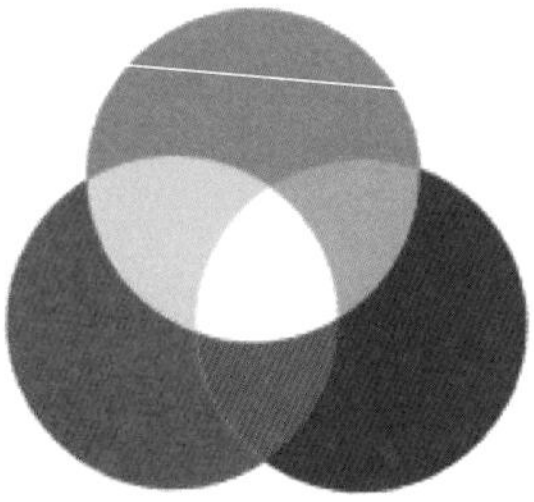

图 1-9 RGB 颜色模式

Photoshop 将 24 位 RGB 图像看作由 3 个颜色通道组成。这 3 个颜色通道分别为红色通道、绿色通道和蓝色通道。每个通道使用 8 位颜色信息，该信息由 0～255 的亮度值表示。这 3 个通道通过组合，可以产生 1670 余万种不同的颜色。在 Photoshop 中用户可以很方便地从不同通道对 RGB 图像进行色彩处理。

下面是 RGB 颜色模式所表示的几种特殊颜色。

```
R255,  G0,    B0       表示红色;
R0,    G255,  B0       表示绿色;
R0,    G0,    B255     表示蓝色;
R0,    G0,    B0       表示黑色;
R255,  G255,  B255     表示白色。
```

(2) CMYK 颜色模式

CMYK 颜色模式是一种用于印刷的模式，分别指纯青(Cyan)、品红(Magenta)、黄(Yellow)和黑(Black)。

CMYK 模式在本质上与 RGB 颜色模式没有区别，只是产生色彩的原理不同。RGB 颜色合成可以产生白色，因此，RGB 产生颜色的方法称为加色法。青色(C)、品红(M)和黄色(Y)的色素在合成后可以吸收所有光线并产生黑色，因此，CMYK 产生颜色的方法称为减色法。

(3) Lab 颜色模式

Lab 颜色模式以一个亮度分量 L(Lightness)，两个颜色分量 a 与 b 表示颜色。其中，L 的取值范围为 0～100；a 分量代表由绿色到红色的光谱变化，b 分量代表由蓝色到黄色的光谱变化，a 和 b 分量的取值范围均为－120～120。

Lab 颜色模式是 Photoshop 内部的颜色模式。该模式是目前所有模式中色彩范围(称为色域)最大的颜色模式。它同时包括 RGB 颜色模式和 CMYK 颜色模式中的所有颜色信息，所以在将 RGB 颜色模式转换成 CMYK 颜色模式前，要先将 RGB 颜色模式转换成 Lab 颜色模式，再将 Lab 颜色模式转换成 CMYK 颜色模式。这样就不会丢失颜色信息。

(4) HSB 模式

HSB 模式以色相、饱和度、亮度与色调来表示颜色。

◇ 色相由颜色名称标识，如红色、橙色或绿色。
◇ 饱和度(又称彩度)是指颜色的强度或纯度，表示色相中灰色分量所占的比例，使用从 0(灰色)～100%(完全饱和)的百分比来度量。

◇ 亮度是颜色的相对明暗程度，通常使用从 0(黑色)～100%(白色)的百分比来度量。
◇ 色调是指图像的整体明暗度。例如，如果图像亮部像素较多，则图像整体上看起来较为明快。反之，如果图像中暗部像素较多，则图像整体上看起来较为昏暗。对于彩色图像而言，图像具有多个色调。通过调整不同颜色通道的色调，可对图像进行细微的调整。

(5) 颜色模式的选择

Photoshop 中，主要使用 RGB 颜色模式，只有在这种模式下，用户才能使用 Photoshop 软件系统提供的所有命令与滤镜。因此，用户在进行图像处理时，如果图像的颜色模式不是 RGB，则应首先将其颜色模式转换为 RGB 模式，然后再进行处理。

1.2.4 图层的基本概念

图层是学习 Photoshop 必须掌握的基础概念之一。正是有了这一概念才使得 Photoshop 有了神奇魔术师的美称。

形象地说，图层就像一张张透明的胶片，可以根据需要将图像按类分别绘制在不同的图层上，将所有的胶片按顺序叠加起来，透过上面图层看到下面图层的图形，便可以看到一张完整的图像。图 1-10 是一副由几个简单图层叠加合成的图像效果，图 1-11 则是此图像的分层示意图。图层的引入为分层放置、分层操作不同类型的图像，给图像的编辑带来了极大的便利。

图 1-10　图层合成效果

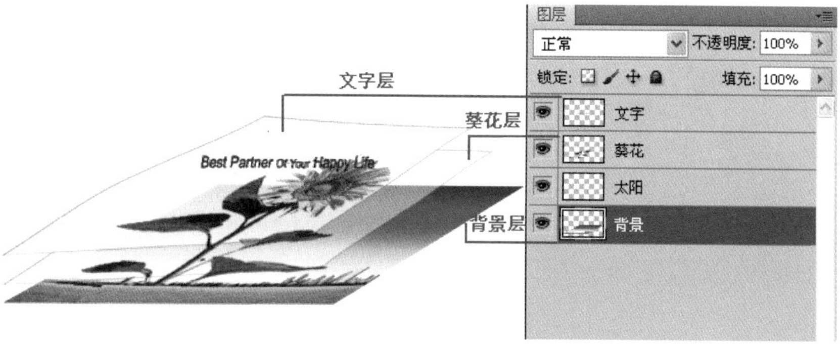

图 1-11　图像分层示意图

1.2.5 理解选区

在 Photoshop 中,选区是确定操作的有效区域,很多操作都是基于选区完成的。较为简单常用的选取工具有选框工具和椭圆工具。单击工具图标在 Photoshop 图像窗口按住鼠标左键拖动后释放,便可以得到所需的区域。

使用选取工具进行操作时,只会影响选区内的图像。例如,用椭圆工具绘制一个选区如图 1-12 所示;然后使用"水波"滤镜在这个选取的区域里制作了水波效果,如图 1-13 所示。

图 1-12　绘制选区

图 1-13　"水波"滤镜后的效果

1.3 移动图像

在图像处理及编排设计制作时,图像移动是必不可少的操作。图像位置的移动是使用移动工具来完成的,结合 Alt 键在移动图像时还可以复制图像。

移动图像首先要选择该对象所在的图层,使该图层成为当前图层。如图 1-14 所示,单击"贝贝"对象图层,被选中的图层以蓝底反白显示。用移动工具按住鼠标左键向右拖曳,移动贝贝的位置就可将两个可爱的小企鹅排列出来。单击"宝宝"图层,按住鼠标左键并配合 Alt 键拖曳,可复制出一个宝宝企鹅,效果如图 1-15 所示。

图 1-14　选择"贝贝"图层

图 1-15　移动排列后的图像效果

1.4　图像文件格式

根据记录图像信息的方式(位图或矢量图)、压缩图像数据的方式不同,图像文件可以分为多种格式,每种格式的文件都有相应的扩展名。目前常见的图像文件格式有很多种,因而面对不同的工作任务选择不同的文件格式就显得非常重要了。例如,在彩色印刷领域,图像文件格式要求为 TIFF,如果将文件格式设置为 BMP,将无法得到准确的分色结果,自然无法表现出所需的印刷效果。在网络传输中需要较小的图像文件,此时 GIF 或 PNG 格式才是正确的选择。下面介绍几种在 Photoshop 中使用较多的图像文件格式。

1. PSD 文件格式

PSD 是 Photoshop 的默认的图像文件格式,能够支持所有图像模式。它可以保存图像中的通道、图层、矢量元素等,因此,如果希望能够继续对图像进行编辑,应将图像以 PSD 格式保存。

2. JPEG 文件格式

互联网中最常用的图像格式 JPEG,采用有损压缩,图像质量较好。JPEG 格式支持 CMYK、RGB 和灰度颜色模式。此类格式文件最大优点是能够大幅度地降低文档容量,将图像存为 JPEG 格式时,可以选择压缩级别。

3. TIFF 文件格式

TIFF 文件格式使用无损格式存储图像,能够保存通道、图层和路径是一种通用的位图图像文件格式。

4. GIF 文件格式

GIF 文件格式可以在保留图像细节的同时有效地压缩图像实色区域。此格式文件有 256 种颜色,支持背景透明,能创建具有动画效果的图像。

5. BMP 文件格式

BMP 是 Windows 兼容计算机上的标准图像格式,无压缩图像质量较好,但不适用于 Web 页。

习　题　1

1. Photoshop 中图层的概念是什么？
2. 分辨率中 ppi 与 dpi 的区别是什么？
3. 计算机图像分为哪几类？
4. 常见的颜色模式有哪几种？
5. Photoshop 默认的图像文件格式是什么？

第 2 章　Photoshop 基本操作

2.1　Photoshop 的操作环境

启动 Photoshop 后，会看到如图 2-1 所示的工作界面。从 Photoshop 的操作界面中可以看到，其操作环境与 Windows 操作系统中的 Office 等应用软件有类似之处。

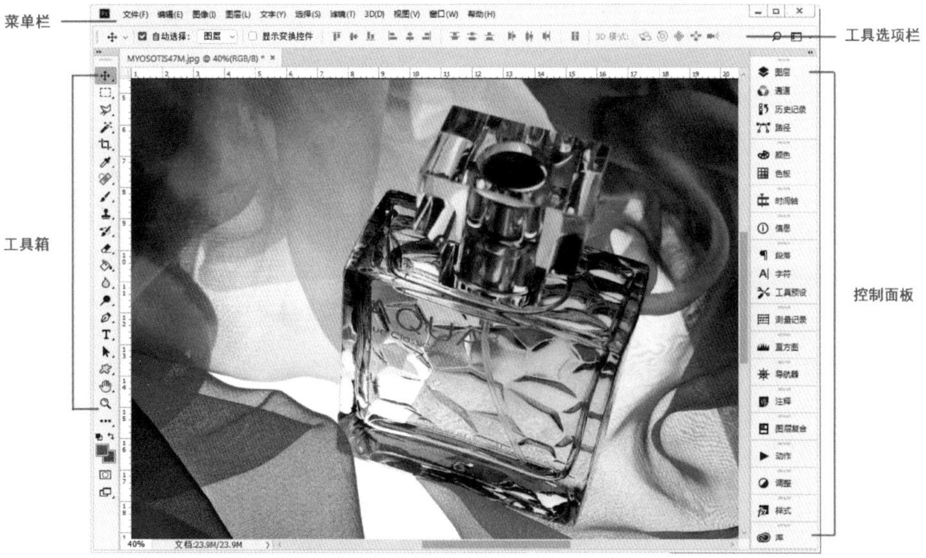

图 2-1　**Photoshop 的工作界面**

Photoshop 的应用窗口由菜单栏、工具箱、工具选项栏、控制面板、图像窗口等组成。下面结合这个窗口介绍 Photoshop 的界面组成以及各个部件的使用方法。

1. 菜单栏

使用菜单栏中的菜单可以执行 Photoshop 的许多命令，在菜单栏中按分类共排列有 11 个菜单，如图 2-2 所示，每个菜单都带有一组自己的命令。

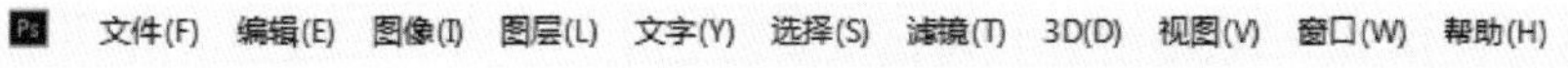

图 2-2　菜单栏

2. 工具箱

Photoshop 的工具箱位于工作界面的左侧，工具箱中提供了包括选择、绘图、路径、文字等 40 多种工具。要使用某种工具，直接单击工具箱中该工具图标将其激活即可。

工具箱中的许多工具没有直接显示，而是以组群的形式隐藏在图标右下角的三角形工具按钮中。按住此按钮保持 1 秒左右(或对该按钮右击)，会在旁边出现一排按钮，显示该组所有工具，如图 2-3 所示。此外，用户也可以使用快捷键来快速选择所需的工具。如移动工具 的快捷键为 V，按下 V 键即可选择移动工具。按 Shift＋工具组快捷键，可在同组工具间切换，如按 Shift＋L 快捷键，可以在套索工具 和多边形套索 工具间切换。

在工具箱的最上方设有伸缩栏。如图 2-4 所示，Photoshop 工具箱有单列和双列两种显示模式。单击工具箱顶端的 按钮，可以在单列和双列两种模式间切换。

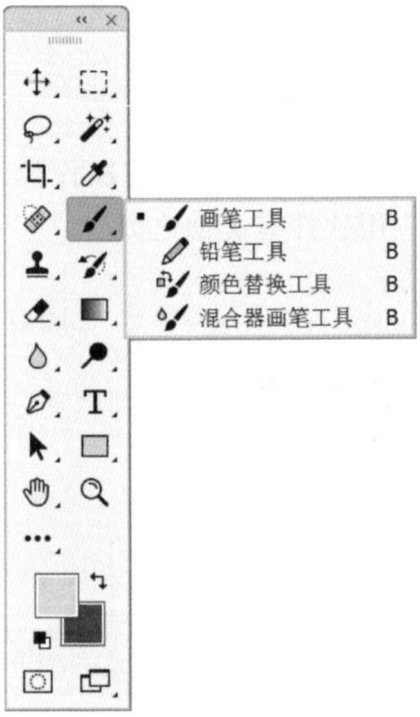

图 2-3 工具箱

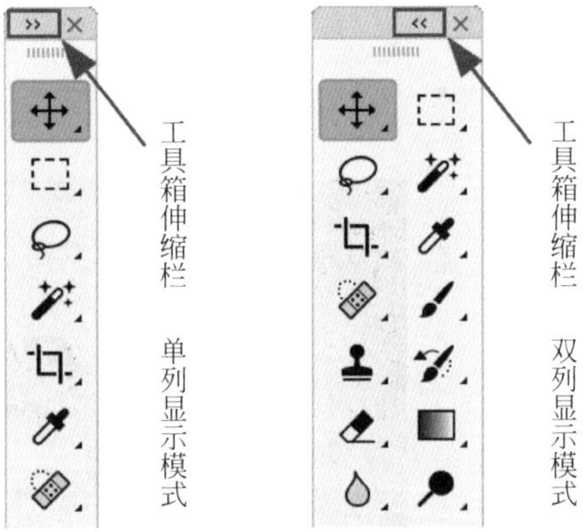

图 2-4 工具箱伸缩栏

3. 工具选项栏

工具选项栏位于菜单栏的下方，其内容随着用户所选择的工具而变化。当用户在工具箱中选择了某个工具后，工具选项栏就会显示出相应的各种属性值，以便对当前所选工具的参数进行设置。如图 2-5 所示为选择画笔工具后设定的属性值。

图 2-5 工具选项栏

4. 控制面板

控制面板是 Photoshop 中一项很有特色的功能，用户可利用控制面板进行导航显示，观察编辑信息，选择颜色，管理图层、通道、路径、历史记录、动作等。

Photoshop 的控制面板被收藏在“窗口”菜单中，在不需要控制面板时，可以将其关闭或隐藏；需要的时候，可在“窗口”菜单中打开各种控制面板，如图 2-6 所示。

在展开面板右上角的伸缩栏按钮 上单击，可以折叠面板。面板处于折叠状态时会显示图标面板，如图 2-7 所示。

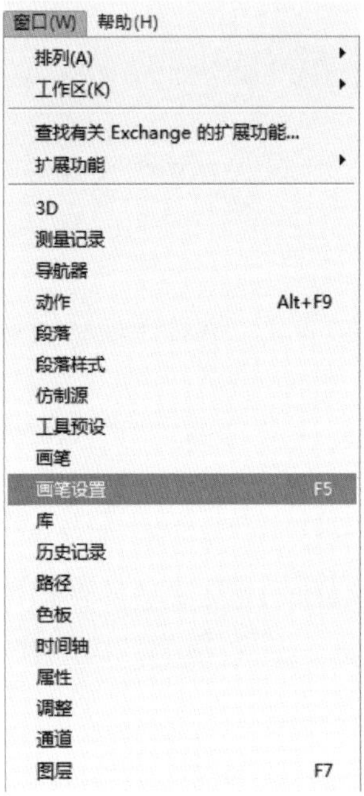

图 2-6 “窗口”菜单

图 2-7 图标面板

面板处于折叠状态时，单击面板组右上角的伸缩栏按钮，可以展开该面板，如图 2-8 所示。所以伸缩栏按钮可方便地对工作空间进行调节。

单击控制面板右上角的按钮可以打开面板的快捷菜单，如图 2-9 所示。按 Shift+Tab 快捷键则可以在保留显示工具箱的情况下显示或隐藏所有的控制面板。

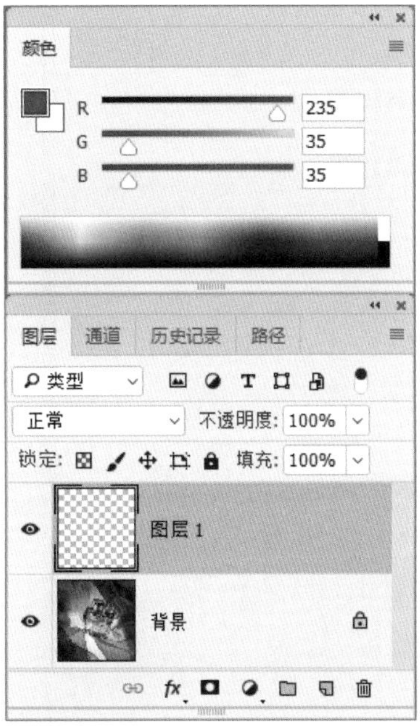

图 2-8 展开面板

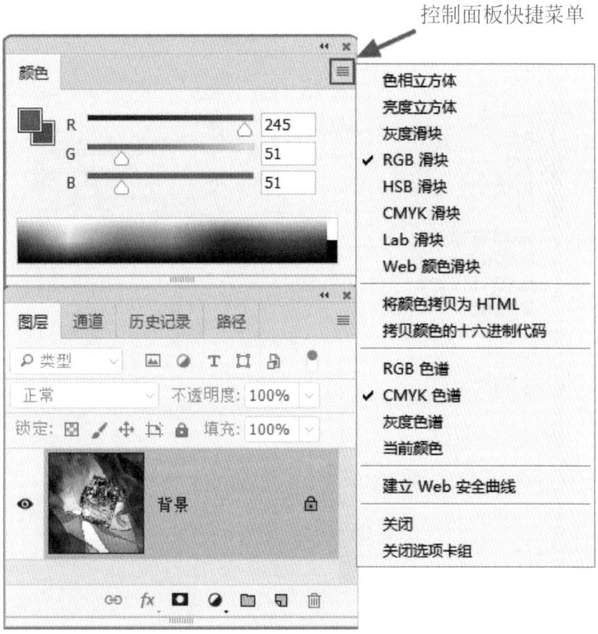

图 2-9 面板的快捷菜单

2.2 图像文件的操作

本节将学习与图像文件相关的操作，如新建、打开、浏览、保存图像文件等。

2.2.1 首选项设置

安装完 Photoshop 软件后，为了提高工作效率可在“首选项”对话框中对软件系统进行设置与优化。

执行“编辑”|“首选项”|“常规”命令或按下 Ctrl+K 快捷键即可打开“首选项”对话框，在其左侧列表中单击相应选项即可在右侧显示相应的选项面板。

1. 常规设置

常规设置可对 Photoshop 的拾色器类型、色彩条纹样式以及窗口的自动缩放等选项进行调整或更改。如进行放大缩小操作时希望工作区的大小会随图像放大缩小而改变，可选中“缩放时调整窗口大小”复选框。

2. 界面设置

界面设置可对 Photoshop 界面中一些项目的显示方式进行设置，从而方便用户在使用该软件时按自己习惯的显示方式操作。

◇ “外观”选项组：可对标准屏幕模式的显示进行设置。例如，改变“标准屏幕模式”的颜色为“黑色”，如图 2-10 所示。单击“确定”按钮后再重新启动 Photoshop 可以看到屏幕背景为黑色。

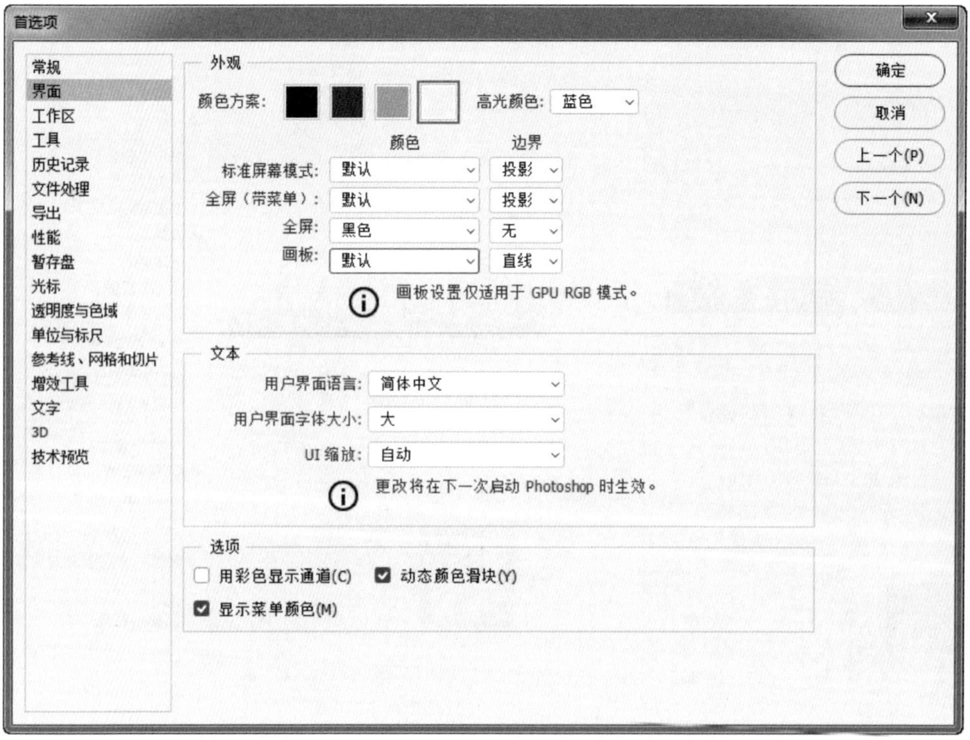

图 2-10 界面设置

◇ “文本”选项组：可对“用户界面语言”“用户界面字体大小”“UI 缩放”进行设置。
◇ “选项”组：可对“用彩色显示通道”“动态颜色滑块”“显示菜单颜色”进行勾选。

3. 性能设置

在“性能”面板中可以对软件使用时的内存、历史记录、高速缓存等参数进行设置。这部分设置可以优化 Photoshop 软件在操作系统中的运行速度。

为了运行顺畅，一般情况下会在“暂存盘”栏中勾选 D 盘，使 C 盘和 D 盘同时作为软件运行时的临时存储盘，加大存储空间从而优化软件的运行速度。“历史记录”范围为 1～1000，设置为 50～100 足够，若设置过大则在一定程度上会消耗暂存空间而影响运行速度。

选择 GPU 选项组设置，可启用 OpenGL 绘图。

4. 光标设置

通过对“光标”选项板的设置可以调整画笔、铅笔、橡皮擦等工具的光标显示方式。如图 2-11 所示，光标设置分别有 6 个选项。

◇ 标准：绘画时使用图标光标显示。
◇ 精确：绘制时使用十字光标。
◇ 正常画笔笔尖：光标形状使用画笔的一半大小。
◇ 全尺寸画笔笔尖：光标形状使用全尺寸画笔。
◇ 显示十字线：总是在画笔中心显示十字线。
◇ 仅显示十字线：绘画时切换到显示十字线，提高大画笔的性能。

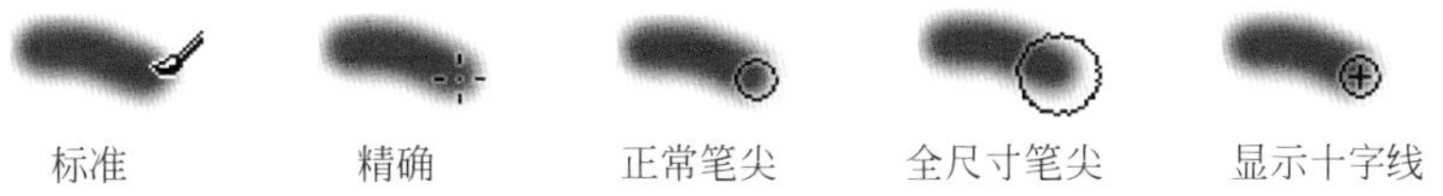

图 2-11　各种设置下光标显示

5. 透明度与色域设置

用户可根据个人喜好对图层的透明区域和网格大小进行设置。默认的图层透明区是灰色的，如图 2-12 所示为将图层的透明区域设置为浅蓝色。

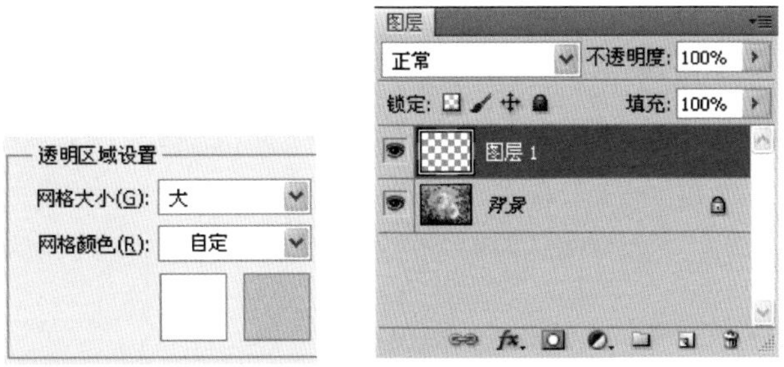

图 2-12　设置后的透明区域显示

6. 参考线、网格和切片设置

通过设置参考线、网格和切片可精确地定位图像元素。

◇ 参考线选项：此选项组中主要对参考线的颜色和样式进行设置。
◇ 智能参考线选项：在此选项中可设置智能参考线的颜色。
◇ 网格选项：在此选项组中可以设置网格的颜色、网格线间隔及子网格等属性。

◇ 切片选项：设置切片的线条颜色及编号。

在 Photoshop 中常使用网格对图像元素进行对齐与定位。执行“视图”|“显示”|“网格”命令或按下 Ctrl+'快捷键即可在图像窗口中显示网格。图 2-13 所示是将网格线颜色设置为“浅蓝色”、间隔设置为“50 毫米”图像中的显示效果。

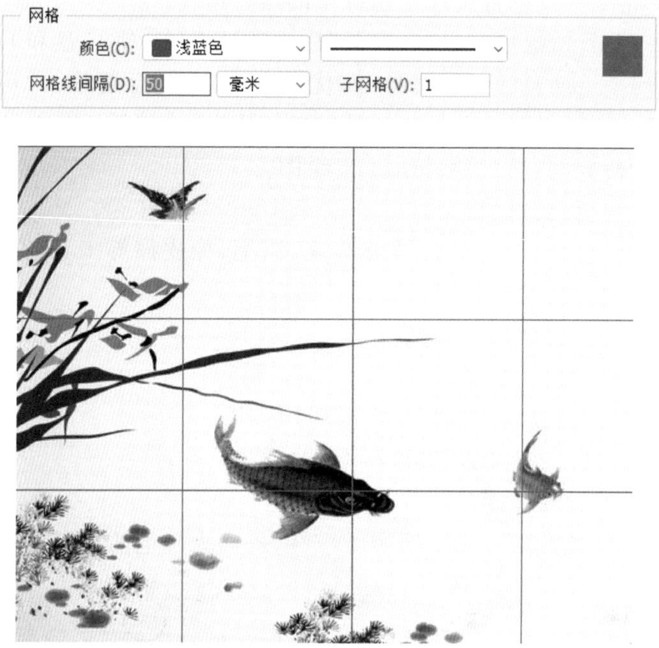

图 2-13　设置网格线后的显示效果

7. 文字设置

在“文字”选项面板中，可对文字字体名称的显示方式、字体预览大小进行设置。勾选“启用丢失字形保护”后，系统中不存在某种字体时将会弹出警告对话框；勾选“以英文显示字体名称”，即可用英文显示亚洲字体名称。

2.2.2　创建新图像文件

要创建新图像文件，可执行“文件”|“新建”命令或按 Ctrl+N 快捷键，弹出“新建”对话框，在该对话框中设置所要创建新图像文件的名称、大小、分辨率、颜色模式和背景颜色等内容，如图 2-14 所示。默认情况下系统将创建一个分辨率为 72ppi、背景色为白色的图像文件。

2.2.3　打开图像文件

要打开一个或多个已存在的图像文件，可执行“文件”|“打开”命令或双击 Photoshop 的灰色图像窗口，弹出“打开”对话框，如图 2-15 所示；单击要打开的图像文件名，在“打开”对话框的下部可预览所选文件的图像；然后单击“打开”按钮或直接双击要打开的图像文件名，即可打开选定图像。

还有一种快捷的打开图像文件方式是在 Windows 窗口中选中要打开的图像文件，直接将其拖向任务栏的 Photoshop 图标，然后在 Photoshop 图像窗口释放鼠标。

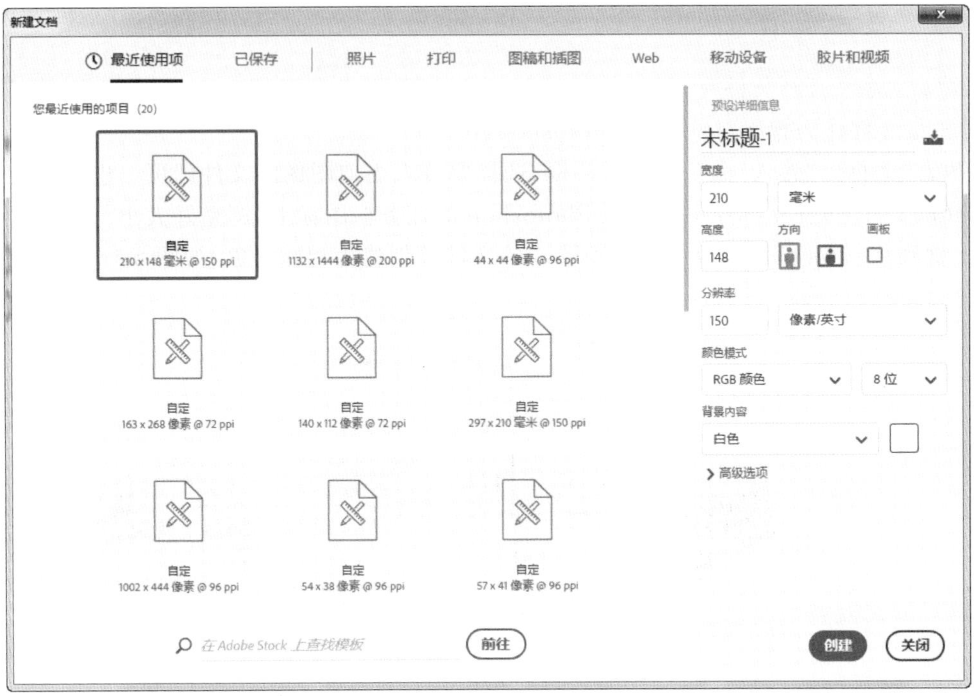

图 2-14 “新建”对话框

图 2-15 “打开”对话框

2.2.4 置入文件

置入文件和打开文件有所不同，置入文件是在打开一张图像文件后，再将图片、PDF、AI 等矢量文件作为智能对象置入 Photoshop 中。

执行“文件”|“置入”命令打开对话框，选择要置入当前图像的文件即可。也可在文件夹中选择该文件，按住鼠标左键拖拽至 Photoshop 的任务栏图标上，调整好大小与位置后按下 Enter 键确认，打开图层面板可以看到置入的文件被创建为智能对象，如图 2-16 所示。

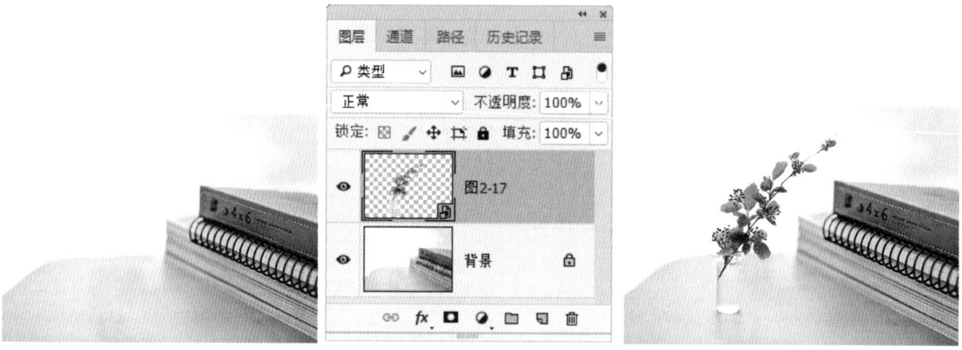

图 2-16　置入文件

2.2.5 保存图像文件

Photoshop 中保存图像的方式有 3 种。

◇ 执行“文件”|“存储”命令或按 Ctrl+S 快捷键。如果该文件已经被存储过，那么该操作将以同样的文件名覆盖存储；如果文件为没有被保存过的新图像，此时系统将打开“存储为”对话框，在此对话框中设置要保存的文件名、文件格式等内容。默认情况下，系统将把图像文件保存为.psd 格式文件。

◇ 执行“文件”|“存储为”命令，可改变图像文件名称和格式进行保存。在“存储为”对话框中选择以 JPEG 格式保存文件时，将弹出如图 2-17 所示的“JPEG 选项”对话框。该对话框的“品质”下拉列表中有“低”“中”“高”和“最佳”4 种压缩方式，质量越高，对图像的压缩量越小，文件所占的空间也越大。

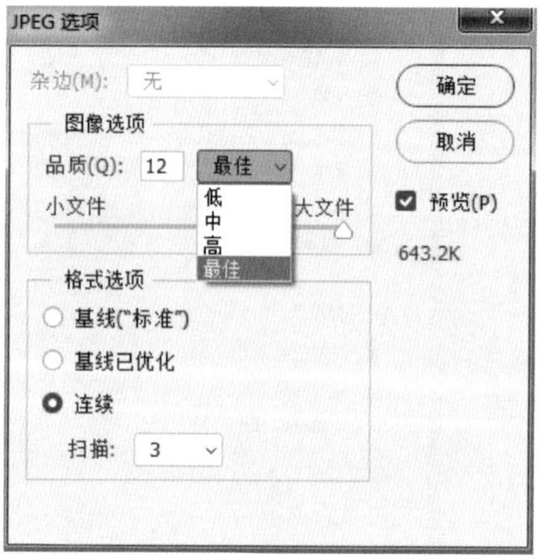

图 2-17　“JPEG 选项”对话框

◇ 执行“文件”|“导出”|“存储为 Web 和设备所用格式”命令，可将图像保存为适合于网络中使用的文件格式。如图 2-18 所示的“存储为 Web 和设备所用格式”对话框，用于对要保存的图像进行优化处理，还可以从中选取合适的压缩率的图像。

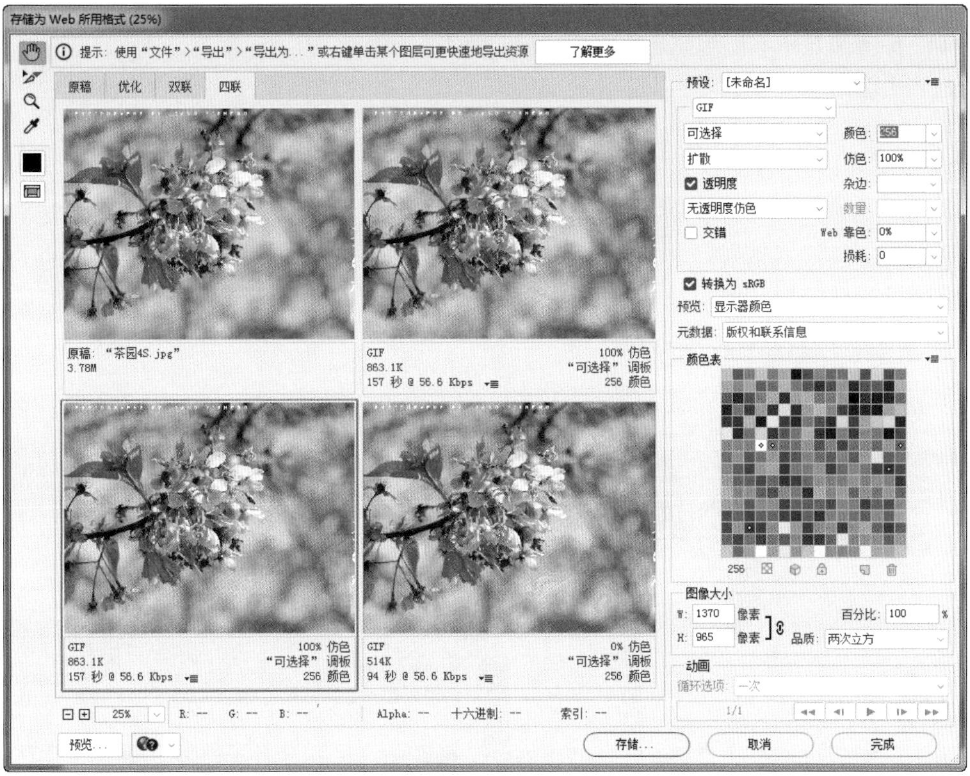

图 2-18 “存储为 Web 设备所用格式”对话框

2.3 图像窗口的基本操作

在 Photoshop 中处理图像时，通常要在多个图像间切换并进行窗口的缩放，改变图像窗口的位置和大小，因此需要熟练地使用这些简单的窗口操作来提高工作效率。

2.3.1 切换屏幕模式

Photoshop 提供了 3 种不同的屏幕显示模式，分别是标准屏幕模式、带有菜单栏的全屏模式和全屏模式。利用顶部的视图控制条中的屏幕模式按钮 或连续按 F 键，可以很方便地在这 3 种模式间进行切换。

1. 标准屏幕模式

标准屏幕模式是 Photoshop 默认的屏幕显示模式。在该模式下，可以正常显示窗口的所有项目，还可以同时看到打开的多个图像窗口，这种模式适合多图像工作。

2. 带菜单栏的全屏模式

在菜单全屏模式下，图像可以在屏幕的各个方向上扩展，并能扩展到控制面板下面。在此模式下图像文档窗口右边的滚动条和标题栏消失，为图像操作提供了较大的工作空间，此时要按住 Space 键使用抓手工具来导航。

3. 全屏模式

全屏模式下，Photoshop 关闭了菜单栏，只显示工具箱和控制面板。按 Tab 键可将工具箱和控制面板同时隐去，此时 Photoshop 桌面显示为黑色，Windows 的任务栏也被隐藏，整个屏幕仅有图像显示，达到了图像显示区域最大化。

如果要退出全屏模式，可以按 Esc 键或按 F 键在各种屏幕模式间进行切换。

2.3.2 排列窗口中的图像文件

在 Photoshop 中可将多个文件窗口按需要的方式进行排列，以便对多幅图像进行快速查看。执行“窗口”|“排列”命令，在弹出的下拉式选项单中，选择需要的排列方式，如图 2-19 所示为选择“三联显示”的图像效果。选择需要的图像点击 按钮，如图 2-19 所示。“排列”有多种排列模式供设计师选择。

图 2-19　三联显示图像窗口

2.3.3 设置图像显示比例

为了更好地编辑图像，需要缩放图像的显示比例，使用此功能易于对局部细节进行修改编辑处理。下面介绍缩放图像的两种方式。

1. 使用缩放工具

选择工具箱中的缩放工具 ，将鼠标指针移至图像窗口会变成放大形态 ，此时单击可以放大图像的显示比例；如果按 Alt 键则会切换为缩小形态 ，单击图像窗口可缩小图像显示比例，如图 2-20 所示。按住 Alt 键滚动鼠标滑轮可以较快捷地缩放图像显示比例；在鼠标没有滑轮的情况下按 Ctrl+Space 快捷键对图像单击可放大显示；按 Alt+Space 快捷键对图像单击可缩小图像的显示比例。

选择工具箱中的缩放工具 ，在工具箱属性栏上将显示缩放工具的相关参数，如图 2-21 所示。

图 2-20　使用缩放工具缩放图像窗口

图 2-21　缩放工具参数设定

使用缩放工具还可以指定放大图像中的某一区域,用户只要选中放大镜工具,鼠标指针就会变成形状,移到图像窗口中,拖动鼠标画一个显示区域,就能将想要放大的部位显示出来,如图 2-22 所示。

图 2-22　放大显示选定区域

2. 使用导航器调板

对图像进行放大数倍或数十倍的细节处理时,窗口无法显示全部内容,可通过导航器面板来查看图像。执行“窗口”|“导航器”命令可以打开导航器面板。这时拖动导航器面板下方的三角形游标,能很方便地控制图像的显示比例。导航器中红色小方框内显示出当前正在查看的图像区域,拖动这个红色小方框就可以快速地改变图像在窗口中显示的内容,如图 2-23 所示。

使用其他工具时,如需要移动图像的显示区域可以按住空格键,让鼠标指针切换至抓手工具,直接在图像窗口中移动图像快捷地找到需要显示的区域。

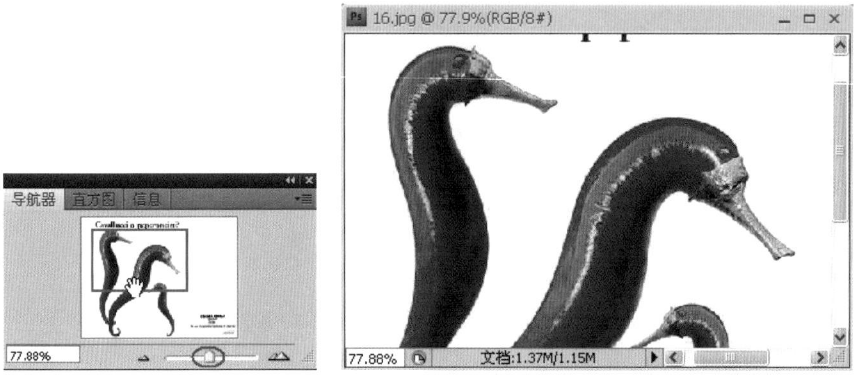

图 2-23　导航器调板控制图像显示区域

2.3.4　使用辅助工具

设计作品时，标尺、网格和参考线是必不可少的辅助工具。使用标尺辅助工具可以对操作对象进行测量，在标尺上拖动还可以快速建立参考线。

1. 使用标尺与网格

执行"视图"|"标尺"命令或按下 Ctrl+R 快捷键，在图像窗口的左侧与上方会分别显示出标尺，如图 2-24 所示。再次按下 Ctrl+R 快捷键，标尺自动隐藏。

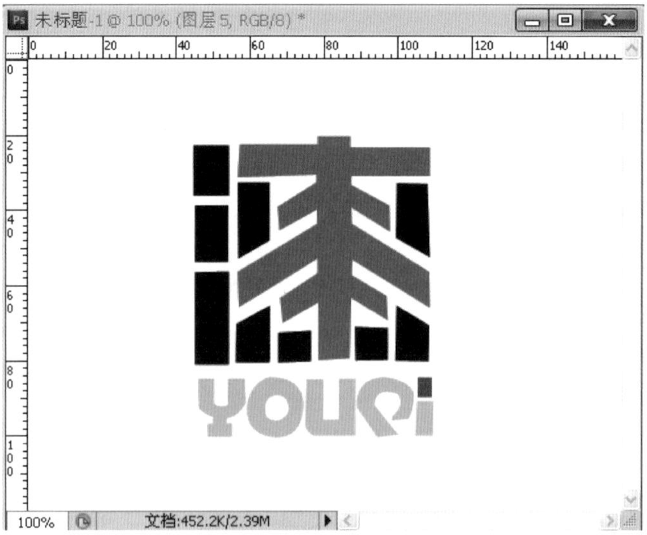

图 2-24　显示标尺

网格用于操作对象的对齐和光标的精确定位。执行"视图"|"显示"|"网格"命令，即可在图像窗口中显示网格。Photoshop 默认网格的间隔为 2.5 厘米，子网格数量为 4 个，网格线的颜色为灰色。双击标尺打开"首选项"对话框，可更改相应的参数。图 2-25 所示为显示网格间隔 3 厘米，网格线为红色的图像窗口。

不需要网格时，可执行"视图"|"显示"|"网格"命令，去掉"网格"命令前的√标记，即可隐藏网格，也可按 Ctrl+H 快捷键。

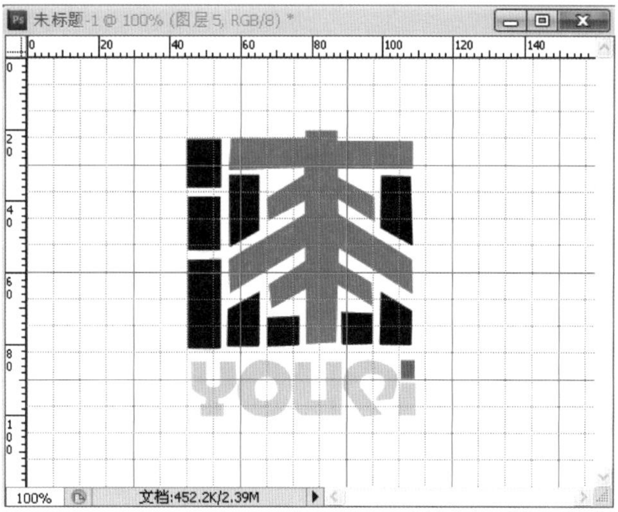

图 2-25　显示网格

2. 使用参考线

参考线与网格一样也用于对象的对齐与定位。建立参考线前首先要显示标尺，然后将鼠标指针移动到标尺上方，按下鼠标左键拖动至画布，即可建立一条参考线。若要建立位置精确的参考线，可执行“视图”|“新建参考线”命令，打开“新建参考线”对话框按需设置即可，如图 2-26 所示。

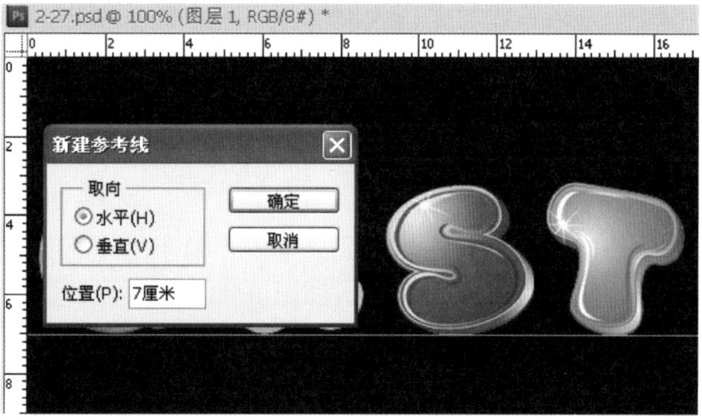

图 2-26　“新建参考线”对话框

3. 移动参考线

使用移动工具将鼠标指针移至参考线上，当鼠标指针显示为或时拖动鼠标可拖动参考线到所需的位置。按住 Shift 键拖曳参考线可自动吸附对齐标尺刻度；按住 Ctrl 键拖曳则可将参考线放置在任意位置。

若想删除参考线只需拖动参考线至图像窗口外；也可执行“视图”|“清除参考线”命令将参考线删除。

4. 显示/隐藏参考线

参考线、网格等辅助对象均可通过执行“视图”|“显示额外选项”命令显示或隐藏，其快捷键为 Ctrl+H。

2.3.5 设置画布大小

画布指绘制和编辑图像的工作区域，即图像显示区域。对画布的尺寸进行调整在一定程度上仅影响图像尺寸的大小，与图像质量没有太大关系。

执行“图像”|“画布大小”命令，可弹出的“画布大小”对话框，如图 2-27 所示。

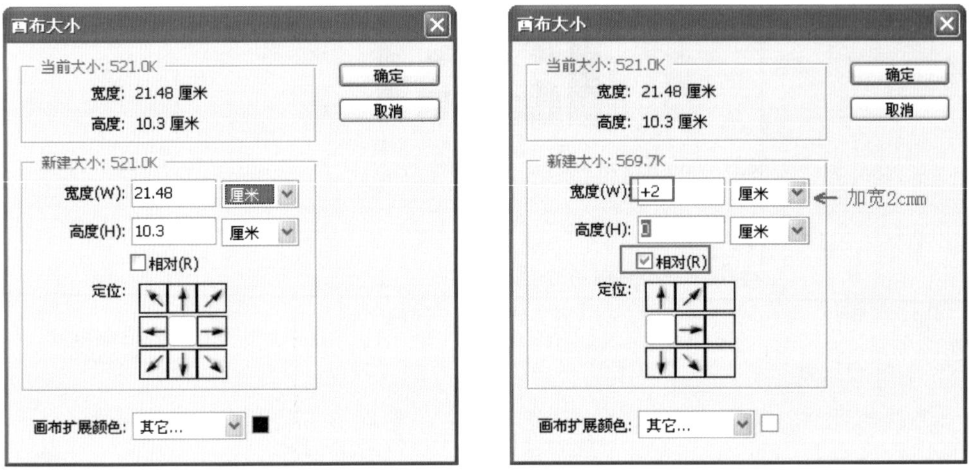

图 2-27 “画布大小”对话框

- ◇ 新建大小：输入数值重新设置画布的大小。
- ◇ 相对：输入的数值为画布增加或减少的尺寸。若为正数则增加原画布大小；若为负数则会裁剪掉部分图像区域。
- ◇ 定位：用来设定画布扩展或收缩的方向。
- ◇ 画面扩展颜色：如果将画布扩大为新的画布，将会以当前设置的背景色填充扩展的区域。

打开“第 2 章\素材 2-28.jpg”文件。执行“图像”|“画布大小”命令，在弹出的“画布大小”对话框中可见原画布宽度值为 139.7 毫米，如图 2-28 所示。

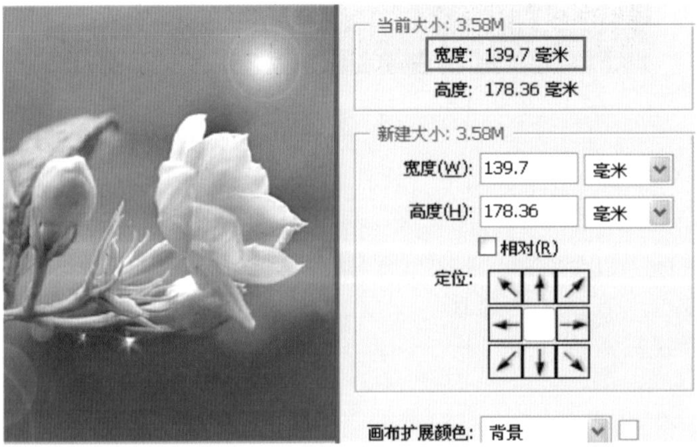

图 2-28 原画布大小参数

在图 2-29 所示的“画布大小”对话框的“宽度”框中输入 159.7 毫米(相对原宽度增加了 20 毫米),按下“定位”栏中最左侧的方形按钮,定位图像在新画布中的位置;设置画布扩展后的区域颜色为黑色,单击“确定”按钮后可以看到图像右侧添加了黑色的边框。为了修饰画面,在边框内绘制一根白色竖线条并输入拍摄信息,最终效果如图 2-30 所示。

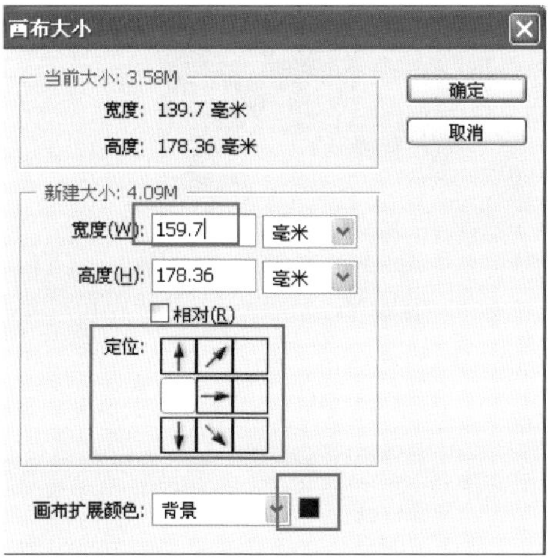

图 2-29 “画布大小”对话框设置

图 2-30 扩大画布后添加图像边框

2.3.6 画布的旋转与翻转

在 Photoshop 中可以任意改变画布的方向,执行“图像”|“图像旋转”命令可看到此命令下的子菜单,如图 2-31 所示。在子菜单中除旋转画布命令外,还可对画布做水平与垂直的镜像翻转操作。若选择“90 度(顺时针)”命令,则可将画布旋转成如图 2-32 所示的效果。

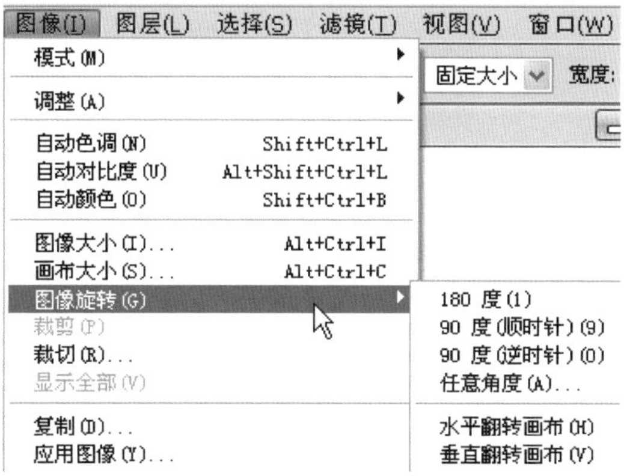

图 2-31 “图像旋转”子菜单

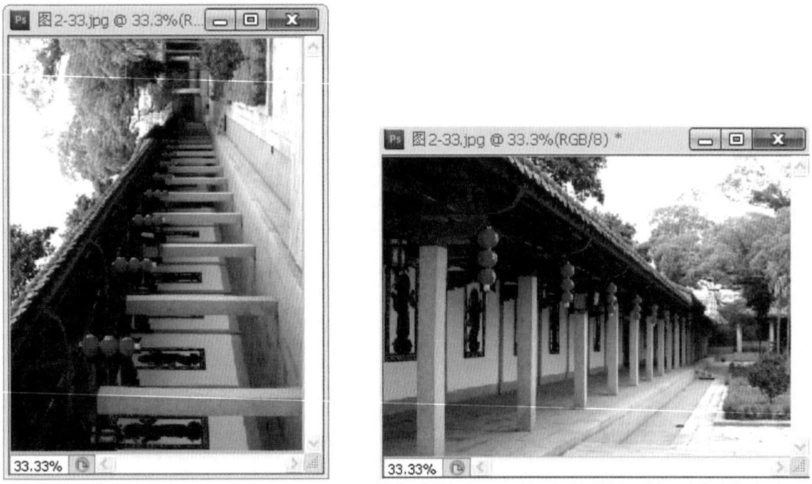

(a) 原图　　(b) 顺时针90°旋转效果

图 2-32　顺时针 90°旋转画布

2.4　图层基础知识

本节介绍图层的选择、移动、创建、删除等基本操作，同时深入讲解图层对齐、分布、链接、合并以及设置图层不透明度等管理操作，这些操作都在“图层”面板中完成。

2.4.1　“图层”面板

“图层”面板是用来管理图层的，各种图层基本操作都可以在“图层”面板中完成，如选择图层、新建图层、删除图层、隐藏图层、设置图层透明度与图层混合模式等。执行“窗口”|“图层”命令，或者按下 F7 键，即可打开如图 2-33 所示“图层”面板。

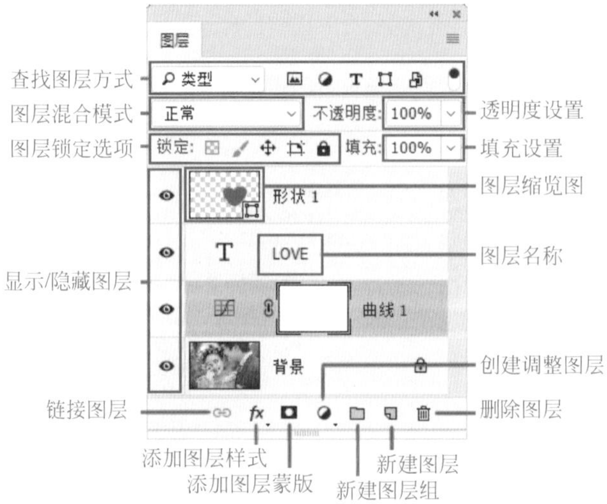

图 2-33　“图层”面板

◇ 图层名称：每一个图层都可以命名为不同的名称，以便区别。例如，图 2-34 中图层的名称分别为“葵花”“文字”“背景”。

◇ 眼睛图标 ：显示和隐藏图层的开关，单击此图标可以切换图层的显示或隐藏状态。

◇ 缩览图标 ：该图层上图像的缩图，可以帮助标识图层。

◇ 锁定图层 ：图层锁定标记，表示图层不能被编辑。

◇ 锁定透明 ：选择该项时，编辑操作仅对图像中不透明的部分起作用。

◇ 创建新图层 ：单击该按钮可以建立一个新图层。

◇ 删除图层 ：单击该按钮或拖动图层到该按钮上，可以将当前所选图层删除。

◇ 链接图标 ：有此标记的图层被链接在一起，可以一起移动，一起改变大小。

◇ 不透明度：一个图层的不透明度决定了其下面图层的显示程度。其值为 0～100%，当取值为 0 时为完全透明；取值为 100%时则会完全遮盖住下面的图层。如图 2-34 所示，图层的不透明度为 100%时，遮盖了后面的分图像；当图层的不透明度为 75%时，后面的图像基本能显现出来。

图 2-34　图层的不透明度

2.4.2　图层基本操作

1. 将背景层转为普通图层

每一个新建的文件只有背景层，背景层位于图像的底层。大多数的操作命令不能直接作用于背景层。它始终是作为“背景”而存在的，所以不能更改它在图层中的顺序。背景层是不透明的，因此不能对它进行色彩混合模式和不透明设置。若要对背景层进行操作，需要将其转换为普通图层，以满足图像的编辑要求。

双击“背景”图层，打开“新建图层”对话框，如图 2-35 所示。在该对话框中可以设置图层的名称、颜色、模式和不透明度，设置完成后单击“确定”按钮，即可将其转换为普通图层。

2. 选择图层

若要对图像进行编辑和修饰，首先要选择相应的图层作为当前工作图层。

◇ 在图层面板进行图层选择操作：鼠标移至图层面板，单击需要选择的图层即可。处于选择状态的图层以蓝底白字显示，如图 2-36 所示。在选择一个图层后按住 Shift 键继续单击另一图层名称可选择多个连续的图层，如图 2-37 所示。按住 Ctrl 键在另一图层单击，可选择不连续的多个图层，如图 2-38 所示。

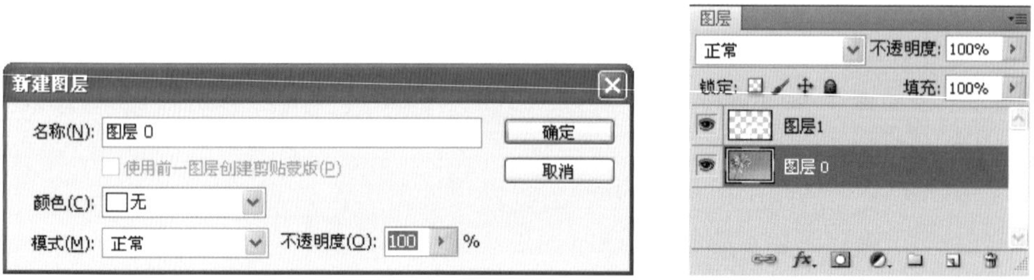

图 2-35　背景图层转换为普通图层

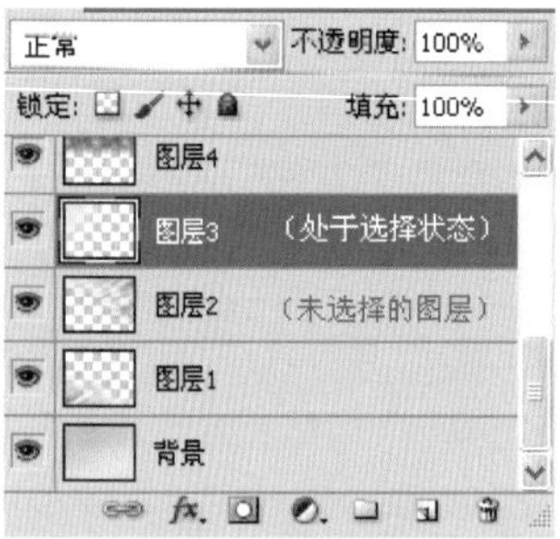

图 2-36　选择图层

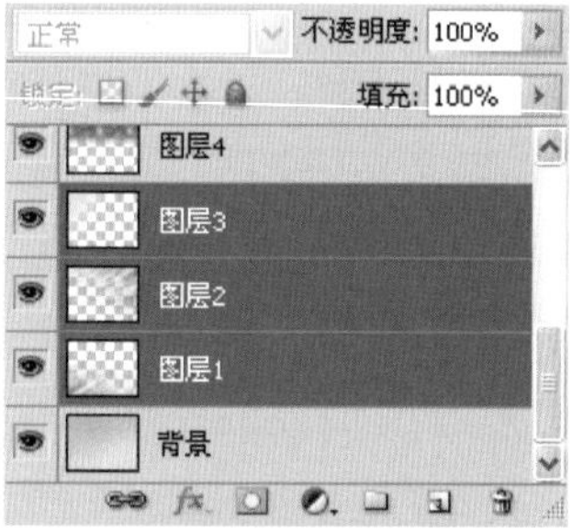

图 2-37　选择多个连续图层

◇ 在图像窗口进行图层选择操作：使用移动工具 对要选择的图像对象右击，可在弹出的图层列表菜单中选择，如图 2-39 所示。使用移动工具 按住 Ctrl 键在图像窗口单击图像对象也可选择该对象所在的图层。

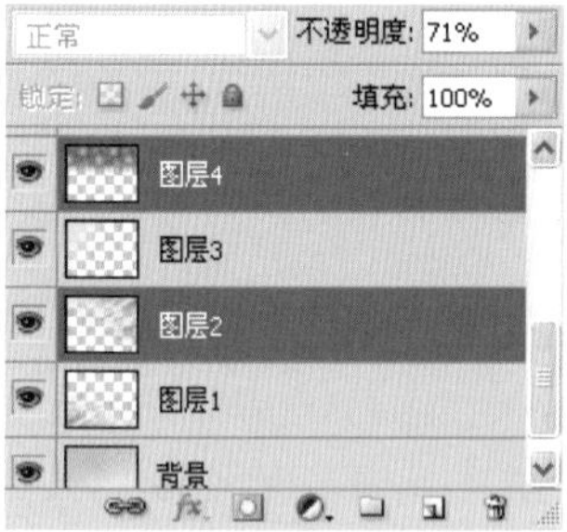

图 2-38　选择不连续的图层

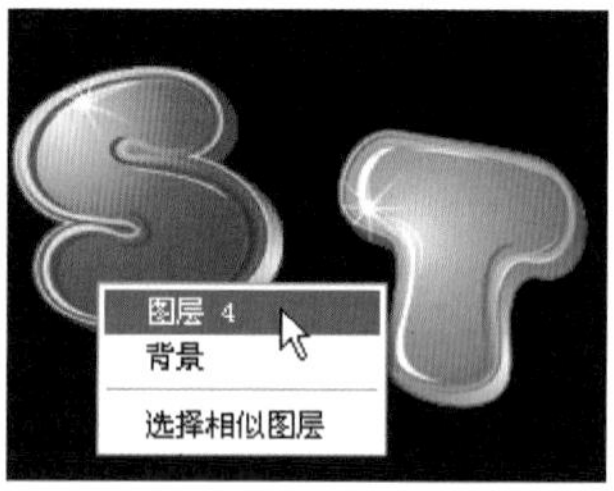

图 2-39　图层列表菜单

3. 创建新图层

新建图层是所有图层操作中最为基础的操作之一，单击“图层”面板下方的“创建新图层”按钮 ，便可以在当前层的上面直接创建一个 Photoshop 默认的新图层，或按 Ctrl+Shift+N 快捷键，在弹出的“新建图层”对话框中单击“确定”按钮。新创建的图层是完全透明的图层，如图 2-40 所示。

4. 显示与隐藏图层

“图层”面板的眼睛图标 不仅可指示图层的可见性，也可用于图层的显示/隐藏切换。通过对某图层的显示或隐藏操作可控制一幅图像的最终效果。

单击“图层”面板的眼睛图标 ，该图层即由可见状态转为隐藏状态，此时眼睛图标显

示为 ，如图 2-41 所示。单击图标 ，此图层从隐藏状态转为可见状态。

按住 Alt 键单击某图层的眼睛图标 ，可显示/隐藏除本层以外的所有图层，如图 2-42 所示。

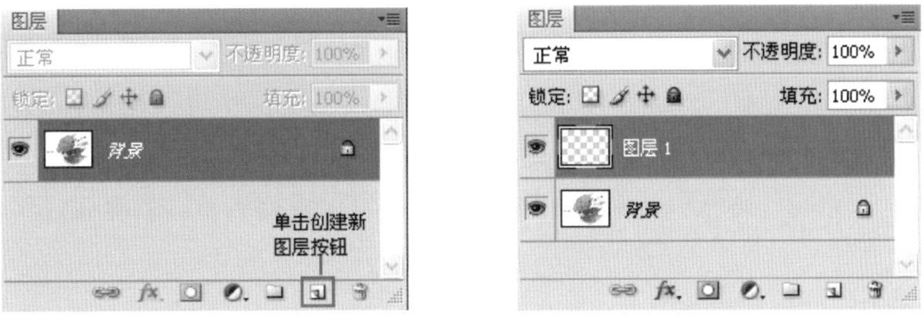

(a) 创建新图层　　(b) 新建图层

图 2-40　创建图层

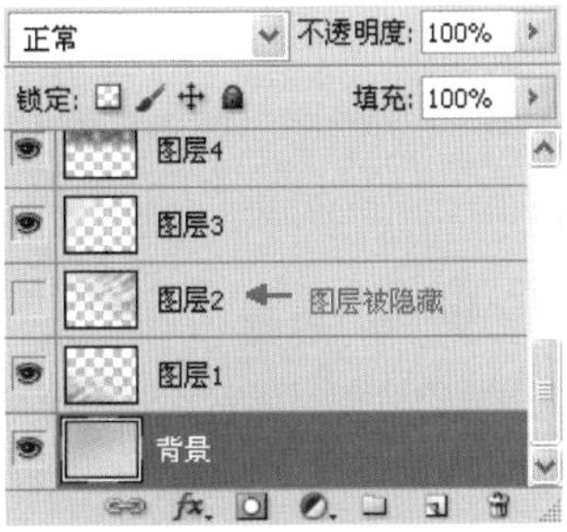

图 2-41　隐藏图层

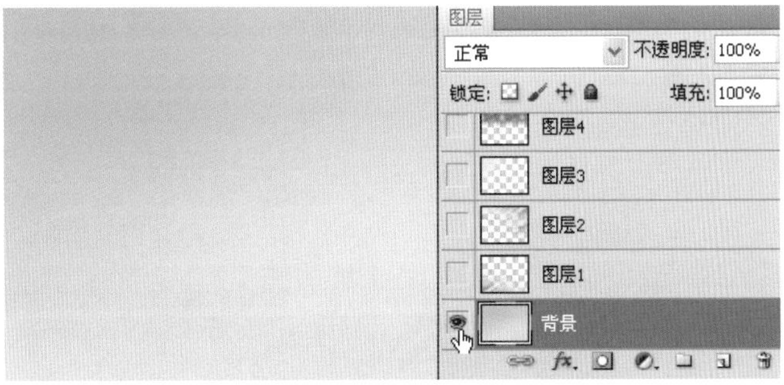

图 2-42　隐藏除当前层外的所有图层

5. 复制图层

复制图层可复制图层中的图像，下面 3 种方法都可以完成复制图层的操作。

◇ 在“图层”面板中用鼠标按住将要复制的图层，拖至“图层”面板下方的“创建新图层”按钮 上，即可复制一个与原图层内容相同的副本图层，如图 2-43 所示。

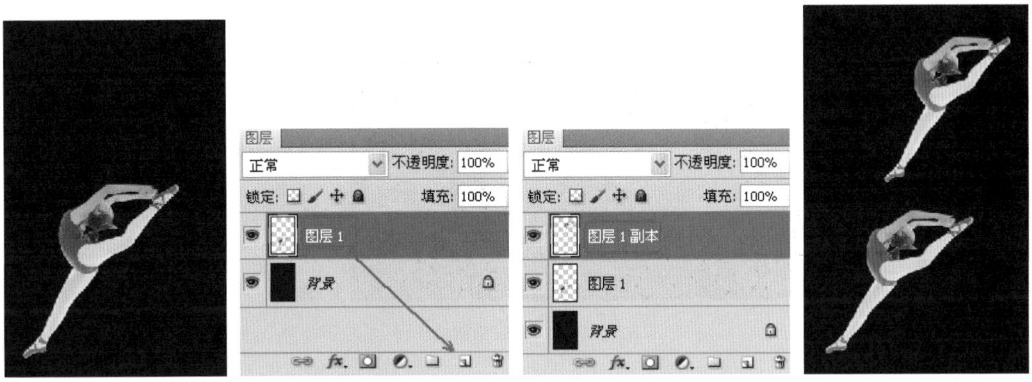

(a) 原图　　(b) 拖到按钮上　　(c) 复制的新图层　　(d) 复制图层后的图像效果

图 2-43　复制图层示例

◇ 执行“图层”|“新建”|“通过拷贝的图层”命令，或按下 Ctrl+J 快捷键便可快速复制当前图层。

◇ 要复制的图层为当前工作层，在图像窗口使用移动工具按住 Alt 键拖拽图层中的图像也能快速复制当前图层。

6. 删除图层

如果要删除某个图层，要先在“图层”面板上选择该图层，并将其拖至面板下方的删除图层按钮上，或直接单击删除图层按钮，也可以按下 Delete 键快速删除所选图层。

2.4.3 排列与分布图层

1. 改变图层顺序

图层面板中的图层是从上到下堆叠排列的，上层对象不透明部分会遮盖下面图层中的内容，因此，如果改变图层的顺序，图像效果也会发生改变。

在“图层”面板中，用鼠标左键按住图层名称，将其拖动至另一图层的上面或下面，当突出显示的线条出现在要放置的图层位置时，释放鼠标即可调整图层顺序。图 2-44 将“图层 1”拖至“图层 2”的下面，从而更改原图层的上下关系。表现在图像效果上则是改变原图对象的前后关系。

图 2-44 改变图层顺序

2. 对齐和分布图层

对齐图层是指将两个或两个以上图层按一定规律进行对齐排列。

打开素材“第 2 章\素材 2-45. psd”文件，选择移动工具按住 Ctrl 键在图像窗口画矩形区域将所有对象框选在其中(此时全部图层处于被选择状态)，如图 2-45 所示。

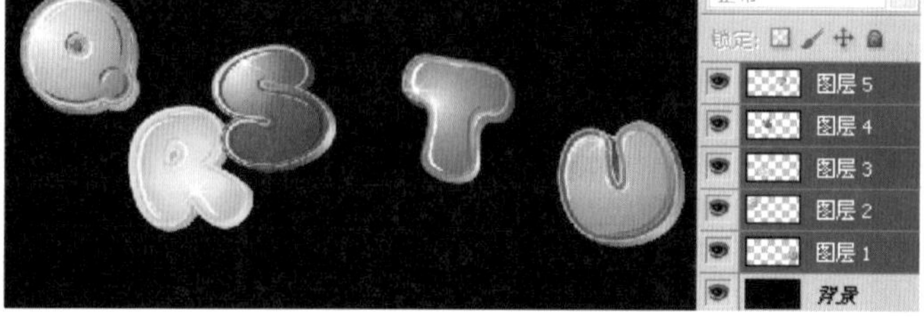

图 2-45 选择所有图层

当多个图层处于选择状态时，移动工具属性栏如图 2-46 所示。

◇ 对齐按钮组从左至右依次为“顶对齐”“垂直居中对齐”“底对齐”“左对齐”“水平居中对齐”和“右对齐”。

图 2-46　移动工具属性栏

◇ 分布按钮组从左至右依次为“顶分布”“垂直居中分布”“按底分布”“按左分布”“水平居中分布”和“按右分布”。

单击相应的按钮即可快速执行相应的图层对齐与分布操作。图 2-47 所示为单击“底对齐”和“水平居中分布”按钮的效果。

图 2-47　对齐分布后的效果

2.4.4　编辑图层

1. 锁定图层内容

锁定图层功能可限制图层编辑的内容与范围，以防止误操作。Photoshop 为用户提供了 4 种锁定方式，选择需要锁定的图层按下“图层”面板中相应的锁定按钮即可实现锁定操作。

◇ 锁定透明像素：锁定图层中的透明像素。

◇ 锁定图像像素：任何绘画工具都不能在该层操作。

◇ 锁定位置：无法使用移动工具对图像进行移动。

◇ 锁定全部：无法对该图层进行任何操作。

2. 链接图层

各个图层之间是各自独立、互不干扰的，当移动某一个图层时，其他的图层不会跟着移动。但有时因为某种需要，要求对两个或多个图层做出相同的处理，如同时移动或同时缩放物体图像，以使两者的相对位置保持不变。在这种情况下就需要将这几个图层进行链接。

图层链接的方法：按住 Ctrl 键并单击要链接的若干图层，将它们选中（如果要选取连续的图层也可按 Shift 键），在“图层”面板的左下角单击“链接”图标，这样所有被选中的图层已被链接。再次单击“链接”图标可解除链接关系，如图 2-48 所示。

图 2-48　链接图层

3. 合并图层

Photoshop 对图层的数量没有限制，用户可以新建任意数量的图层。但图层太多，处理和保存图像时就会占用很大的磁盘空间，因此，及时合并一些不再需要修改的图层以节省系统的资源。图层的合并就是将多个图层合并为一个图层。合并的方式有很多，在“图层”菜单中有以下合并功能。

◇ 向下合并：执行此命令，可将当前图层与下一图层合并为一个新的图层，合并后的图层名称为下一层的名称。合并时下一图层必须是可见的，否则命令无效，此命令的快捷键为 Ctrl＋E。如果将几个图层设置成链接图层，“向下合并”命令就会变成“合并图层”命令，此时会将所有有链接关系的图层全部合并(快捷键仍是 Ctrl＋E)。

◇ 合并可见图层：将图像中所有可见图层合并为一个图层，而隐藏的图层则保持不变，合并后的图层名称为当前层的名称。此命令的快捷键为 Ctrl＋Shift＋E。

◇ 拼合图像：将图像中的所有图层合并为一个图层，如有隐藏图层，则将其丢弃。

4. 智能对象

图像处理基本完成时，可将各个图层合并，但是图层一旦被合并，就不能再拆分了，这为后期的继续修改带来了麻烦。Photoshop 为此提供了一个非常好的新功能——智能对象。编辑图像时将一些同类对象的图层创建为一个智能对象，就类似将它们合并在一个层了，当需要再编辑其中的某一层内容时可以在智能对象中进行修改。下面通过一个具体的例子来学习智能对象的操作。

(1) 打开“第 2 章\素材 2-49. psd”文件，这个文件中 3 个音符分别占了一个图层。

(2) 按住 Shift 键将 3 个音符图层选中。

(3) 单击“图层”面板的菜单按钮，在弹出的菜单中选择“转换为智能对象”命令，如图 2-49 所示。执行该命令后将所选图层暂时合并为一个图层，并自动以最上层命名为“音符 3”，如图 2-50 所示。

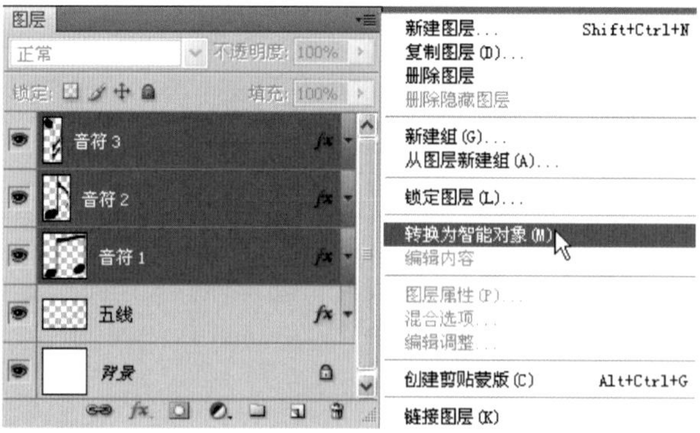

图 2-49 “转换为智能对象”命令

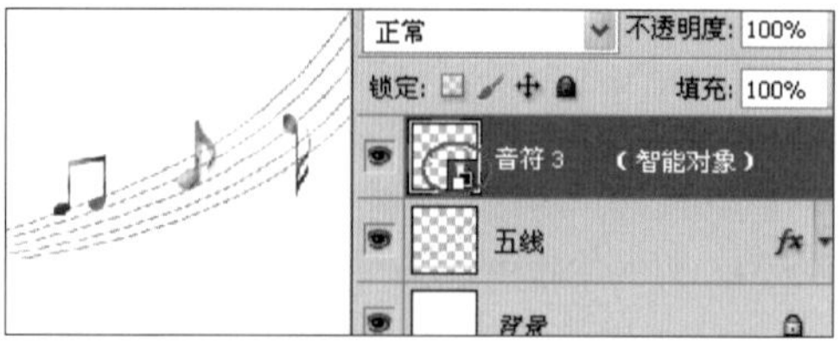

图 2-50 3 个图层合并为“智能对象”层

(4) 若要对其中一个音符的图层样式做修改，只需双击“图层”面板中的智能对象缩略图，此时会弹出一个信息警示窗，单击“确定”按钮后，会打开一个智能对象图层组成的 PSD 文件，如图 2-51 所示。

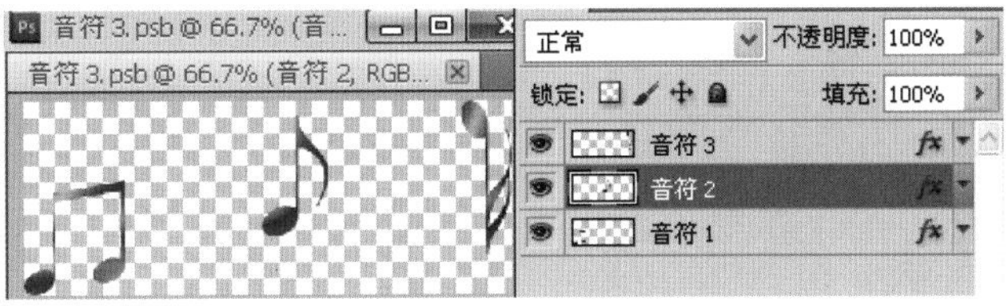

图 2-51　打开“智能对象.psd”文件

(5) 此时便可以对刚才合并了的图层做出自己所需的修改。这里将 3 个图层中音符的图层样式进行了更换，完成操作后按 Ctrl+S 快捷键保存刚才的操作，再关闭这个新文件的窗口，便可重新回到原文件窗口。

2.5　图像的编辑

2.5.1　图像大小

图像的尺寸及分辨率对一幅图像的质量非常重要，如果在像素总量变化情况下将图像尺寸变小，再以同样的方法将图像尺寸放大，将无法得到原图像的细节。

在数字时代的今天，数码摄影已成为大众普遍的选择。高像素的数码照片要上传至网上论坛或发送邮件都必须进行“瘦身”，因为论坛和邮箱对附件的大小都有严格的限制。用户可以利用“图像大小”命令自由调整照片的像素与分辨率大小。

执行“图像”|“图像大小”命令，打开“图像大小”对话框，如图 2-52 所示。在“宽度”“高度”文本框内输入新的像素值，此时对话框上方将显示两个数值，前一数值为当前像素值下的图像大小(6.04MB)，后一数值为原图像大小(15.2MB)，表明图像的总像素量减少了，同时图像的尺寸也变小了，如图 2-53 所示。

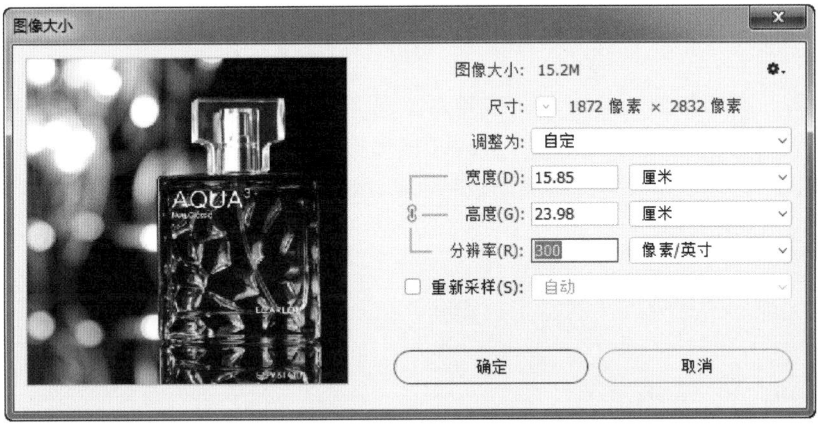

图 2-52　图像尺寸变化前的对话框

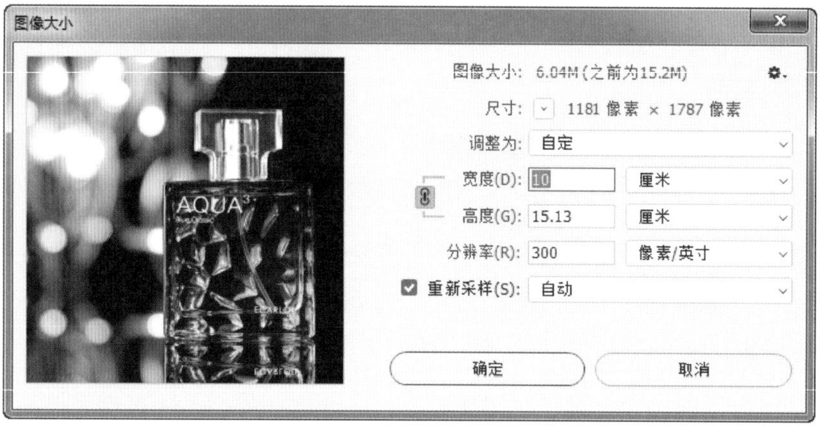

图 2-53　图像尺寸变化后的对话框

2.5.2　图像的剪裁

通过剪裁工具可以对一幅图像进行有选择的去留操作,用户可以自由地控制裁剪位置与大小,将图片中不需要的内容剪除。

在工具箱中选中裁剪工具 ,按下鼠标左键在图像中拖动,得到一个裁切控制框,此时控制框外的图像将变暗显示,按下 Enter 键或双击即可完成裁切操作,裁切框外的图像被去除。操作过程如图 2-54 所示。

(a) 原图　　(b) 绘制裁剪框　　(c) 裁剪结果

图 2-54　裁剪图像操作

通过裁剪工具可以修正照片的拍摄角度。图 2-55(a)在拍摄过程中没有对齐地平线,使塔产生了歪斜感。选择剪裁工具 ,用鼠标拖出剪裁控制框并逆时针旋转,将其调整至垂直,满意后双击得到如图 2-55(c)所示的效果。

2.5.3　图像操作的恢复

用户在图像的编辑处理中执行了误操作,可以使用恢复和还原功能快速返回到以前的编辑状态。

1. 使用命令和快捷键操作

在 Photoshop 中操作时,使用 Ctrl+Z 组合键还原多个步骤。

在还原多个步骤的模式下,编辑菜单会显示将要还原的步骤名称,如图 2-56 所示。

(a) 原图　　(b) 旋转控制块　　(c) 剪裁后的效果

图 2-55　调节剪裁图像的方向

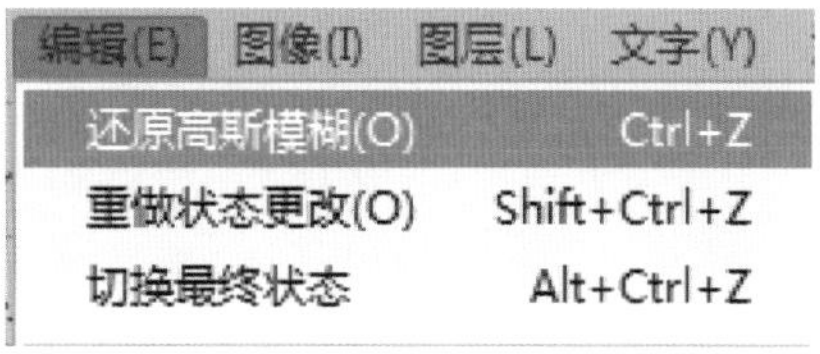

图 2-56　还原与重做“编辑”菜单

切换到最终状态可以使用快捷键：Alt+Ctrl+Z。

2. 使用“历史记录”面板进行还原和重做

通过“历史记录”面板，可以按操作顺序逐步撤销和恢复操作，它以面板的形式使“还原”和“重做”到了随心所欲的地步。当打开一个文档后，“历史记录”面板会自动记录每一个所做的动作。每一动作在面板上占有一格，称为状态。Photoshop 默认的状态为 20 步，“历史记录”面板仅列出最近 20 个历史状态，更早的状态会被自动清除。单击历史记录面板上任意一个状态，就可恢复到该状态。

3. 建立快照暂存历史记录

默认情况下，历史记录面板只能记录最近的 20 个记录，如果希望在图像编辑过程一直保留某个历史状态，可以为该状态创建“快照”。

2.5.4　变换图像

利用 Photoshop 的变换命令可以对图像进行角度及大小的调整操作，如缩放图像、旋转图像、翻转图像等，如图 2-57 所示。

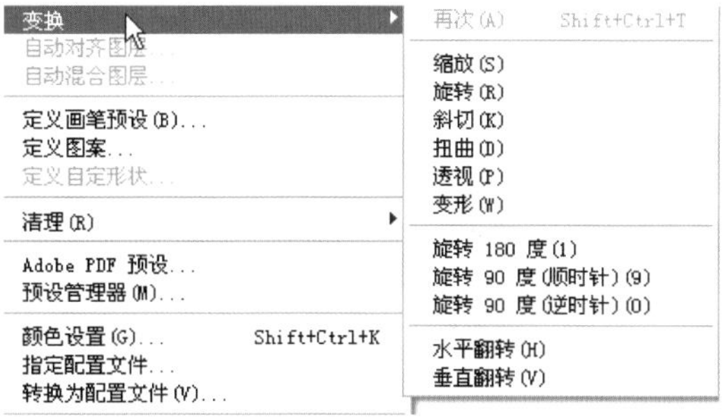

图 2-57　变换图像命令

1. 缩放、旋转图像

在“编辑”|“变换”子菜单中选择需要使用的变换命令，此时被选图像四周出现变换控制框，也可按 Ctrl+T 快捷键调出自由变换控制框。当鼠标指针变成 时，拖动鼠标，即可改变图像的大小，若按住 Shift 键再拖动控制块可按原长宽比例进行缩放。

打开“第 2 章\素材 2-58. psd”文件，按 Ctrl+T 快捷键调出自由变换框，将鼠标指针移动到变换框的 4 个角点位置待鼠标指针变成 时，拖动鼠标，即以控制框的中心点为基准旋转图像。确认变换操作还必须双击控制框或按 Enter 键，如图 2-58 所示。

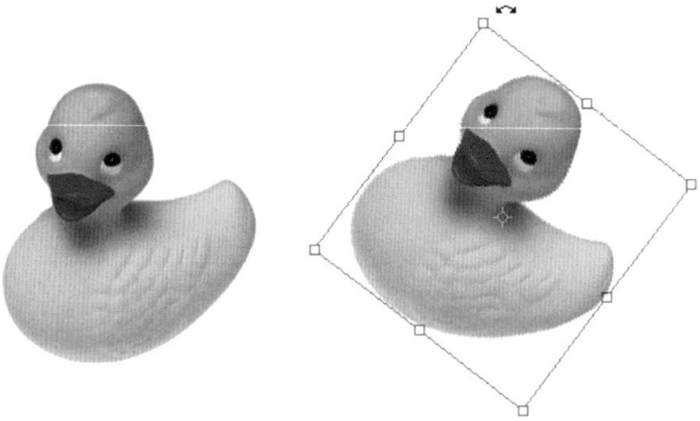

图 2-58　变换控制框

2. 斜切、透视与翻转图像

打开“第 2 章\素材 2-58. psd”实例文件，选中“图层 1”后按 Ctrl+T 快捷键，调出自由变换控制框，在框内右击，在弹出的快捷菜单中选择“斜切”命令，当鼠标指针变为 时，拖动控制框的某一边，即可使图像在鼠标指针移动的方向上发生斜切变形，如图 2-59 所示。

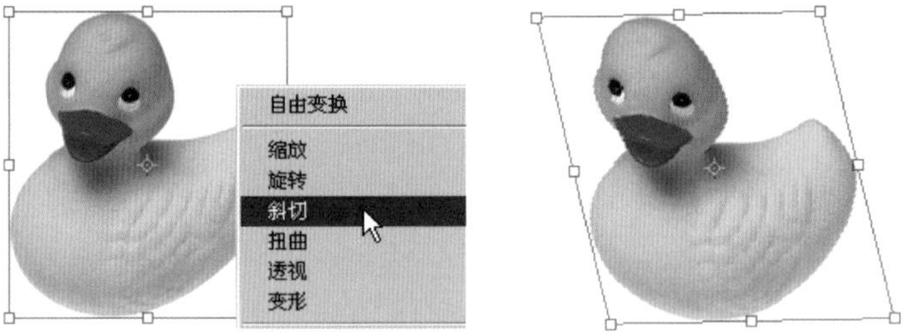

图 2-59　斜切图像

按 Ctrl+T 快捷键，调出自由变换控制框，右击，在弹出的快捷菜单中选择“水平翻转”命令，即可使图像发生翻转获得镜向效果，如图 2-60 所示。

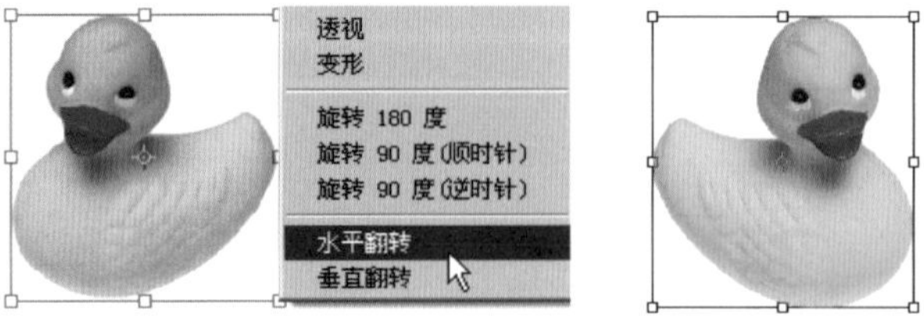

图 2-60　水平翻转图像

打开“第 2 章\素材 2-61. psd”实例文件按 Ctrl+T 快捷键，调出自由变换控制框，右击，在弹出的快捷菜单中选择“透视”命令，当鼠标指针变为 ▶ 时，拖动控制框的某个控制块，即可使图像在鼠标指针移动的方向上获得透视效果，如图 2-61 所示。

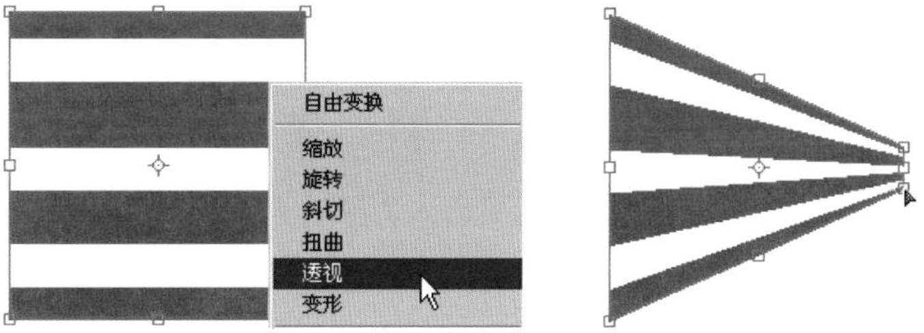

图 2-61　透视图像

3. 变形图像

使用“变形”命令，可以对图像进行弯曲、扭转等变形操作。执行“编辑”|“变换”|“变形”命令即可调出变形网格控制框，直接拖动控制块至变形所需的效果。

打开“第 2 章\素材 2-62. psd”文件，如图 2-62 所示，对戏剧脸谱进行变形操作。

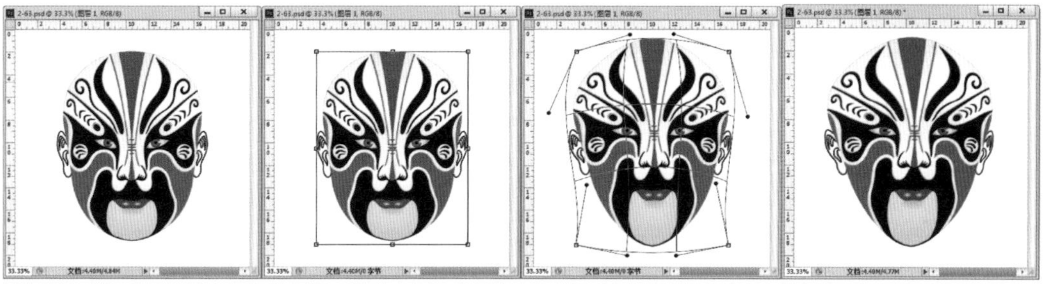

图 2-62　图像变形操作

以上操作也可按 Ctrl+T 快捷键调出自由变换控制框，再单击属性栏右侧的“变形模式切换”按钮，将自由变换转换为变形。

4. 再次变形

执行“编辑”|“变换” |“再次”命令或按 Ctrl+Shift+T 快捷键，可重复上一次的变换操作。执行“编辑”|“变换” |“再次”命令时按下 Alt 键，可使用副本进行重复变换。下面通过绘制“中国香港区旗”的案例来掌握这一操作。

视频讲解

(1) 打开“第 2 章\素材 2-63. psd”文件，选择“紫荆花瓣”图层，按 Ctrl+T 快捷键执行自由变换命令，在属性栏中设置旋转的角度为 72 度，如图 2-63 所示，指定图形旋转的中心点如图 2-64 所示。按 Enter 键确认以上设置。

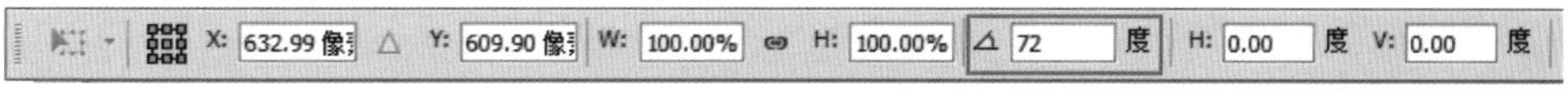

图 2-63　修改旋转度数

(2) 按 Ctrl+Shift+ Alt + T 快捷键 4 次，旋转复制出另外 4 片花瓣。最终效果如图 2-65 所示。

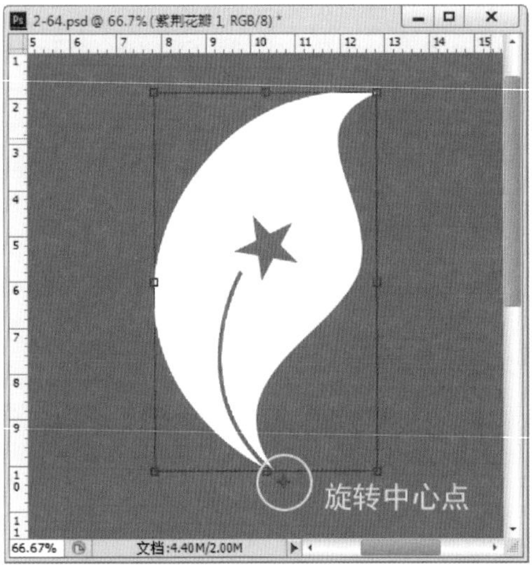

图 2-64　指定旋转中心点

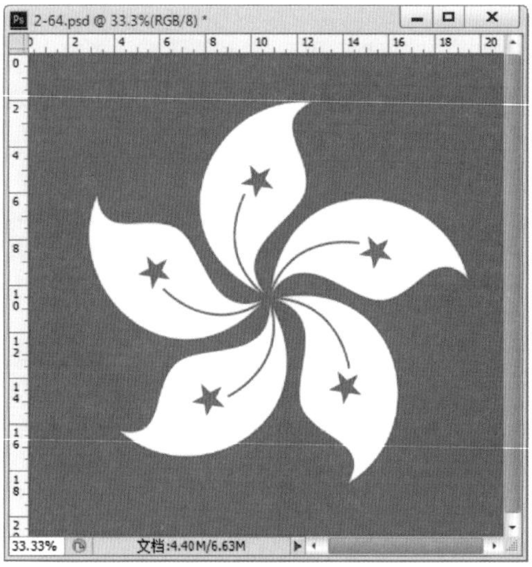

图 2-65　执行旋转复制命令完成标志设计

习　题　2

1. 移动复制图像练习：新建 800×1000 像素，分辨率为 72ppi 的 RGB 图像文档；打开“第 2 章\素材 2-66. psd”文件，使用移动工具将所需素材拖入新建的文档中并按图 2-66 所示要求进行摆放。

操作提示：

(1) 插入图像注意图层中的上下顺序，即为效果图中的前后顺序。

(2) 使用移动工具时，按住 Alt 键拖动可复制这个对象。

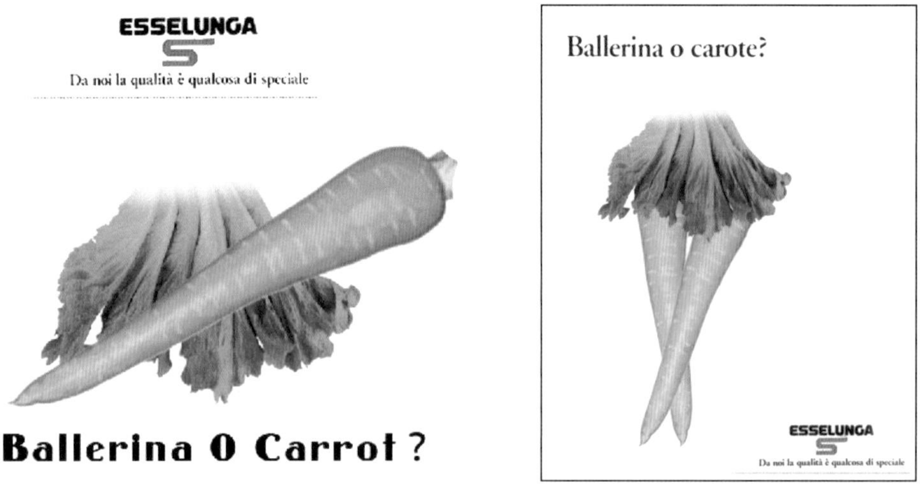

(a) 素材　　　(b) 效果

图 2-66　复制移动图像练习

2. 排列与分布练习：打开“第 2 章\素材 2-67.psd”文件，运用图像变换操作及图像排列操作，完成宣传画制作效果如图 2-67 所示。

操作提示：

(1) 选中“书法字体”图形，按 Ctrl+T 快捷键调整至合适的大小。

(2) 选中“龙虾”图片，调出图像变换框，改变原方向。

(3) 按住 Alt 键拖动鼠标复制 4 个圆圈图层，再单独输入“正宗川味”4 个字。

3. 打开“第 2 章\素材 2-68.psd”文件，利用图像变换命令对盘子进行变换操作，再将素材中的苹果放入盘中，最终效果如图 2-68 所示。

操作提示：

(1) 选中盘子图层，按 Ctrl+T 快捷键调出自由变换框后，按住 Ctrl 键拖动各控点调节。

(2) 将苹果素材拖入盘子后，再次使用自由变换框调节大小或水平翻转变化。

图 2-67 餐馆宣传海报

4. 打开“第 2 章\素材 2-69.psd”文件，运用“再次变换”操作绘制如图 2-69 所示图案。

操作提示：

(1) 选中所给素材线条，在属性面板中设置参考点为左下角。

(2) 对图像旋转角度 5 度、缩放至原大小 94%、并移动一定距离，按 Enter 键确认变换。

(3) 按 Ctrl+Alt+Shift+T 快捷键进行复制重复变换操作。

(4) 合并图层后再复制一个，进行水平翻转变换。

图 2-68 变换操作

图 2-69 重复变换操作效果图

第 3 章　绘画与修饰工具

Photoshop 发展到今天已经不单纯仅有一种图像处理功能，它还具备图像绘制与修饰功能。本章将讲述画笔、橡皮、填充、渐变、形状等绘图工具，还将介绍修复画笔、加深减淡、模糊锐化等修饰工具。

3.1　填 充 工 具

填充工具可以对特定的区域进行色彩或图案的填充。使用 Photoshop 的绘图工具进行绘图时，选择好颜色至关重要。

3.1.1　前景色与背景色

前景色通常用于绘制图像、填充和描边选区等，而对于背景图层，删除或擦除的区域将用背景色填充。

工具箱下部有两个交叠在一起的正方形，显示的是当前所使用的前景色和背景色。系统默认的前景色为黑色，背景色为白色。单击工具箱下部的默认色按钮或按 D 键可恢复系统默认的前景色和背景色。切换前景色与背景色的操作方法是单击按钮或按 X 键，如图 3-1 所示。

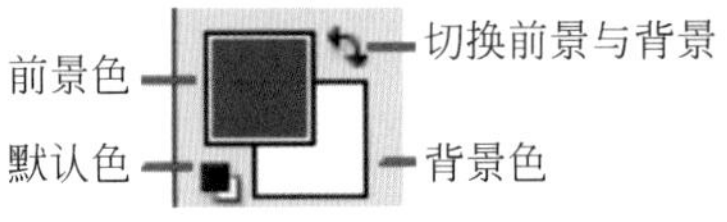

图 3-1　前景色与背景色图标

在 Photoshop 中可以使用“拾色器”对话框、“颜色”和“色板”面板、吸管工具来设置新的前景色和背景色。

1. 使用“拾色器”选取颜色

单击工具箱中“前景色”或“背景色”按钮，可以打开“拾色器”对话框，如图 3-2 所示。

对话框左侧的颜色区域用来选择颜色，在需要的色彩处单击就能在右侧的小颜色区域中显示出当前所选的颜色。在这个小色块区域中的下半部显示的是前一次所选的颜色。拖动竖长条彩色滑杆上的小三角滑块能调整颜色的不同色调。

如果需要精确地设置颜色参数，可直接在颜色模式数值框中输入颜色值，或在颜色代码数值框中输入十六进制颜色代码。

2. 使用“颜色”面板和“色板”面板

“颜色”面板和“色板”面板是 Photoshop 提供的专用于设置颜色的控制面板。

(1) “颜色”面板用于设置前景色和背景色，也用于吸管工具的颜色取样。单击面板右上角按钮，打开“颜色”面板的菜单，如图 3-3 所示。通过这些菜单命令可以切换不同模式的滑块和色谱。拖动颜色滑块，可改变当前所设置的颜色；将鼠标指针放在四色曲线图上，鼠标指针会变成吸管状，单击即可拾取颜色作为前景色，如果按住 Alt 键进行拾取，则可作为背景色。

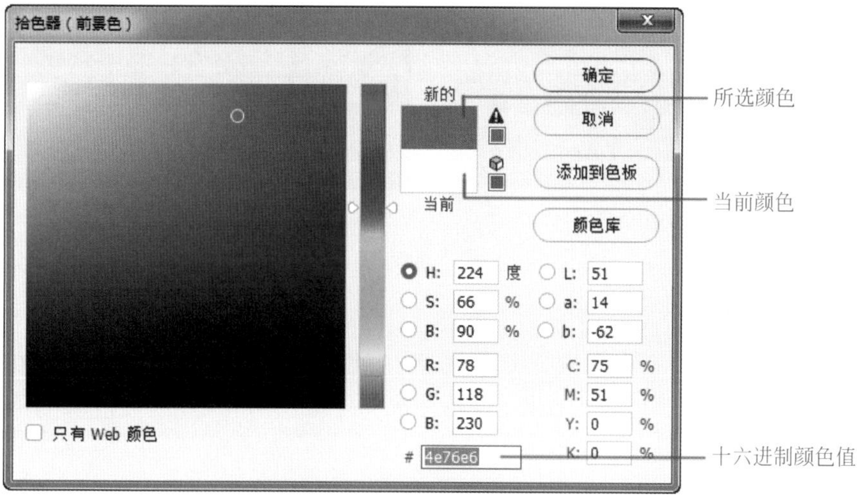

图 3-2 “拾色器”对话框

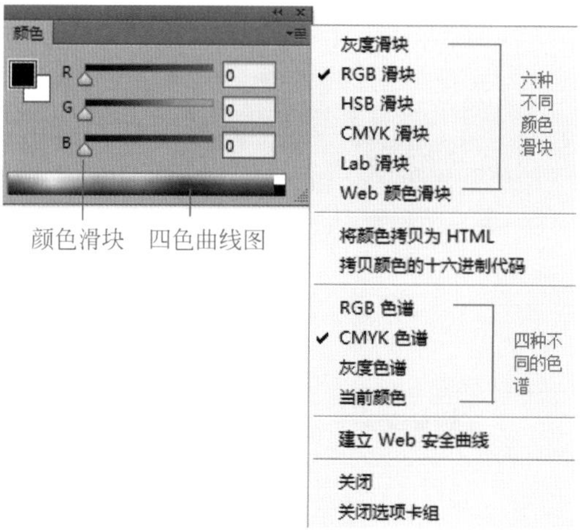

图 3-3 “颜色”面板

（2）“色板”面板用于快速选取颜色。当鼠标指针移到“色板”面板内的某一颜色块时，鼠标指针变成吸管形状，这时可用它来选取颜色替换当前的前景色或背景色。

该面板中的颜色都是预设好的，可直接选取使用，这就是使用“色板”面板选色的最大优点。用户还可以在“色板”面板中加入一些常用的颜色，或将一些不常用的颜色删除，并保存色板，方便以后快速取色。

◇ 添加色样：将鼠标指针移至“色板”面板下部的色样空白处，当鼠标指针变成油漆桶形状时，单击即可添加色样，添加的颜色为当前选取的前景色。

◇ 删除色样：按 Alt 键的同时在“色板”面板中单击就可以删除色样方格，这时鼠标指针会变成剪刀形状，如图 3-4 所示。

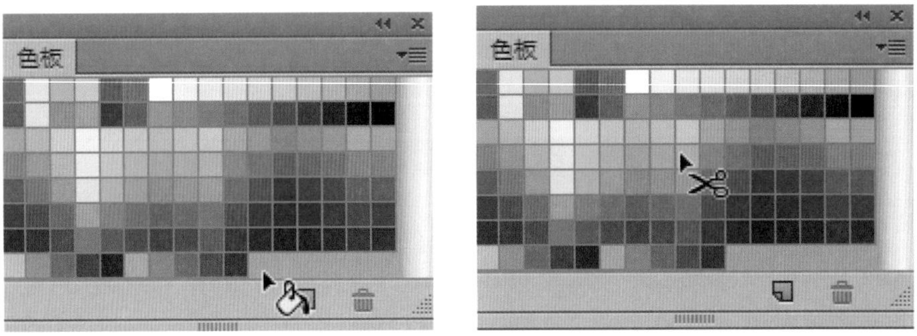

添加色样　　　　删除色样

图 3-4　“色板”面板

3. 使用吸管工具

除了使用“拾色器”对话框来选择颜色，还可以使用工具箱里的吸管工具，在当前图像区域单击，拾取单击处的颜色作为前景色，而在按 Alt 键的同时单击，可拾取单击处的颜色作为背景色。

4. 填充颜色

(1) 使用“填充”命令

在绘制图像和处理图像的过程中，设置好颜色后就可以将颜色应用到图像中。可以执行“填充”命令在对话框中进行填充设置，还可以按快捷键填充前景色或背景色。

填充命令可对整个图像或选区应用色彩或图案的填充。执行“编辑”|“填充”命令或按 Shift+F5 快捷键，在弹出的“填充”对话框中，可对填充的内容、模式和不透明度等参数进行设置，如图 3-5 所示。

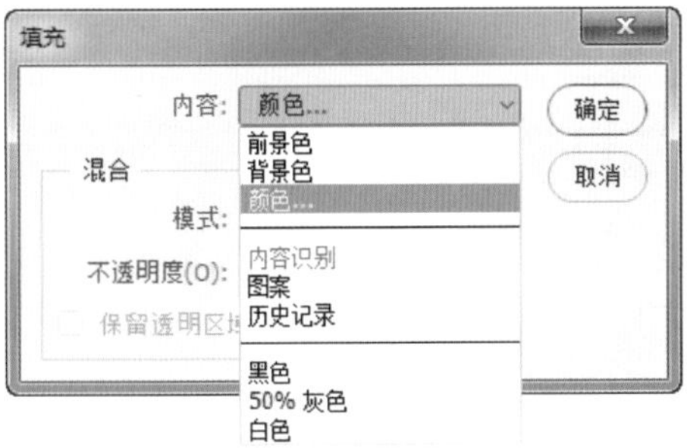

图 3-5　“填充”对话框

在图 3-5 所示的“内容”下拉列表中选择“前景色”“背景色”“黑色”“50%灰色”或“白色”选项，是对指定颜色进行填充。选择“颜色”选项，在弹出的“拾色器”对话框中可自定义用于填充的颜色。

若在“使用”下拉菜单中选择“内容识别”选项，在填充选定区域时，可以根据所选区域的图像进行修补，为图像处理工作提供了一个更智能、更有效率的解决方案。

打开“第 3 章\素材 3-6.jpg”文件，使用套索工具绘制选区将右下方的蝴蝶选中，按 Shift+F5 快捷键打开“填充”对话框，选择“内容识别”选项，单击“确定”按钮，可将左下角的红色蝴蝶轻松去除，如图 3-6 所示。

(2) 运用快捷键命令

使用快捷键可以方便迅速填充选定区域或整个图层的颜色。使用选框工具绘制一个矩形选区，按 Alt+Delete 快捷键可在选区内填充前景色；按 Ctrl+Delete 快捷键可在选区内填充背景色，如图 3-7 所示。

图 3-6　使用“内容识别”操作

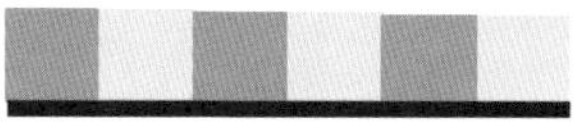

图 3-7　使用快捷键对选区填充颜色

3.1.2　油漆桶工具

使用油漆桶工具可以在图像中填充前景色，但只能填充与鼠标单击位置处的颜色相近的图像区域（即位于容差范围内颜色相近的图像区域），如图 3-8 所示。

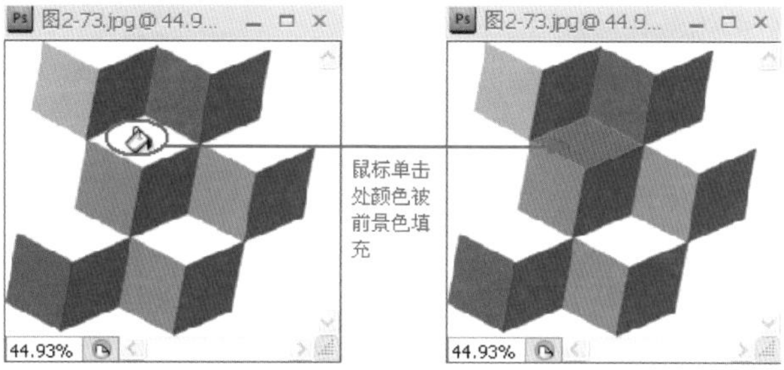

图 3-8　对单击处的颜色范围用前景色进行填充

如果在油漆桶工具属性栏的“填充”下拉列表框中选择“前景”选项，则以前景色进行填充。若选择“图案”选项，则用户可以在“图案”下拉列表框中选择一种图案进行填充，如图 3-9 所示。

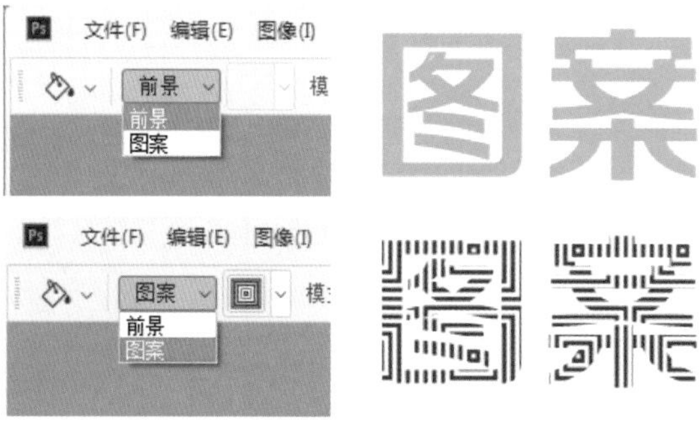

图 3-9　油漆桶工具的使用

下面通过实例，练习油漆桶工具的使用。具体操作方法如下。

(1) 打开“第 3 章\素材 3-10.jpg”文件，改变卡通娃娃的颜色。

(2) 选择油漆桶工具，根据效果图要求分别拾取不同的前景色。

(3) 单击对指定的色彩范围进行颜色的替换，效果如图 3-10 所示。

图 3-10　使用油漆桶替换颜色区域

3.1.3　渐变工具

渐变工具用于颜色逐渐变化的场合，以表现图像颜色的自然过渡。根据变化的要求不同分为线性渐变、径向渐变、角度渐变、对称渐变和菱形渐变 5 种渐变类型，如图 3-11 所示。

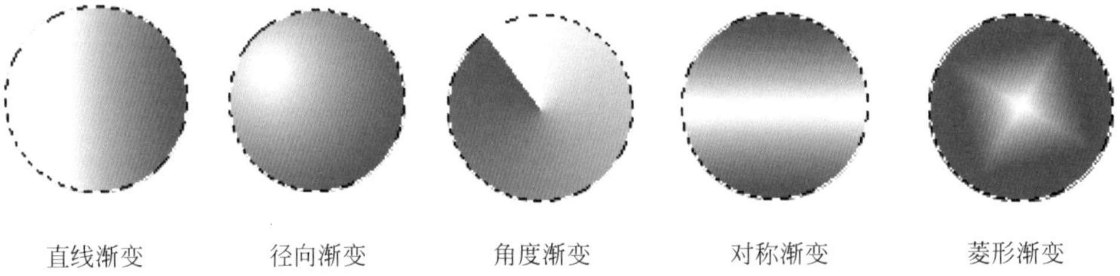

图 3-11　5 种不同渐变类型应用效果

1. 渐变工具

选择渐变工具后，工具选项栏如图 3-12 所示。

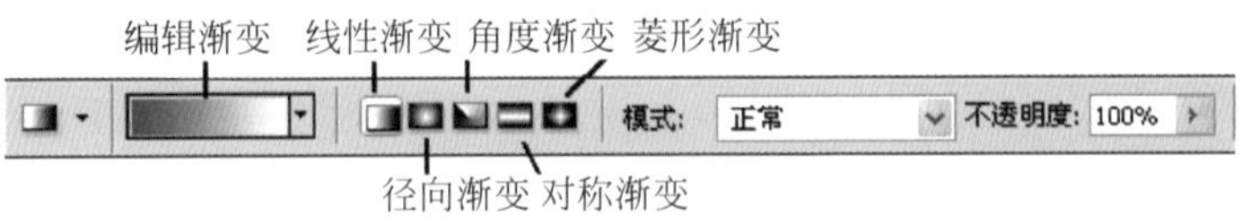

图 3-12　渐变工具选项栏

要选择预设的渐变样式，可单击渐变条右边的下拉按钮，将弹出如图 3-13 所示的“预设的渐变色样”，可以选择所需要的渐变效果。

在“渐变工具”选项栏中，单击渐变框，将弹出如图 3-14 所示的“渐变编辑器”对话框，可以在对话框中编辑渐变效果。

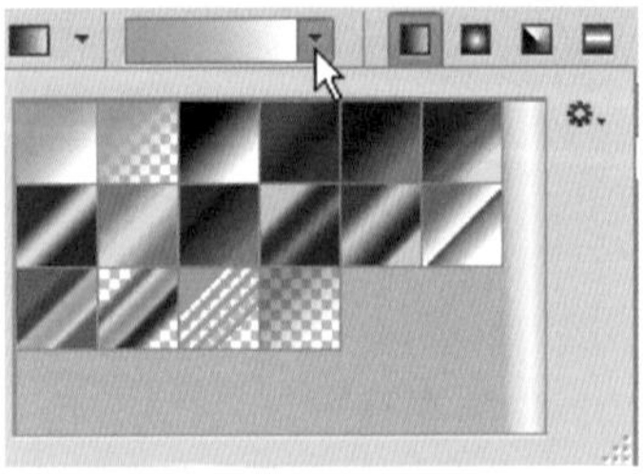

图 3-13　预设的渐变色样

图 3-14 “渐变编辑器”对话框

2. 渐变编辑

在渐变编辑条中有上下两条滑块,上面的滑块是“不透明度色标”,用来设置填充颜色的透明度;下面的滑块是“色标”,用来定义渐变颜色。下面介绍它们的使用方法。

(1) 鼠标指针放在颜色条下方,出现 形状时单击可添加色标,如图 3-15 所示。

(2) 双击“色标”滑块弹出“拾色器”,可设置要添加的颜色。

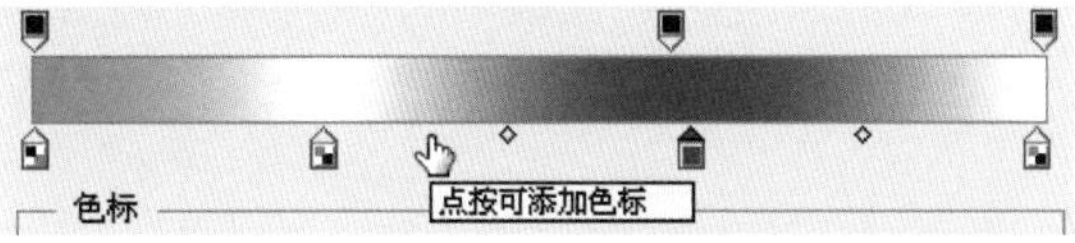

图 3-15 添加色标

(3) 对于不需要的色标,用鼠标按住并向渐变色条外拖动,删除该色标。

(4) 鼠标指针放在颜色编辑条上方,出现 形状时单击,可添加不透明度色标。

(5) 在“不透明度”框中可设置渐变颜色的透明度,如图 3-16 所示。

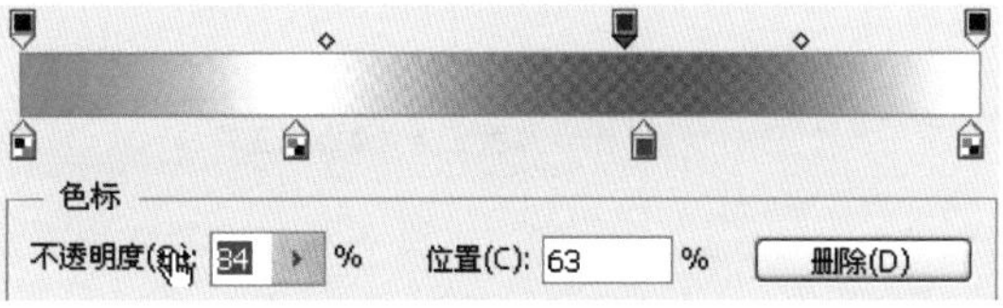

图 3-16 设置不透明度

3. 应用实例

(1) 选择渐变工具 ,单击渐变框 ,打开“渐变编辑器”对话框。

(2) 单击添加“不透明度色标”并设置不透明度为 0,如图 3-17 所示。

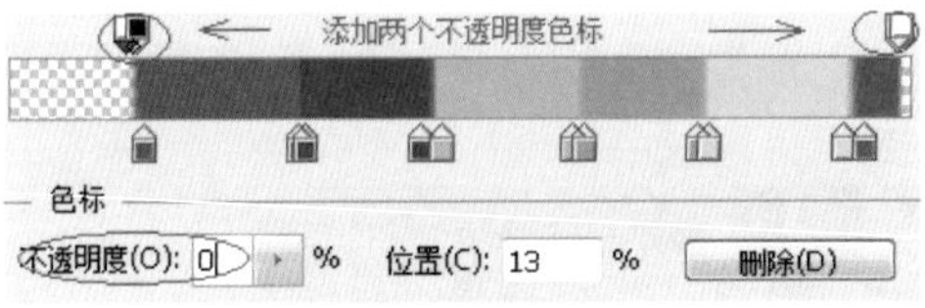

图 3-17　设置渐变条

(3) 在工具选项栏上单击“线性渐变”按钮，在新建“图层 1”上做线性渐变。

(4) 新建“图层 2”，单击“径向渐变”按钮，做径向渐变填充。

(5) 可依照此方法继续设置不同颜色的渐变条，绘制大小不一的圆形，最终效果如图 3-18 所示。

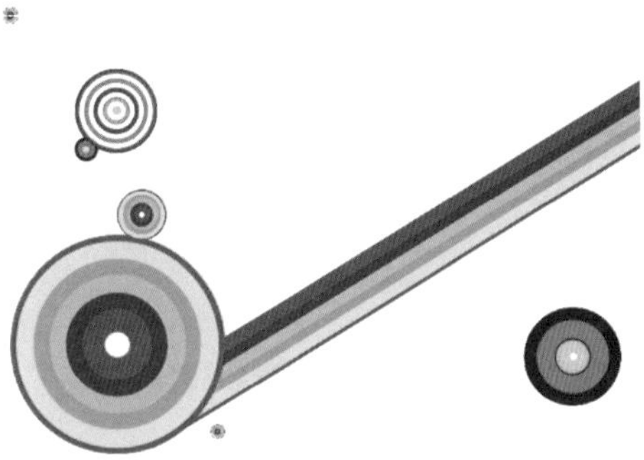

图 3-18　使用渐变填充绘制图案

3.2　形状工具

利用 Photoshop 中的形状工具可以创建各种几何形状。在工具箱的形状工具组上右击，将弹出隐藏的形状工具如图 3-19 所示。

3.2.1　矩形工具

矩形工具用于绘制矩形或正方形。选择矩形工具后，在工具属性选项栏中选择“像素”，如图 3-20 所示，便可绘制以前景色填充的矩形或正方形。按住 Alt 键可以鼠标单击点为中心绘制矩形；按住 Shift 键可以绘制正方形。

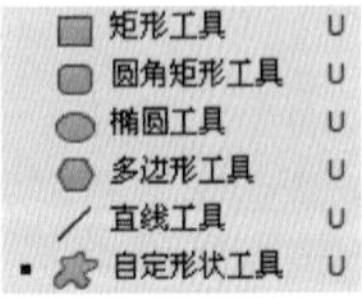

图 3-19　形状工具组

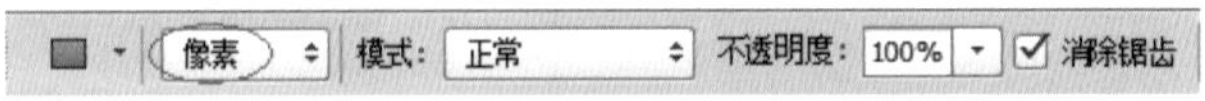

图 3-20　设置矩形工具选项栏

3.2.2　圆角矩形工具

圆角矩形工具用于创建具有圆角效果的矩形。该工具的使用方法与矩形工具相同。单击圆角矩形工具，工具属性栏如图 3-21 所示。“半径”选项用来设置圆角的半径，值越大圆角就越大。图 3-22 所示形状分别是“半径”为 10 像素和 30 像素的圆角矩形。

图 3-21 圆角矩形工具属性栏

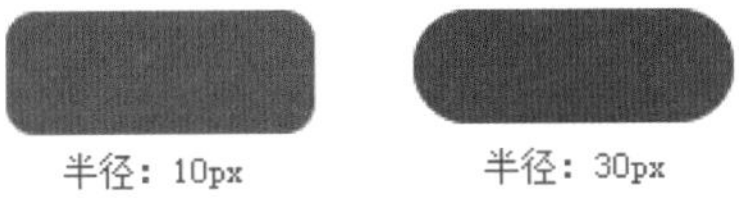

图 3-22 圆角矩形

3.2.3 椭圆工具

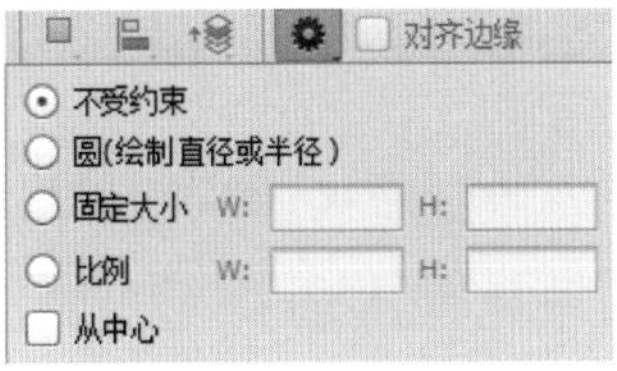

图 3-23 设置椭圆

椭圆工具用于绘制椭圆或圆形。单击属性栏中的设置按钮可设置圆的直径或椭圆的长、短轴长度，如图 3-23 所示。按住 Shift 键可绘制圆形状。

3.2.4 多边形工具

使用多边形工具，能创建 3 条边以上的星形和多边形。单击多边形选项按钮，可打开选项设置面板，图 3-24 所示为多边形选项栏及多边形选项设置界面。

图 3-24 绘制星形与多边形

◇ 边：设置多边形的边数。

◇ 半径：设置多边形或星形的半径长度。

◇ 平滑拐角：勾选该项，可绘制出具有平滑拐角的多边形。

◇ 星形：勾选该项绘制星形

- 缩进边依据：设置星形边缘向中心缩进的百分比，数值越大，缩进量也越大。
- 平滑缩进：勾选此项，使星形的每条边向中心平滑缩进。

选择多边形工具，在选项栏中设置边为 5，分别设置半径为“30 像素”和“60 像素”绘制两个半径不同的五边形，如图 3-25 所示。

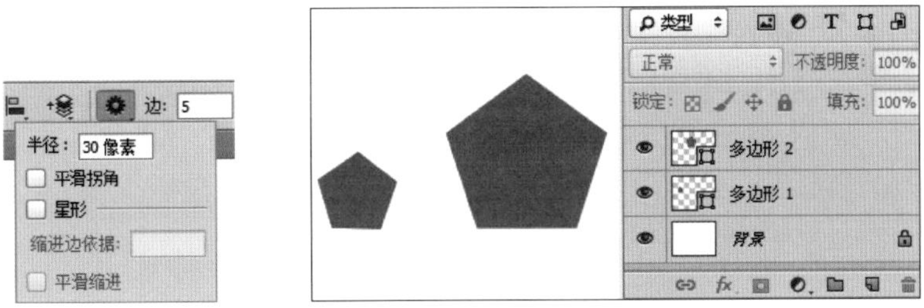

图 3-25 半径为“30 像素”与半径为“60 像素”的两个 5 边形

在选项栏中勾选“星形”绘制五角星，分别在缩进边依据中设置 50%与 90%绘制两个五角星，图 3-26 显示两种不同缩进依据的效果。

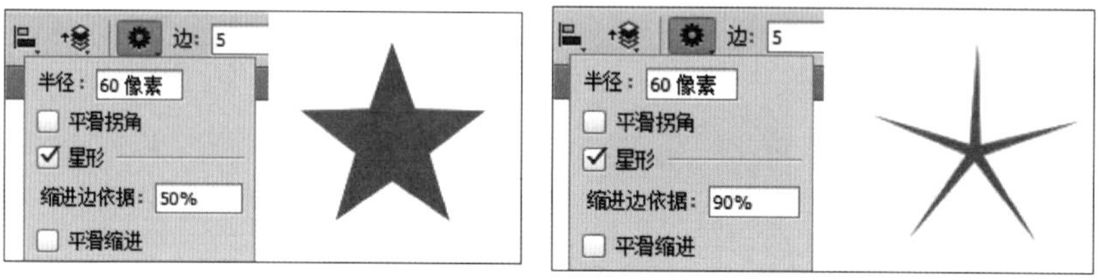

图 3-26　缩进边依据分别为 50%与 90%的效果

3.2.5 “自定形状”命令

“自定形状”命令可以用来绘制并保存自己创作的全新图形。具体用法如下。

(1) 新建一个 800 像素×800 像素，分辨率 72ppi 的文档。选择椭圆工具，在画面中间绘制一个蓝色的正圆图形。

(2) 选择多边形工具，在属性栏中把参数调整为“五角星”。按下 Alt 键，在蓝色圆形中画出一个镂空的五角星，如图 3-27(a)所示。

(3) 执行“编辑”|“定义自定形状”命令，存储新的形状，如图 3-27(b)所示。

(a) 绘制新的图形

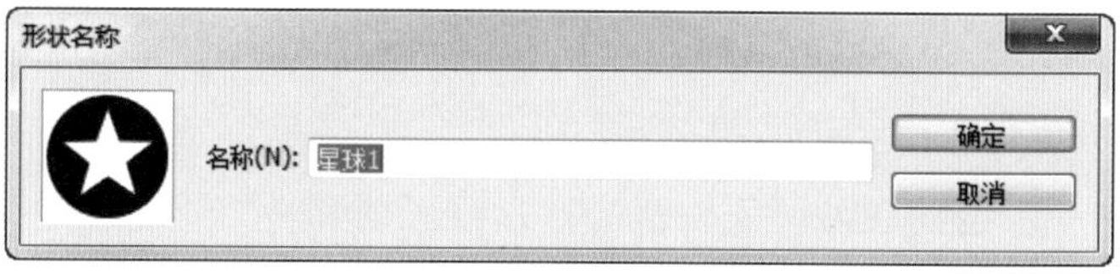

(b) 存储新形状

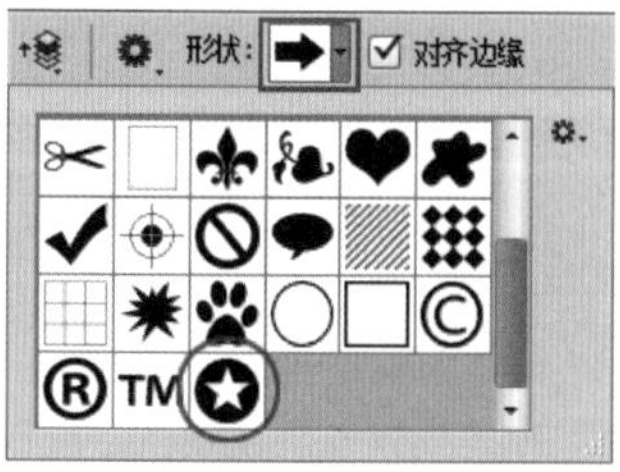

(c) 从属性栏中寻找自定形状

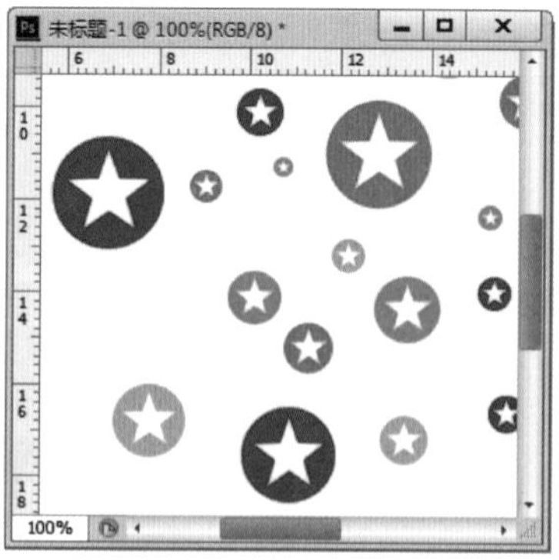

(d) 利用自定形状绘画

图 3-27　“自定形状”工具的使用

(4) 选择“自定形状”工具 ，在其属性栏中单击“自定形状”按钮 ，在弹出的形状面板中可以找到刚刚存储的“自定形状”，如图 3-27(c)所示。

(5) 新建一个图层，利用“自定形状”工具绘制多彩的图形，如图 3-27(d)所示。

3.2.6 “自定图案”命令

自定义的形状只能通过“单色”来表现，对于色彩丰富的复杂图形，应选用自定图案来完成。通过以下的案例来了解自定图案的使用方法。

视频讲解

实例应用

利用“自定图案”与“自定形状”功能，绘制一幅宣传海报，具体操作方法如下。

(1) 打开“第 3 章\素材 3-28.jpg”文件，如图 3-28 所示。

(2) 选择矩形选框工具 ，在背景空白处画一个选区，执行“选择”|“选取相似”命令，再执行“选择”|“反向”命令，此时已把冬奥会的标志图形全部选上，使用 Ctrl+J 快捷键，把标志图形复制到新的图层当中，命名新图层为“冬奥会标志”。

(3) 对背景图层填充白色。

(4) 使用矩形选框工具 与 Ctrl+J 快捷键，把“冬奥会标志”图层中的“BEIJING2022”与“奥运五环”分别复制到独立图层当中，并分别命名。

(5) 使用 Ctrl+T 快捷键对“奥运五环”图形进行缩小，并与文字“BEIJING2022”进行组合排列，如图 3-29 所示。同时选择文字与五环这两个图层，按 Ctrl+E 快捷键执行“合并图层”命令，合并后的图层名称为“BEIJING2022”。

图 3-28 冬奥会标志素材图片

图 3-29 标志与文字的组合

(6) 关闭“冬奥会标志”图层的可见性 。选择刚刚合并的图层，用矩形选框工具 把图文内容选取起来，执行“编辑”|“定义图案”命令，存储自定义图案如图 3-30 所示。

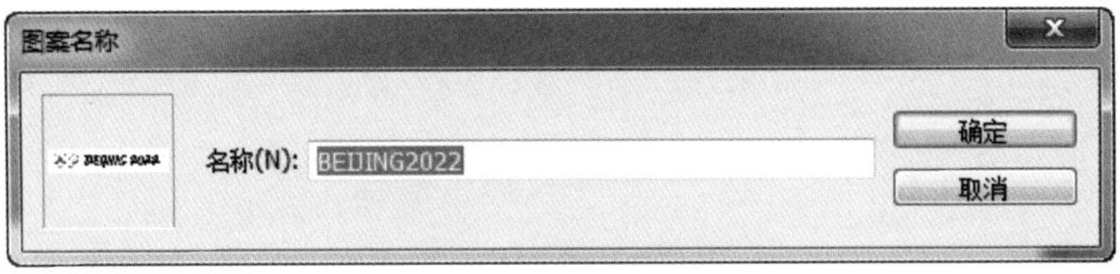

图 3-30 存储自定义图案

(7) 关闭“BEIJING2022”图层的可见性 。新建一个图层，命名为“底图”，执行“编辑”|“填充”命令，在填充面板的“内容”选项中选择“图案”；在“自定图案”选项中找到刚才自定的图案；在“脚本图案”选项中选择“砖形填充”，如图 3-31 所示。

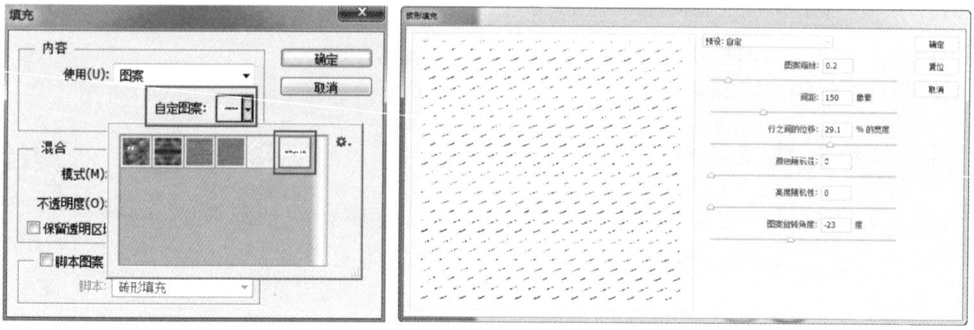

图 3-31　填充图案

(8) 把“冬奥会标志”图层拉升至顶层，对其执行“编辑”|“描边”命令，描边宽度为 30 像素，颜色为白色，位置为居外。

(9) 新建名称为“雪花”的新图层，选择“自定形状”工具，在其属性栏中单击“形状”按钮，在弹出的形状面板中找到“雪花”图形。相关设置如图 3-32 所示，然后在画面上绘制若干蓝色的雪花，以此点缀画面。

图 3-32　使用“自定形状”工具绘制雪花

(10) 完成海报设计，最终效果如图 3-33 所示。

图 3-33　最终设计效果

3.3　绘 画 工 具

在 Photoshop 中，绘画工具是基于创建像素的位图图像。绘画工具箱中有画笔、铅笔、橡皮擦、图案图章、橡皮图章、模糊、锐化、涂抹、加深、减淡、海绵及修复画笔等修图工具。熟练使用图像编辑工具编辑图像是 Photoshop 用户必须掌握的基本功。

3.3.1 画笔工具及其设置

1. 画笔

画笔工具是最基本的绘图工具，使用该工具是绘制和编辑图像的基础。画笔工具绘画时首先应设置好前景色，然后再通过工具选项栏对画笔的笔尖形状、大小和透明度等属性进行设置，如图 3-34 所示。

图 3-34 画笔工具选项栏

单击“画笔预设选取器”按钮，打开“画笔预设选取器”面板，如图 3-35 所示。选择 Photoshop 提供的画笔预设样本，移动“大小”滑杆或直接在文本框内输入数值来设置画笔的大小；移动“硬度”滑杆定义画笔边界的柔和程度。

◇ 硬边画笔：这类画笔绘制的线条没有柔和的边缘，硬度越大，绘出来的形状越趋于实边。

◇ 柔和画笔：这类画笔所绘制的线条会产生柔和的边缘，可以模拟毛笔的效果。图 3-36 所示为不同硬度的画笔效果。

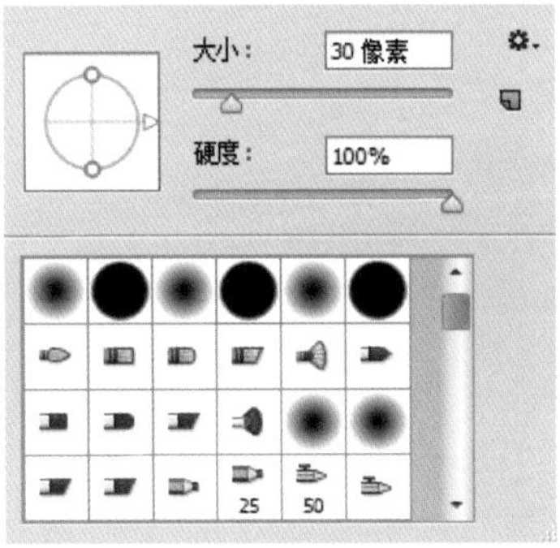

图 3-35 “画笔预设选取器”面板

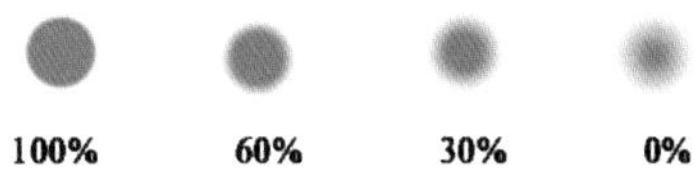

图 3-36 不同硬度画笔效果

2. “画笔”面板

单击“切换画笔面板”按钮或按 F5 键，弹出“画笔”面板，如图 3-37 所示。在此面板中可以预览选择 Photoshop 提供的预设画笔，还可以设置笔尖形状的参数，如笔尖形状及相关大小、硬度、角度、圆度、间距等。该面板下方还有该画笔绘画效果预览。

◇ “大小”选项：设置画笔笔尖的大小。

◇ “翻转”选项：改变画笔笔尖的方向。

◇ “角度”选项：设置画笔的倾斜角度。

◇ “圆度”选项：设置画笔的长轴与短轴比例。

◇ “硬度”选项：设置画笔边缘的柔和度。

◇ “间距”选项：设置笔尖间隔距离。

(1) 在“画笔”面板中选择“形状动态”选项，切换到相应的参数设置，该选项可以增加画笔的动态效果。

◇ “大小抖动”：控制绘制过程笔尖大小的随机度。数值越大，变化幅度也越大，如图 3-38 所示。

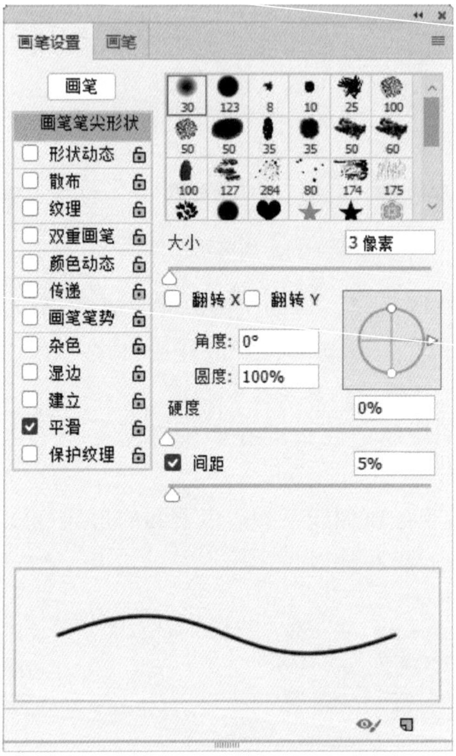

图 3-37 “画笔”面板图

大小抖动=0%　　大小抖动=50%　　大小抖动=100%

图 3-38 不同大小抖动画笔效果

◇ “渐隐控制”：数值越大，画笔消失的距离越长，变化越慢，如图 3-39 所示。

渐隐=20%　　渐隐=50%　　渐隐=100%

图 3-39 不同渐隐、控制画笔效果

◇ “角度抖动”：设置笔尖角度变化的随机程度，如图 3-40 所示。

(2) 在“画笔”面板中选择“散布”选项用于设置画笔绘制内容偏离绘画路线的程度和数量，即绘制图像的动态分布效果。

◇ “散布”：控制画笔偏离绘画路线的程度，数值越大偏离越远，如图 3-41 所示。

◇ “数量”：控制画笔点的数量，数值越大画笔点越多如图 3-42 所示。

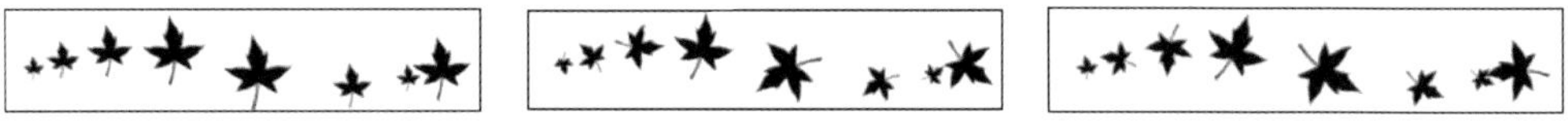

角度抖动=0%　　角度抖动=50%　　角度抖动=100%

图 3-40　不同角度抖动画笔效果

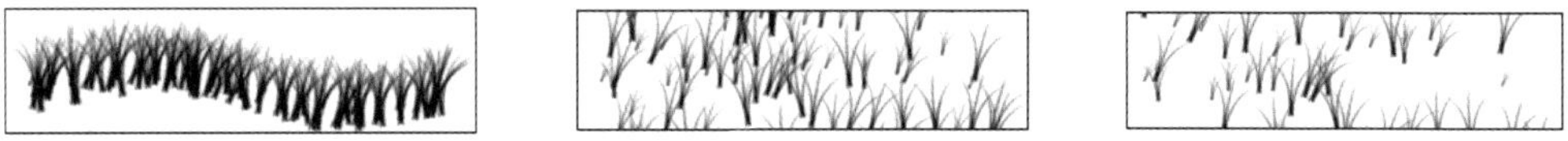

散布=0%　　散布=50%　　散布=100%

图 3-41　散布变化效果

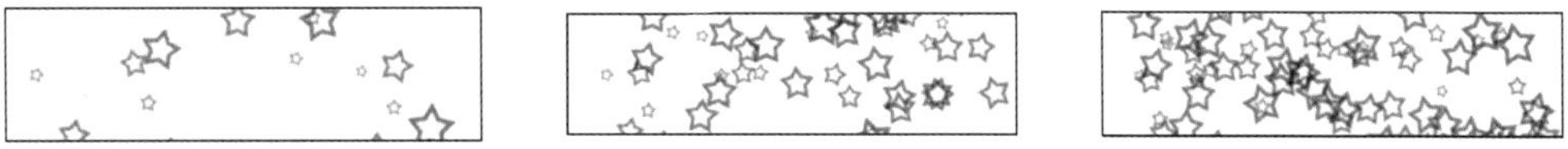

数量=1　　数量=3　　数量=6

图 3-42　不同数量的画笔效果

(3)“颜色动态”控制在绘画过程中画笔颜色的变化情况。设置动态颜色时，画笔面板下方的预览框不会显示相应的效果，只有在图像窗口绘画后才能看到动态颜色效果。

◇ “前景/背景抖动”：设置画笔颜色在前景色和背景色间随机变化，如图 3-43 所示。

前景/背景抖动=0%　　前景/背景抖动=50%　　前景/背景抖动=100%

图 3-43　颜色动态效果

◇ “色相抖动”：指定画笔绘制过程中画笔颜色色相的动态变化范围。

◇ “饱和度抖动”：指定画笔绘制过程中颜色的饱和度随机变化动态范围。

◇ “亮度抖动”：指定画笔绘制过程画笔颜色亮度的动态变化范围。

3. 载入画笔

实际应用中，仅靠 Photoshop 提供的画笔预设样本远不够用，这时可去网络查找所需的画笔资源，然后载入 Photoshop 系统中使用。

视频讲解

单击“画笔预设”控制面板右上方的图标 ，在弹出的下拉菜单中选择“载入画笔”命令，弹出“载入”对话框，选择 Trees. abr 画笔文件，单击“载入”按钮将画笔载入。打开“画笔预设”面板，选择自己所需的画笔便可进行绘制，如图 3-44 所示。

4. 自定义画笔

在绘制图像时不仅可以使用 Photoshop 提供的预设画笔或加载外部画笔，还可以通过“编辑”|“定义画笔预设”命令创建自己喜欢的画笔笔尖形状。下面通过案例，练习自定义画笔的应用。

视频讲解

(1) 新建一个 1654 像素×2339 像素，分辨率 200ppi，名称为“红包”的文档。打开“第 3 章\素材 3-45. png”文件，如图 3-45 所示。把梅花图形素材复制

图 3-44　载入画笔绘制图像

到新建的文件当中，并命名该图层为“梅花”。

（2）选择矩形选框工具，把梅花图形选取起来。执行“编辑”|“定义画笔预设”命令，在弹出的对话框中，把新画笔命名为“梅花”，如图 3-46 所示。随后单击画布取消选区，并关闭“梅花”图层的可见性。

（3）打开“第 3 章\素材 3-46. png”文件，如图 3-47 所示。把树干图形复制到刚刚新建的“红包”文件当中，并把该图层命名为“树干”。

图 3-45　梅花素材图片

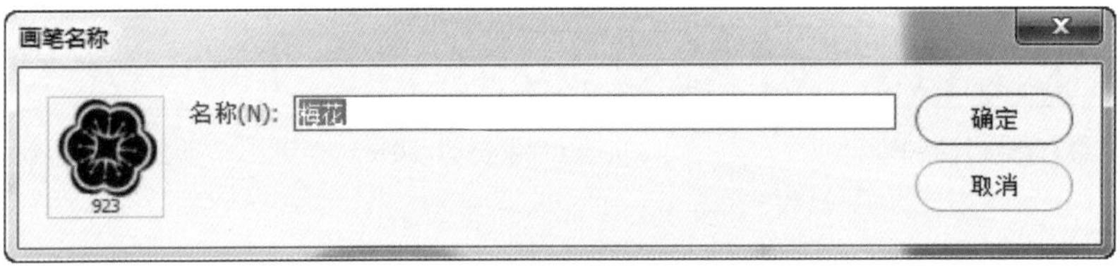

图 3-46　定义梅花图形画笔

图 3-47　树干素材图片

（4）在背景图层上新建一个图层，在此图层中绘制一个红色的矩形色块作为红包的底色。

（5）在“树干”图层上面新建一个图层，命名为“金花”。

（6）选择画笔工具，把前景色调成黄色。按 F5 键打开“画笔”面板，如图 3-48 所示设置画笔形状动态。

（7）选中定义好的梅花画笔，在树干上画出金黄色的花朵。

（8）在红包空白处，输入文字“恭喜发财 2019”。作品最终效果如图 3-49 所示。

小窍门：在使用画笔工具过程中，可使用以下快捷键对画笔的大小、硬度、不透明度进行快速设置。

- 按下[键可将画笔笔尖减小；按下]键可将画笔笔尖变大。
- 按下 Shift+[快捷键和 Shift+]快捷键可减少或增加笔尖的硬度。
- 按数字键 1～9，可快速调整画笔的不透明度值。它们分别代表 10%～90%的不透明度值。

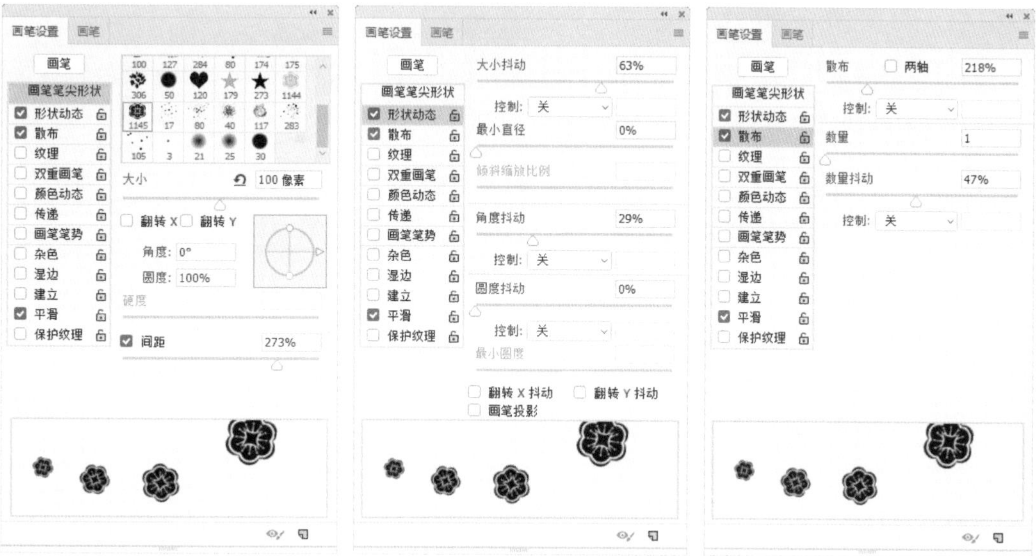

图 3-48 画笔形状的设置

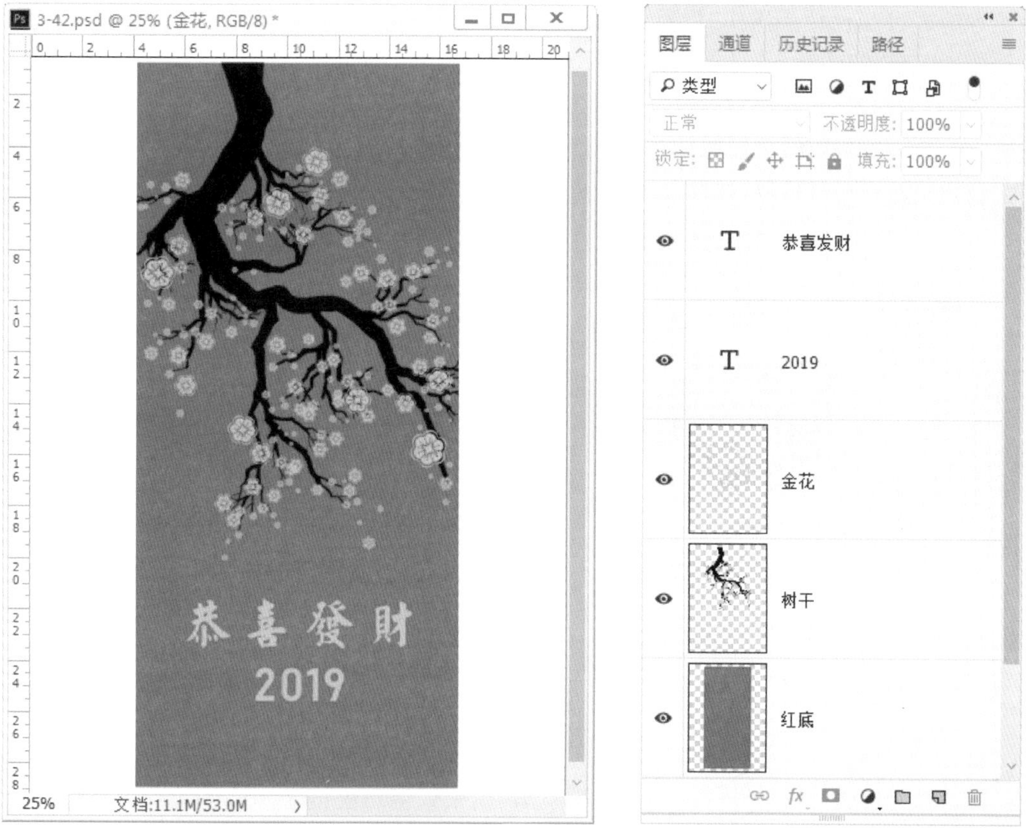

图 3-49 红包设计的最终效果

3.3.2 颜色替换画笔

使用“颜色替换”工具可在保留图像原有纹理与明暗的基础上，用前景色置换鼠标在图像中取样的颜色。其属性选项栏如图 3-50 所示。

图 3-50 “颜色替换”工具选项栏

◇ “取样”方式

- 连续：在拖曳鼠标时对颜色进行取样。
- 一次：仅替换鼠标第一次单击的颜色区域中的目标颜色。
- 背景：只替换包含当前背景色的区域。

◇ “限制”方式

- 不连续：替换出现在鼠标下任何位置的取样颜色。
- 连续：仅替换与鼠标下取样颜色接近的颜色。
- 查找边缘：可替换包含取样颜色的连接区域，同时保留形状边缘。

◇ “容差”用来设置取样颜色的范围。数值越大类似的颜色选区越大。

下面通过颜色替换操作，将春景图处理成秋景。具体操作如下。

(1) 打开“第 3 章\素材 3-51.jpg”文件，如图 3-51(a)所示，在工具箱中选择“颜色替换”工具。

(2) 在工具选项栏中设置取样方式为“一次”；限制方式为“连续”；容差为 32。

(3) 设置目标前景色，在需要替换颜色的区域内拖动鼠标，效果如图 3-51(b)所示。

(a) 原图　　(b) 替换颜色效果

图 3-51 颜色替换操作效果

3.3.3 历史记录画笔

历史记录画笔工具，需要配合“历史记录”面板来使用，其主要功能是可以将图像的某一区域恢复至某一历史状态。下面以一个实例来说明历史记录画笔的操作方法。

(1) 打开“第 3 章\素材 3-52.jpg”文件，按 Ctrl+Shift+U 快捷键进行去色处理，再依次执行“滤镜”|“风格化”|“查找边缘”命令、“画笔描边”|“阴影线”命令和“纹理”|“纹理化”命令，执行滤镜前后的效果如图 3-52 所示。

(a) 原图　　(b) 执行滤镜后的效果

图 3-52　滤镜处理

(2) 打开“历史记录”面板，将“历史记录画笔源”标记放在“打开”位置。这时选择历史记录画笔，并在工具属性栏中设置合适的“不透明度”为 30%，用画笔在画面中涂抹，恢复前几步的操作，最终效果如图 3-53 所示。

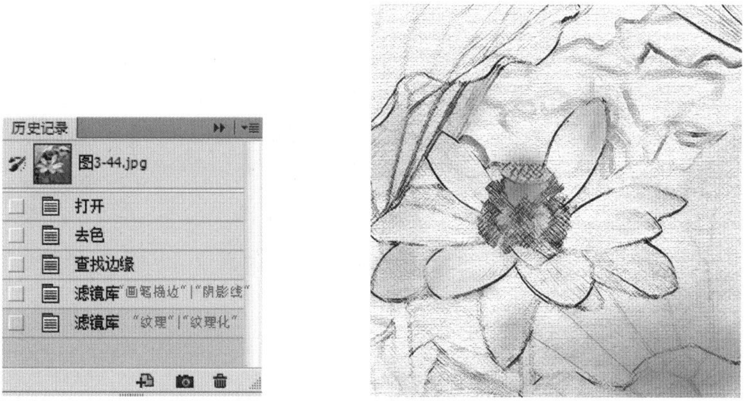

(a)“历史记录”面板　　(b) 使用“历史记录”画笔后的效果

图 3-53　历史记录画笔的操作

3.4　图像修复工具

修复工具主要用于图像的修饰，主要包括污点修复画笔工具、修复画笔工具、修补工具、仿制图章工具、橡皮擦工具等。

3.4.1　修复画笔工具

视频讲解

污点修复画笔工具用于快速修复照片中的污点与瑕疵，它会自动进行像素取样，并以画笔周围的颜色、纹理、明度信息自动修复图像中的污点，因而操作时只需在有杂色或污渍的位置单击一下即可。

修复画笔工具可在复制取样点像素的同时，将样本像素的纹理、光照、透明度和阴影与源像素进行匹配，使修复后的像素不留痕迹地融入图像的其余部分。操作时必须按住 Alt 键取样后释放鼠标，在图像要修复的位置拖曳复制取样点的图像。

修补工具可以用图像中的其他区域来修补当前选中的需要修补的区域。其工具属性栏修补选项下“源”为默认的修补方式，即拖移选取的内容到新位置，用新位置的像素去替换选区中的图像；“目标”修补方式则会用选区中的像素去替换新位置的图像。下面通过修复一张照片的实例来介绍这 3 个工具的使用方法。

(1) 打开“第 3 章\素材 3-54.jpg”文件，备份背景层。

(2) 在工具箱选择污点修复画笔工具，放大画面的显示比例。

(3) 按[键和]键调整笔尖到合适大小，在人像额头有瑕疵的位置单击。

(4) 选择修复画笔工具，在皮肤较好的位置按住 Alt 键单击鼠标取样，

(5) 松开 Alt 键后，在皮肤不光滑的地方拖动鼠标涂抹以修复图像。

(6) 选择修补工具，在工具选项栏中设置 ⊙源 选项。

(7) 在眼袋及有皱纹的位置，按住鼠标左键创建一个选区。

(8) 鼠标移动到选区内，按住鼠标拖动选区向下至光滑无瑕的皮肤处。

(9) 执行“编辑”|“渐隐修补选区”命令，在打开的渐隐对话框中向左拉动滑块，回撤部分修补效果，使图像修复更趋自然。最终修复效果如图 3-54(b)所示。

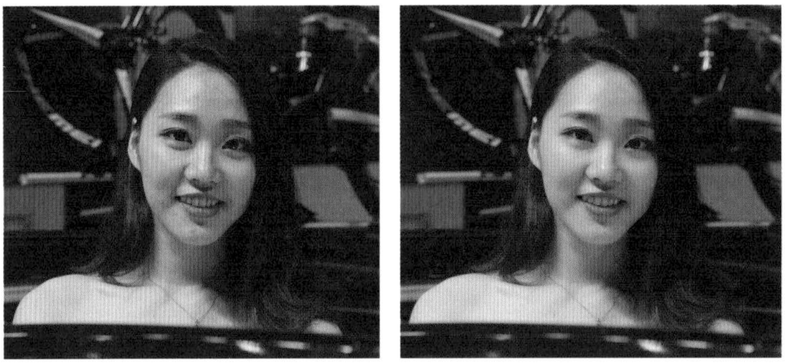

(a) (b)

图 3-54 修复画笔工具去痘与消除眼袋

3.4.2 仿制图章工具

仿制图章工具用于对图像内容进行复制，既可以在同一幅图像内部进行复制，也可在不同图像间进行复制。

仿制图章工具属性栏中两个参数的设置如图 3-55 所示。

◇ 对齐：勾选此项，在复制时不论执行多少次操作，都能保持复制图像的连续性。否则每次复制时，都会以按下 Alt 键取样时的位置为起点复制。

◇ 样本：可选择“当前图层”“当前和下方图层”或“所有图层”进行取样。

图 3-55 仿制图章工具选项栏

下面通过实例，练习仿制图章工具的应用。

(1) 打开“第 3 章\素材 3-56. jpg”文件，使用仿制图章工具，按 Alt 键的同时，在鱼图像上单击定义复制参考点。

(2) 松开 Alt 键，新建“图层 1”，按住鼠标左键拖动，鼠标指针扫过的区域会出现取样点处的图像。

(3) 按 Ctrl+T 快捷键调整变换“图层 1”中的图像大小及位置，所得效果如图 3-56 所示。

图 3-56　仿制图章工具的应用

3.4.3　橡皮擦工具

Photoshop 中的橡皮擦工具一般用于擦除原有的图像。所谓的擦除，其实质是一种特殊的描绘。Photoshop 中有 3 种橡皮擦工具，如图 3-57 所示。

视频讲解

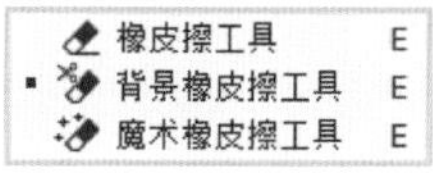

图 3-57　3 种橡皮擦工具

1. 橡皮擦工具

打开“第 3 章\素材 3-58. jpg”图像，在背景层使用橡皮擦工具在图像上来回拖曳，是用背景色来描绘被擦除的区域；在普通层使用橡皮擦工具则是用透明色来填充被擦除的区域，如图 3-58 所示。

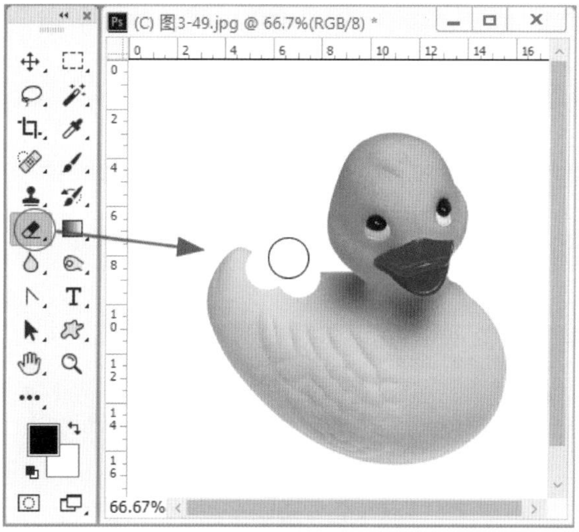

图 3-58　使用橡皮擦工具

2. 背景色橡皮擦工具

想要去掉背景色将小鸭抠出时，可以选用背景色橡皮擦工具，用透明色来填充涂抹的区域，即把图像从背景图中提取出来，如图 3-59 所示。

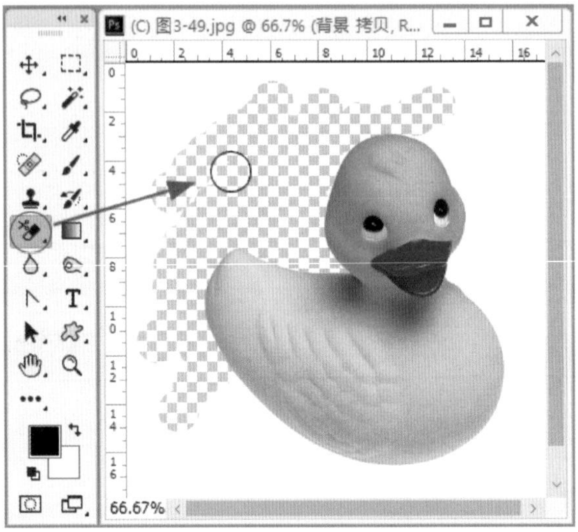

图 3-59　使用背景色橡皮擦工具

3. 魔术橡皮擦工具

魔术橡皮擦工具可以自动擦除颜色相近的区域，选中魔术橡皮擦工具后在图像上单击，图像中所有与单击处相近的颜色会全部消失，透明色取代了被擦除的图像颜色。

4. 橡皮擦工具应用实例

魔术橡皮擦工具可以自动擦除颜色相近的区域，选中魔术橡皮擦工具后在图像上单击，图像中所有与单击处相近的颜色会全部消失，透明色取代了被擦除的图像颜色。

在魔术橡皮擦工具选项栏中勾选“连续”复选框仅删除连续范围的相近颜色，反之则会将图像中所有容差值范围内的颜色擦除而填充透明色。

打开“第 3 章\素材 3-63.jpg”图像，使用橡皮擦工具将画面中的猫抠取出来并更换背景，具体操作如下。

(1) 选择魔术橡皮擦工具在工具选项栏上进行属性值的设置，如图 3-60 所示。

图 3-60　设置魔术橡皮擦工具属性值

(2) 在背景中单击，图像中单击点的颜色会立即清除，背景层自动解锁变为图层 0。

(3) 新建图层 1，填充渐变色，渐变编辑条如图 3-61 所示。

图 3-61　编辑渐变条

(4) 在图层面板中将“图层 0”拖到“图层 1”上方，选择背景色橡皮擦工具。

(5) 单击前景色打开拾色器后，用吸管在猫的胡须上单击取色。

(6) 在工具属性选项栏中勾选“保护前景色”，如图 3-62 所示。

图 3-62　设置背景色橡皮擦工具属性

(7) 放大图像显示比例，在靠近猫毛发的位置单击后按住鼠标左键进行涂抹，将单击处取样的相近颜色用透明色填充。

(8) 缩小图像显示比例，用橡皮擦工具将远离猫毛发位置的其他杂色擦除。至此，完成抠取猫主体的工作，效果如图 3-63 所示。

图 3-63　橡皮擦工具抠图效果

3.5　图像润饰工具

图像润饰工具主要包括模糊工具、锐化工具、减淡工具、加深工具和海绵工具。使用这些工具可以对图像局部区域的明暗、饱和度、清晰度等进行调整。

3.5.1　模糊工具和锐化工具

模糊工具可柔化图像边缘减少细节像素，使用模糊工具可以增加图像的层次感，制造出景深的效果，也可以在人像修复时消除或柔化脸部的瑕疵。

锐化工具可增强图像中相邻像素间的对比，增大图像的反差度从而使图像看起来更清晰。

下面通过模糊工具与锐化工具的操作，制作如图 3-64 所示的数码相机大光圈景深图像特效，具体操作方法如下。

(1) 打开“第 3 章\素材 3-64.jpg”图像，选择模糊工具，属性栏中选择柔边画笔，并设置强度为 60%。

(2) 在远离画面的主体对象上涂抹，让其产生模糊效果。

(3) 切换到锐化工具，在画面前主体对象上涂抹，以增强该图像的清晰度。

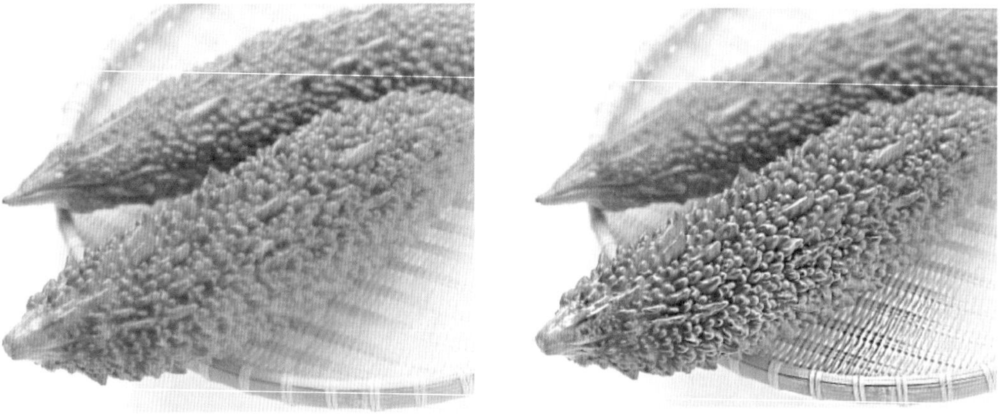

图 3-64　景深效果

3.5.2　减淡工具和加深工具

减淡工具用于增强图像部分区域的颜色亮度，它和加深工具是一组效果相反的工具。两者都属于色调调整工具常用来调整图像的对比度、亮度。它们的工具属性栏的选项也相同，如图 3-65 所示。

图 3-65　减淡工具选项栏

◇ 范围：指定图像中区域颜色的范围，有 3 个选项。
- 阴影：修改图像低色调区域。
- 高光：修改图像高亮区域。
- 中间调：修改图像的中间色调区域。

◇ 曝光度：定义曝光的强度，值越大图像明暗程度变化越大。

◇ 保护色调：在操作过程中保护色相不发生改变。

打开“第 3 章\素材 3-66.jpg”图像，原图明暗反差较小，主体表现不明显。选择减淡工具设置“范围”为中间调，在图像中需要调亮的部分涂抹，对图像的局部进行提亮处理，选择加深工具降低部分区域的亮度，最终效果如图 3-66 所示。

图 3-66　加深减淡工具操作效果图

3.5.3 海绵工具

海绵工具为色彩饱和度调整工具，可以降低或提高图像的色彩饱和度。使用海绵工具前要在工具属性栏中对“模式”进行设置，工具属性栏如图 3-67 所示。

图 3-67 海绵工具选项栏

通过“模式”下拉列表可设置绘画模式，包括“加色”和“去色”两个选项。

◇ 加色：增加图像颜色的饱和度。

◇ 去色：降低图像颜色的饱和度，从而使图像中的灰度色调增加。

图 3-68 为使用海绵工具对图像加色与去色操作后饱和度变化的效果图。

(a) 增加饱和度　　(b) 降低饱和度

图 3-68 海绵工具加色与去色效果

习 题 3

1. 新建 10cm×10cm，分辨率为 300ppi，背景为黑色的图像文件。通过设置动态画笔绘制线条，制作如图 3-69 所示装饰图。

操作提示：

(1) 设置画笔笔尖“大小”为 11 像素、“硬度”为 100%、“间距”为 300。

设置形状动态“大小抖动”为 100。

(2) 绘制 45 度直线后复制该层，按下 Ctrl+T 快捷键打开调节框，并在属性面板中设置参考点为左下角。

(3) 对图形进行一定角度的旋转如图 3-70 所示，按下 Enter 键确认变换。

(4) 按 Ctrl+Shift+Alt+T 快捷键，进行重复变换操作，并填充渐变色。

图 3-69　习题 1 效果图

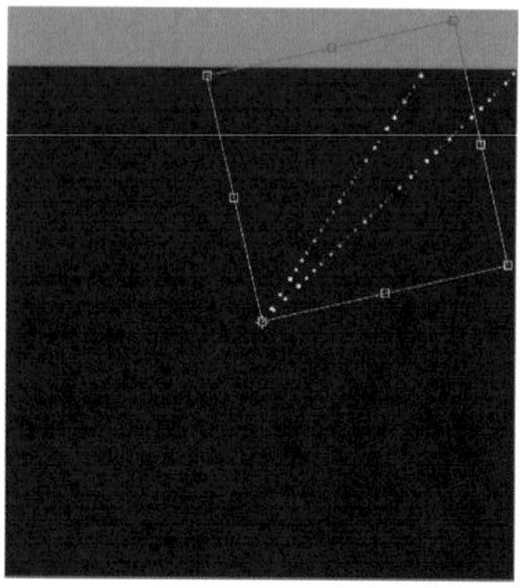

图 3-70　旋转变换

2. 自定义画笔绘制卡通图，如图 3-71 所示。

操作提示：

（1）打开“第 3 章\素材 3-71.psd”文件，复制并移动摆放好企鹅的位置。

（2）使用“自定形状”工具，在属性栏中单击 像素 选项绘制雪花形状图，将绘制好的形状自定义为画笔。

（3）设置画笔的动态形状后使用画笔工具完成效果图。

图 3-71　习题 2 效果

3. 学习使用橡皮擦工具组将图 3-72 原图中的猫从背景里抠出。

(a) 原图

(b) 擦去背景色

图 3-72　使用橡皮擦工具擦去背景

操作提示：

注意灵活运用 3 种不同类型的橡皮擦，背景中大片的绿叶与黑色背景可使用魔术橡皮擦；靠近毛发的位置使用背景橡皮擦涂抹；其他部位的像素则可用橡皮擦工具去除。

4. 设置渐变编辑器并绘制彩虹。

操作提示：

(1) 打开“第 3 章\素材 3-77.jpg”文件。

(2) 单击“图层”控制面板底部的“创建新图层”按钮，新建一个图层，如图 3-73 所示。

(3) 在工具箱中选择渐变工具，单击选项栏的按钮，打开“渐变编辑器”对话框，选择“透明彩虹渐变”，如图 3-74 所示。

图 3-73　新建图层

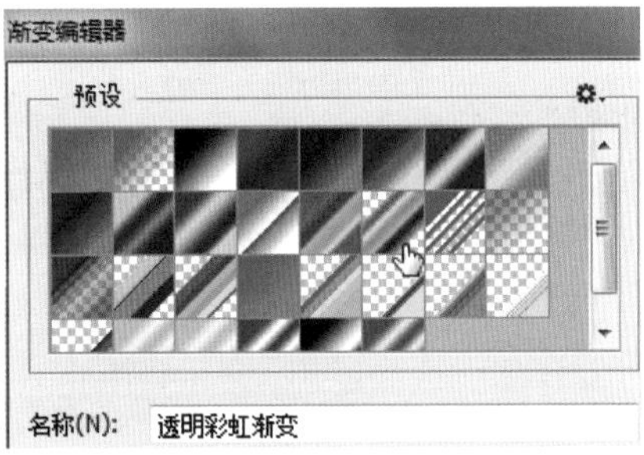

图 3-74　选择预设渐变颜色

(4) 如图 3-75 所示移动颜色“色标”滑块与“不透明度色标”滑块。

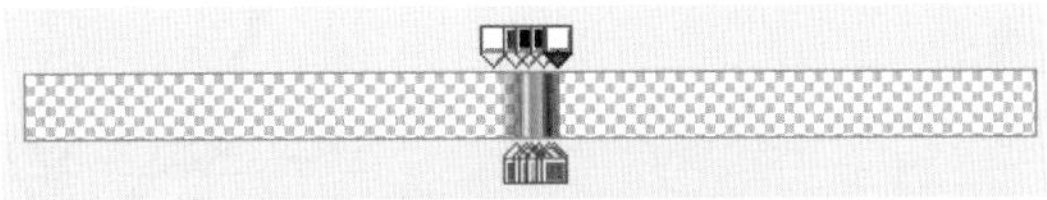

图 3-75　选择预设渐变颜色

(5) 在“渐变工具”选项栏中单击“径向渐变”按钮，选择渐变样式，如图 3-76 所示。

图 3-76　单击“径向渐变”按钮

(6) 在新建的“图层 1”上，由下向上拖动鼠标左键绘制渐变形状。

(7) 选择橡皮擦工具设置“不透明度”为 20%，柔边圆笔尖。在绘制好的渐变形状上涂刷，有云层的地方多擦除一些，最终彩虹效果如图 3-77(b)所示。

5. 图像修饰与修复操作练习，将所给素材图 3-78(a)中的两个人物做去除处理。效果如图 3-78(b)所示。

6. 加载“第 3 章\花纹.abr”画笔，运用画笔工具、渐变填充工具绘制装饰图案。效果如图 3-79 所示。

(a) (b)

图 3-77 渐变制作彩虹效果

(a) (b)

图 3-78 修复图像操作

图 3-79 装饰图案

第 4 章　图像的选取操作

在 Photoshop 中处理图像的局部效果，必须为图像指定一个有效的编辑区域，这个区域称为选区。选区在图像编辑过程中扮演着非常重要的角色，它限制着图像编辑的范围和区域，而选取范围的优劣、精确程度都与图像编辑的成败有着密切的关系。

Photoshop 中，选取图像的方法多种多样，非常灵活，可根据对象的形状、颜色等特征来决定采用的工具和方法。使用工具箱中的选择工具、利用快速蒙版模式和使用 Alpha 通道、路径的转换等都可以创建图像的选取范围。下面首先介绍选择工具的使用。

4.1　使用工具创建选区

Photoshop 提供了很多图像选取工具，如选框工具、套索工具、魔棒工具，这 3 种作为常用工具存在于工具箱中，如图 4-1 所示。

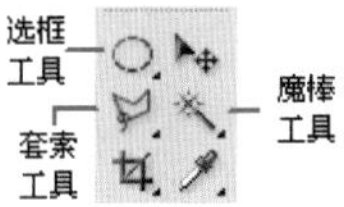

图 4-1　常用的选取工具

4.1.1　创建规则形状选区

1. 矩形、椭圆选框工具

使用选框工具是最简单的建立规则选区的方法。Photoshop 提供了 4 种选框工具，分别是矩形选框工具、椭圆选框工具、单行选框工具和单列选框工具。它们在工具箱的同一按钮组中，平时只有被选择的一个为显示状态，其他的为隐藏状态，可以通过右击来显示该工具组，如图 4-2 所示，再根据需要来选择合适的选框工具。

矩形选框工具和椭圆选框工具用于矩形和圆形选区的建立。选择工具箱中的矩形选框工具或椭圆选框工具后，在绘图区中拖动鼠标，就能绘制出矩形选区或椭圆形选区，建立的选区以闪动的虚线框表示选区的范围。当选框工具位于选区内时，鼠标指针转换为带有虚线框的白色箭头形状，便可按住鼠标左键移动该选区。

在建立选区的过程中，还可以结合一些辅助按键来达到某些特殊效果。

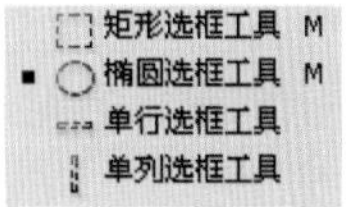

图 4-2　选框工具

- ◇ 按住 Shift 键拖动鼠标，可以建立正方形或正圆形选区。
- ◇ 按住 Alt 键拖动鼠标可以起点为中心绘制矩形或椭圆选区。

◇ 按 Alt+Shift 快捷键拖动可以起点为中心绘制正方形或圆形选区。

使用选框工具时，单击图像窗口可取消所选取的范围；当使用其他工具时可按 Ctrl+D 快捷键来取消选区。

视频讲解

2. 创建选区的模式及快捷键

很多情况下无法一次性得到需要的选区，此时需要在原有选区的基础上进行一些增加与删减，这样的操作就要利用选区的工作模式。

创建选区的模式是指工具选项栏左侧的按钮，图 4-3 所示为不同工具的选项栏。

◇ 新选区模式：可建立一个新的选区，并且在建立新选区时取消原选区。

◇ 添加到选区模式：新创建的选区与已有的选区相加，即使是彼此独立存在的选区。

◇ 从选区减去模式：从已存在的选区中减去当前绘制的选区。

◇ 与选区交叉模式：将获得已存在的选区与当前绘制的选区相交叉(重合)部分。

图 4-3　不同选择工具的选项栏

在选取操作中，若按创建选区模式按钮进行切换，则要再单击"新选区"按钮。因而在实际操作中使用快捷键更为简便。快捷键操作如下。

◇ 选区相加：按 Shift 键绘制，可在原有选区中添加新绘制的选区。

◇ 选区相减：按 Alt 键绘制，可从原有选区中减去新绘制的选区。

◇ 选区交叉：按 Shift+Alt 快捷键绘制，可保留原有选区当前新绘制选区相交部分。

实例介绍：

下面通过绘制孙悟空动漫头像，学习运用选区的加减模式。主要操作如下。

(1) 选择椭圆选框工具，创建一个圆选区。

(2) 按住 Shift 键鼠标指针变成 -¦+ 形状，拖动鼠标添加两个椭圆选区。

(3) 按住 Alt 键鼠标指针变成 -¦- 形状，拖动鼠标减去 3 个椭圆选区。

(4) 设置好前景色后按 Alt+Delete 快捷键填充选区。

(5) 按上面步骤的方法完成眉毛、眼睛与嘴巴选区，并填充颜色。

(6) 选择画笔工具绘制眼睛，设置笔尖为"硬边圆"，画笔的形状动态参数如图 4-4 所示。

(7) 绘制过程如图 4-5 所示。

图 4-4　画笔"形状动态"参数

3. 矩形选框工具应用实例

视频讲解

学习运用创建选区的不同模式来绘制立体物体。主要操作如下。

(1) 新建图像文件，选择渐变工具，单击渐变框的下拉按钮，设置渐变色为浅蓝到白色。在背景层中做线性渐变填充。

(2) 单击"图层"面板下方的"创建图层"按钮，新建"图层 1"。选择矩形选框工具，在矩形选框工具属性栏中单击"新选区"模式按钮，按下鼠标左键拖出一个矩形选区，如图 4-6(a)所示。

(3) 选择椭圆选框工具，在椭圆选框工具属性栏中单击“添加到选区”模式按钮，在原矩形选区的上方画一椭圆选区，如图 4-6(b)所示。也可按住 Shift 键并拖动鼠标左键来完成这一步操作。

(4) 仍以“添加到选区”模式，在矩形选区的下方添加一椭圆选区，如图 4-6(c)所示。

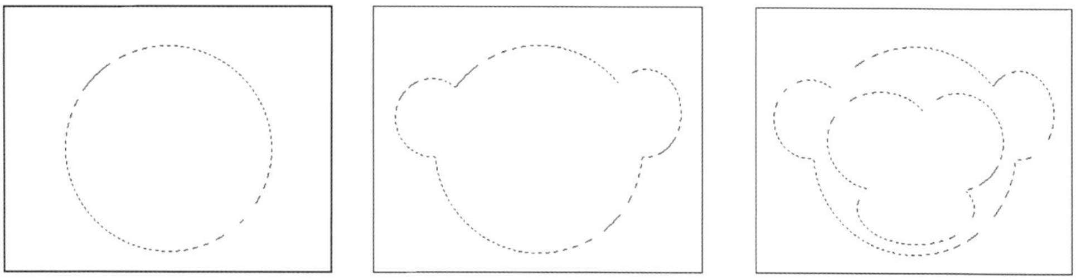

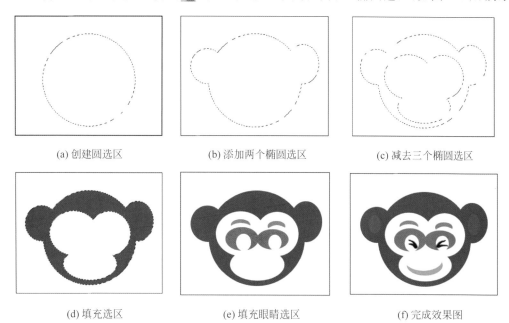

(a) 创建圆选区　　(b) 添加两个椭圆选区　　(c) 减去三个椭圆选区

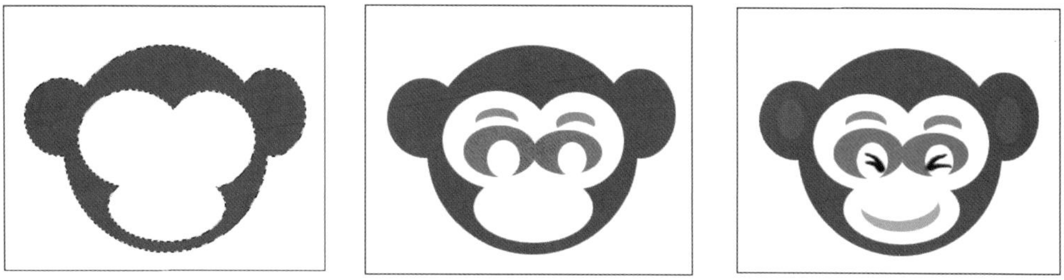

(d) 填充选区　　(e) 填充眼睛选区　　(f) 完成效果图

图 4-5　运用选区加减运算绘制动漫头像过程

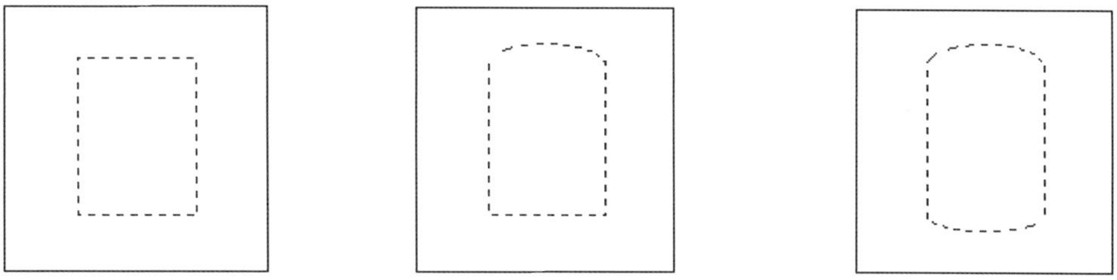

(a) 创建一个矩形选区　　(b) 在矩形选区上方添加椭圆选区　　(c) 在矩形选区下方添加椭圆选区

图 4-6　创建并添加选区

(5) 在拾色器中设置灰-白的前景色和背景色。选择渐变工具后，在属性栏中单击的下拉按钮，设置渐变色，用灰-白-灰渐变色填充选区，如图 4-7 所示。

(6) 按 Ctrl+D 快捷键撤销选区后，新建一个“图层 2”。用“新选区”模式建立椭圆选区，再按 Alt+Delete 快捷键，用灰色前景色对该选区进行纯色填充得到圆柱体，如图 4-8 所示。

(7) 若要绘制圆管体，可选择椭圆选框工具，按住 Alt 键以“从选区减去”模式，在原椭圆选区中拖出一个较小的椭圆选区，如图 4-9 所示。

(8) 执行“选择”|“反向”命令或按 Ctrl+Shift+I 键，再按 Delete 键，将小椭圆选区中的填充色删去，如图 4-10 所示。

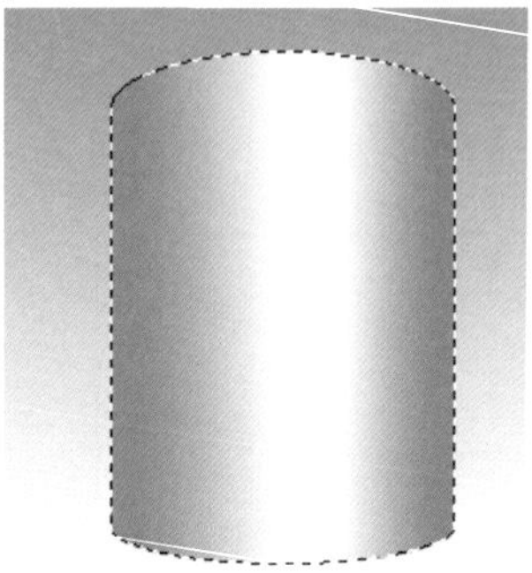

图 4-7　选区内渐变填充

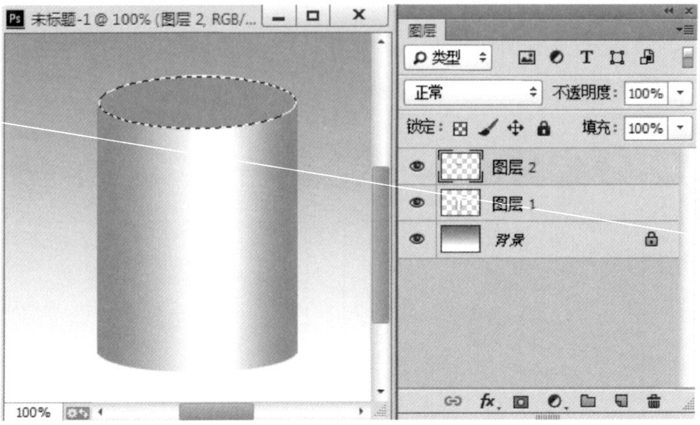

图 4-8　纯色填充椭圆选区

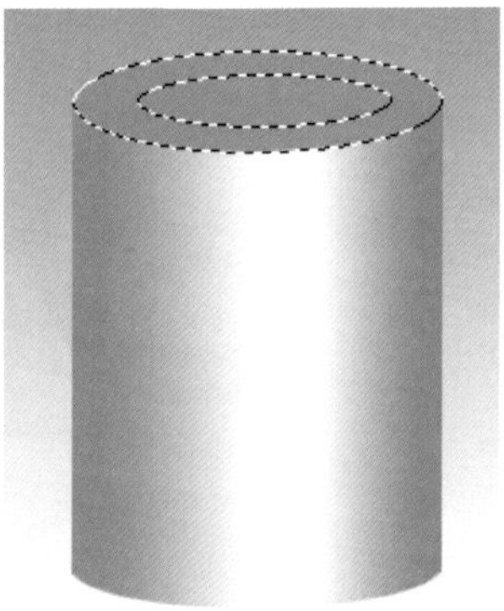

图 4-9　从选区中减去小椭圆

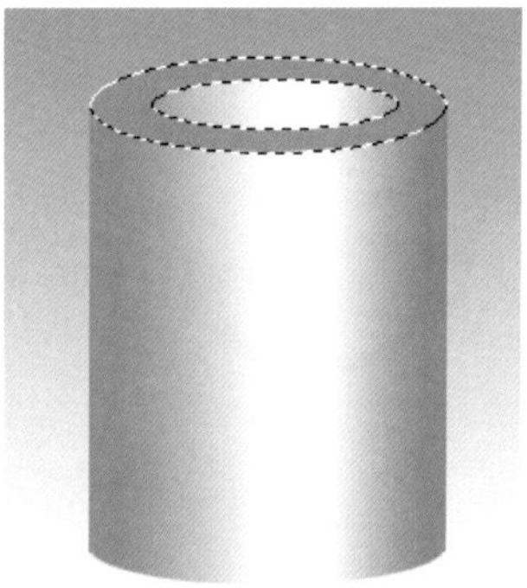

图 4-10　删去小椭圆选区填充色

(9) 执行"选择"|"取消选择"命令,或按 Ctrl+D 快捷键取消选区,得到如图 4-11 所示效果的管状体。

(10) 圆锥体的制作。

单击"图层"面板下方的创建图层按钮,在新建的图层中用矩形选框工具拖出一个矩形选区,并填充渐变色,如图 4-12 所示。按 Ctrl+D 快捷键取消选取。

图 4-11　管状体效果图

图 4-12　对矩形选区填充渐变色

(11) 按 Ctrl+T 快捷键，对图像进行变形，右击对图像进行透视变换，如图 4-13 所示。

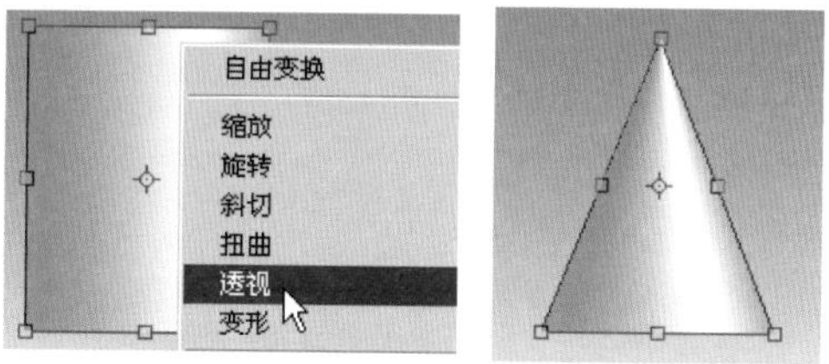

图 4-13　对图像进行透视变换

(12) 选择椭圆选框工具 ，在图像的下方画一个椭圆选区，如图 4-14 所示。

(13) 选择矩形选框工具 ，按住 Shift 键，以“添加到选区”模式 绘制一个矩形选区，如图 4-15 所示。

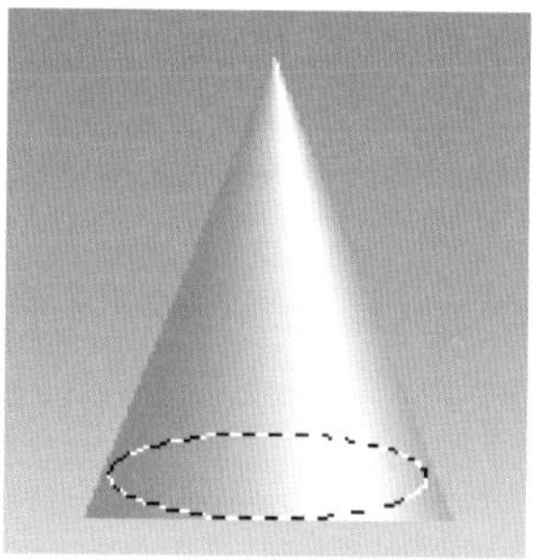

图 4-14　在图像的下方画一个椭圆选区

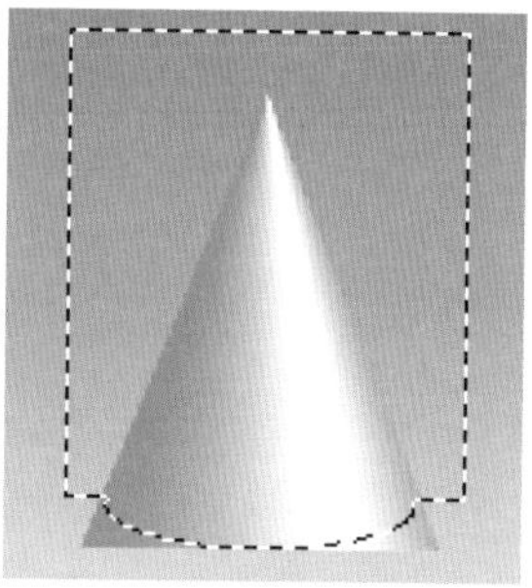

图 4-15　添加矩形选区

(14) 按 Ctrl+Shift+I 快捷键，对图 4-15 中的选区进行反选操作，再按 Delete 键将选区内的图像删除。取消选区后得一圆锥体，如图 4-16 所示。

(15) 复制圆锥体图层，按 Ctrl+T 快捷键进行图像变换，单击“图层”面板上的“锁定透明像素”按钮 填充灰色。再次单击 按钮解锁，执行“高斯模糊”命令制作投影效果，如图 4-17 所示。

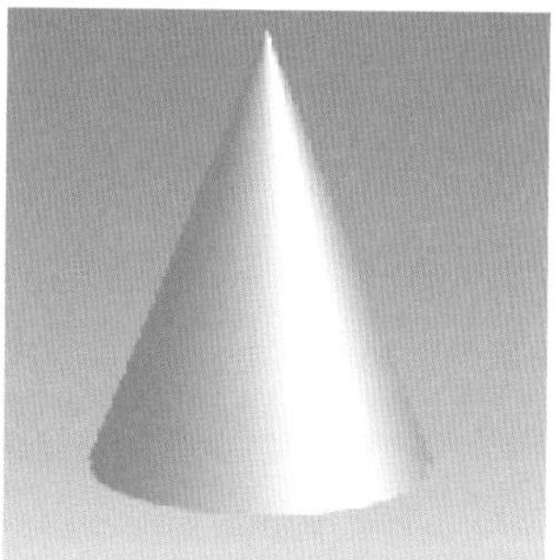

图 4-16　圆锥体

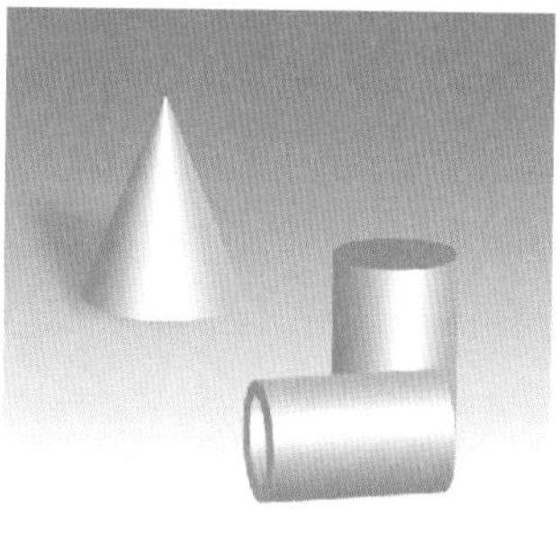

图 4-17　最终效果图

4.1.2　创建不规则形状选区

制作不规则形选区可以使用套索工具，它的工作模式类似于用铅笔描绘。系统提供了

3 种类型的套索工具：套索工具 、多边形套索工具 和磁性套索工具 。用这 3 种套索工具可以非常方便地制作不规则形状的选区范围。下面通过实例分别介绍这 3 种工具的使用方法。

1. 套索工具

实例介绍：

使用套索工具 可以自由地绘制出不规则形状的选区。

(1) 打开“第 4 章\素材 4-18.jpg”文件，在工具箱中选择套索工具 ，在图像窗口单击确定其起点。

(2) 按住鼠标左键不放，绕着需要选择的图像拖动鼠标。

(3) 当鼠标指针回到选取的起点位置时，释放鼠标左键，此时就会形成一个闭合的不规则范围的选区。

(4) 套索工具 创建选区非常随意，选区范围不够精确，如图 4-18 所示。

(5) 若鼠标移动过程中尚未与起点重合就释放鼠标，则选区自动闭合。

图 4-18　运用套索工具建立选区

2. 多边形套索工具

多边形套索工具 通过连续单击鼠标指定点的方式建立转角强烈的选区，常用来创建不规则形状的多边形选区，如三角形、四边形、梯形或五角星等。

实例介绍：

(1) 打开“第 4 章\素材 4-19.jpg”文件，在工具箱中选择多边形套索工具 。

(2) 在图像中单击作为起点，沿着要选择区域的边缘，移动鼠标指针至下一位置单击。

(3) 当回到起始点时，鼠标指针会变成带小圆圈的标记 ，单击鼠标左键闭合选区，即可完成选取操作，反选后填充白色可得到如图 4-19 所示的选取结果。

(4) 在选取过程中，按 Delete 键可删除最近选取的线段。

(5) 在使用套索工具 绘制选区过程中，按住 Alt 键，释放鼠标左键可自动切换到多边形套索工具 ，创建多边形选区。

(6) 如果选取线段的终点还没有回到起点，双击后自动连接终点和起点，成为一个封闭的选取范围。

(a) 确定选区起点　　(b) 闭合选区　　(c) 选取完成

图 4-19　多边形套索工具选取不规则多边形选区

3. 磁性套索工具

磁性套索工具是一个智能选择工具，它自动根据颜色的反差来确定选区的边缘创建选区，适用于快速选择图像颜色与背景颜色对比强烈且轮廓比较明显的对象。

选择磁性套索工具，属性栏选项栏如图 4-20 所示，其中可设置羽化、颜色识别的精度和节点添加的频率等参数。

图 4-20　磁性套索工具属性栏

- ◇ 宽度：设置捕捉图像边缘的宽度。数值范围为 0～256，数值越小，捕捉的选区路径就越精细。
- ◇ 对比度：设置磁性套索对图像边缘颜色反差的敏感度。范围为 1%～100%，数值越大，磁性套索对颜色对比反差的敏感程度越低。
- ◇ 频率：设置自动插入的节点数。数值越大生成的节点数越多，所选路径越精细，如图 4-21 所示。

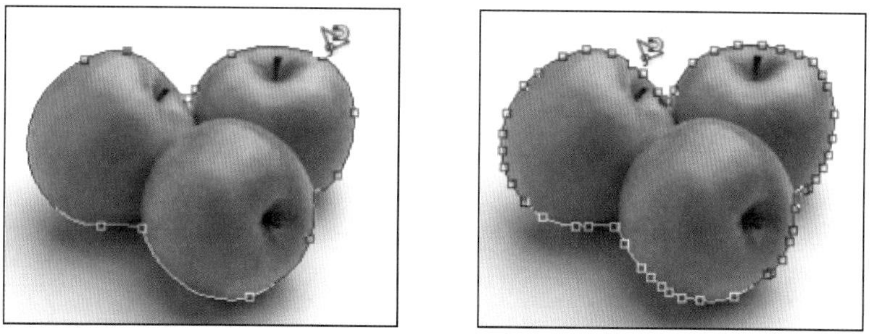

(a) "频率"值为40时的选取结果　　(b) "频率"值为100时的选取结果

图 4-21　使用磁性套索工具选取

实例介绍：

(1) 打开"第 4 章\素材 4-22.jpg"图像，选择磁性套索工具。

(2) 移动鼠标指针到荷花边缘单击，确定选取的起点，释放鼠标左键。

(3) 沿着边缘移动鼠标指针，套索工具自动根据颜色反差在图像边缘生成节点。

(4) 出现误操作时,按 Delete 键删除不需要的节点。

(5) 当鼠标指针右下角出现小圆圈时,单击即可完成选取。

(6) 打开另一图像素材“第 4 章\素材 4-23.jpg”,使用移动工具将选取的图像拖入,放置在左下角得到如图 4-22 所示效果。

图 4-22　磁性套索选取荷花后合成新图

4.1.3　根据颜色创建选区

1. 魔棒工具

使用魔棒工具可以方便地选择相邻的具有相似颜色的区域,而不必跟踪其轮廓。只要在图像上单击一下,与单击处颜色相近的区域都会包含在选区内。

视频讲解

使用魔棒选取时,还可以通过如图 4-23 所示的工具选项栏设定颜色值的近似范围。

图 4-23　魔棒工具属性栏

◇ 取样大小:用于设置魔棒工具的取样范围,对鼠标单击位置的像素进行取样。

◇ 容差:设置颜色选取范围,其值为 0~255。较小的容差值使魔棒可选取与单击处像素非常相近的颜色,选取的色彩范围较小;而较大的容差值可以选择较宽的色彩范围。

◇ 连续:勾选该复选框,表示只能选中单击处相邻区域中的相同像素;如果取消勾选该复选框,则能选中所有颜色相近,但位置不一定相邻的区域。

◇ 对所有图层取样:如果文档中包含多个图层,则勾选该项后能选择所有可见图层上颜色相近的区域。

实例介绍:

(1) 打开“第 4 章\素材 4-24a.jpg”图像,选择魔棒工具。

(2) 在工具属性选项栏设置容差值 18,并勾选“连续”避免将蛋糕内的浅色选中。

(3) 鼠标在背景任意位置单击,选中白色背景。按 Ctrl+Shift+I 快捷键反向选取蛋糕,如图 4-24(a)所示。

(4) 按 Ctrl+O 快捷键打开另一素材图像文件“第 4 章\素材 4-24b.jpg”。

(5) 用移动工具将选取的对象拖入新文档中。最终效果如图 4-24(b)所示。

(a) (b)

图 4-24 魔棒工具的使用

2. 快速选择工具

视频讲解

快速选择工具可以通过单击或拖动的方式创建选区，其原理类似于魔棒工具，都是依据图像颜色来创建选区。而两者的差异在于，魔棒工具在图像的不同位置单击创建选区；而快速选择工具则类似画笔的工作方式，利用可调整的圆形笔尖大小在图像中的涂抹绘制选区，并自动寻找图像边缘，同时它也支持采用不断单击方式创建选区。快速选择工具属性选项栏如图 4-25 所示。

图 4-25 快速选择工具选项栏

◇ 选区运算模式：限于该工具创建选区的特殊性，只设定了 3 种运算模式，即新选区、添加到新选区和从选区中减去。

◇ 画笔选择器：单击右侧的三角按钮，弹出画笔参数设置框。画笔“直径”越大，覆盖的图像范围就越大，生成选区时其颜色容差值也越大。

◇ 对所有图层取样：勾选此复选框，则无论当前选中哪个图层都可创建选区。

◇ 自动增强：对所选区域边缘的细节，如对比度、羽化、平滑等进行处理。

实例介绍：

(1) 打开“第 4 章\素材 4-26a.jpg”素材图像，选择快速选择工具，将飞溅的牛奶前面一块绘制出选区，如图 4-26(a)所示。

(2) 按 Ctrl+J 快捷键将选中的部分复制到新图层，系统自动命名为“图层 1”。

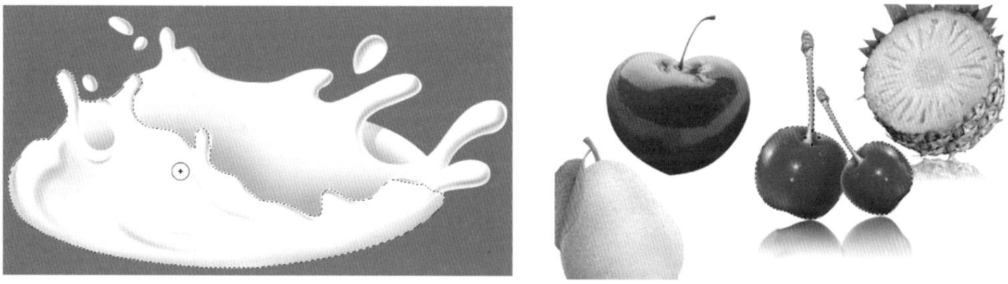

(a) (b)

图 4-26 快速选择工具创建选区

(3) 打开"第 4 章\素材 4-26b.jpg"素材图像，用快速选择工具选取樱桃，配合[键和]键调整笔尖大小绘制选区(选取柄时将图像的显示比例放大)，如图 4-26(b)所示。

(4) 用移动工具将选取的樱桃拖入，系统命名为"图层 2"。

(5) 再复制一个樱桃为"图层 3"，调整各图层的上下关系，最终效果如图 4-27 所示。

图 4-27　图像合成后的图层面板与效果

3. "色彩范围"命令

"色彩范围"命令是另一种根据颜色建立选区的方法。相对于魔棒工具来说，该命令提供了更多的控制选项，因此选择精度也要更高些。用此方法选择可一边预览一边调整，能够更灵活地完善选取范围。

视频讲解

打开"第 4 章\素材 4-28.jpg"文件，执行"选择"|"色彩范围"命令，打开"色彩范围"对话框，如图 4-28 所示。

◇ 选择：用来设置选区的创建方式。
  - 取样颜色：将鼠标指针放置在要选取的颜色上单击进行取样，如图 4-28 所示。
  - 选择颜色：红、黄、绿、青色，可选择图像中特定的颜色，如图 4-29 所示。

图 4-28　选择"取样颜色"

图 4-29　选择"黄色"

• 选择肤色：可选择与皮肤相近的颜色，如图 4-30 所示。
• 选择高光、中间调、阴影：可选择图像中特定的色调，如图 4-31 所示。

◇ 检测人脸：当设置“选择”为“肤色”时，该项可更精确地选择肤色。
◇ 颜色容差：用来控制颜色的选择范围。
◇ 选区预览图：包含“选择范围”和“图像”两个选项。
  • 选择范围：预览区中的白色代表被选中的区域，黑色为未选择区域。
  • 图像：预览区显示彩色图像。
◇ 取样颜色的添加与减去：如要添加取样颜色可单击“添加到取样”按钮，然后在预览图中单击便可增加取样颜色；减去选择的某颜色则使用“减去”按钮。

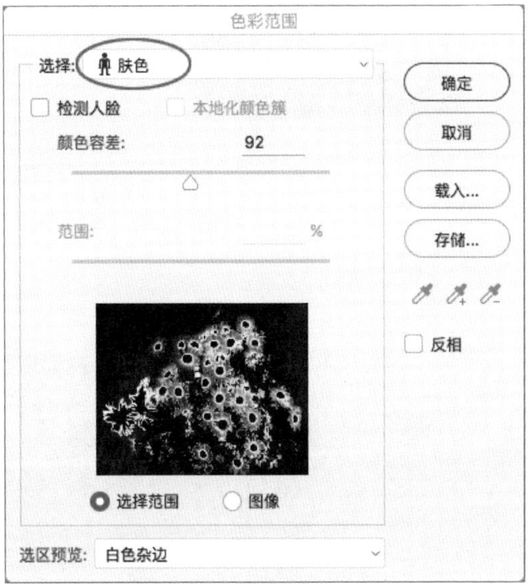

图 4-30　选择“肤色”

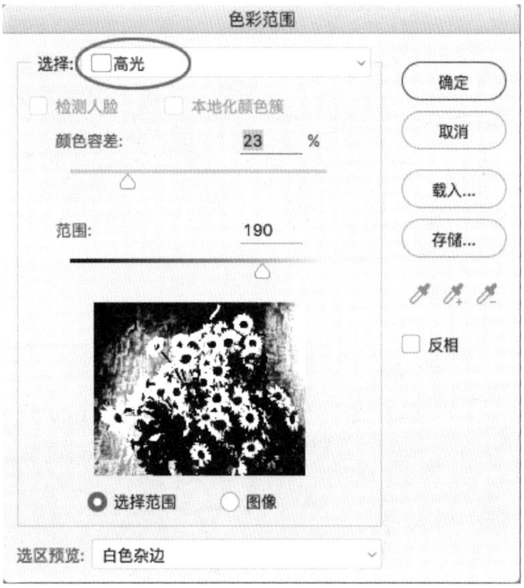

图 4-31　选择“高光”

实例介绍：

（1）打开“第 4 章\素材 4-32.jpg”文件，如图 4-32 所示。希望将图中的窗外选取出来，观察到窗外的颜色与整个画面颜色有明显反差。

（2）执行“选择”|“色彩范围”命令，打开“色彩范围”对话框，如图 4-33 所示。用吸管工具在淡蓝色的窗户处单击取样，再用工具在下面白色的窗口中单击增加取样颜色。

（3）移动颜色容差滑杆以增大颜色的选取范围，单击“确定”按钮，即可得到如图 4-34 所示的选区。

（4）打开“第 4 章\素材 4-35.jpg”文件，按 Ctrl＋A 快捷键全选，再按 Ctrl＋C 快捷键复制。

（5）回到步骤(3)的操作窗口，按 Ctrl＋Alt＋Shift＋V 快捷键，将图像粘贴到选区内。调整图像到合适位置，最终效果如图 4-35 所示。

4. “选取相似”命令

选取相似是指在现有的选区上，将所有符合容差范围的像素(不一定是相邻区域)，添加

图 4-32　打开素材图

图 4-33　“色彩范围”对话框

图 4-34　获得窗外部分的选区

图 4-35　将图像粘贴入选区

到选区中来。执行“选择”|“选取相似”命令，即可执行选取相似的操作。

实例介绍：

(1) 打开“第 4 章\素材 4-36.jpg”文件，在工具箱中选择魔棒工具，并在工具属性栏中设置容差值为 50，在花瓣上单击得到一小片的选区范围。

(2) 执行“选择”|“选取相似”命令，可以看到整个图像中与原选区像素颜色相近的区域都被添加到选区中来了。

(3) 按住 Shift 键单击格桑花的洋红色，再多次执行“选择”|“选取相似”命令。

(4) 切换到套索工具，按住 Shift 键将黄色花蕊套选。

(5) 按 Ctrl+Shift+I 快捷键反向选取，填充黑色背景，效果如图 4-36 所示。

(a) 魔棒选取的范围　　　　(b) 相似选取后反选填充黑色

图 4-36　选取相似操作效果

4.2　选区的编辑

选区与图像一样，也可以移动、旋转、缩放。选区的编辑包括调整选区的边缘、创建边界选区、扩展与收缩选区、羽化选区等。本节较为详细地介绍调整选区常用的方法与技巧。

4.2.1　选区的基本操作

1. 选择所有像素

选择所有像素，即指将画布中所有的图像内容都选中，这也是 Photoshop 中创建选区中较简单的一种方式。

要选择图像中所有内容，可以按 Ctrl＋A 快捷键或执行“选择”|“全部”命令。

2. 反向选择

执行“选择”|“反向”命令或按 Ctrl＋Shift＋I 快捷键，可以选择选区以外的区域。

3. 取消选择

创建选区后，执行“选择”|“取消选择”命令或按 Ctrl＋D 快捷键，可取消选区。

4. 载入选区

执行“选择”|“载入选区”命令，或按住 Ctrl 键的同时单击当前图层的缩略图，可将普通层中的非透明区作为新选区。

4.2.2　移动选区

视频讲解

移动选区有两种情况：不影响选区中的内容，仅移动选区；移动选区中的图像内容。

1. 仅移动选区

(1) 选择选框工具组、套索工具组和魔棒工具中的任意一个工具。

(2) 将鼠标指针移到选取范围内，此时鼠标指针变为 状态。

(3) 按下鼠标左键并拖动就能移动选区，如图 4-37 所示。

有时鼠标指针很难准确地移动到相应的位置，所以在移动时还需要用键盘的上、下、左、右 4 个方向键来辅助移动，每按一下方向键可移动一个像素点的距离。

2. 移动选区中的图像

(1) 选择移动工具 。

(2) 将鼠标指针移到选区作用范围内时，鼠标指针会变成 状态。

(3) 按下鼠标左键并拖动，此时移动选区会将选区中的图像一同移动，即产生剪切效果，如图 4-38 所示。

图 4-37　移动选取范围

图 4-38　用移动工具移动选区产生的剪切效果

实例介绍：

运用移动工具 移动选区内的图像，构成图案。

(1) 新建 200 像素×200 像素，背景为白色的文档。

(2) 按 Ctrl+R 快捷键打开标尺，拉出两条辅助线。

(3) 选择自定形状工具 ，在工具选项栏中打开形状拾色器，单击“花 7”形状。

(4) 设置工具模式 像素 ，新建“图层 1”，在文档中绘制形状。

(5) 复制“图层 1”，使用选框工具 选中左上部形状，按住 Ctrl 键拖至右下角。

(6) 使用选框工具 选中右上部形状，按住 Ctrl 键拖至左下角。

(7) 继续第(5)步、第(6)步的操作方式完成下半部图像的移动，操作过程如图 4-39 所示。

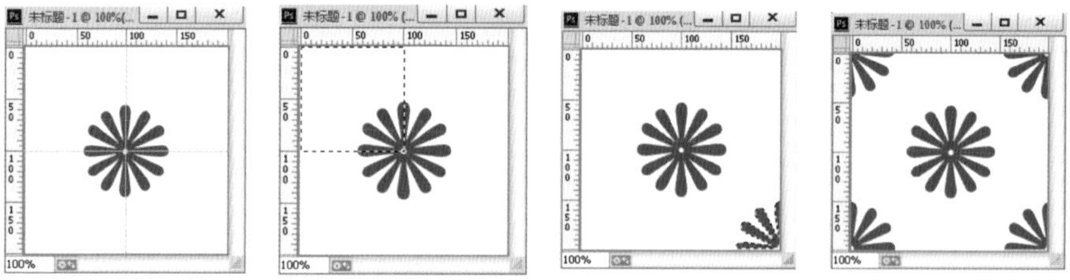

图 4-39　用移动工具移动选区内容

(8) 执行“编辑”|“定义图案”命令，将所绘制的形状定义为图案。

(9) 新建文档，按 Shift+F5 快捷键打开“填充”对话框，填充上面定义的图案，效果如图 4-40 所示。

4.2.3　修改选区

执行“选择”|“修改”命令，用户可对选区进行“边界”“平滑”“扩展”和“收缩”操作。修改命令如图 4-41 所示。

图 4-40　填充图案

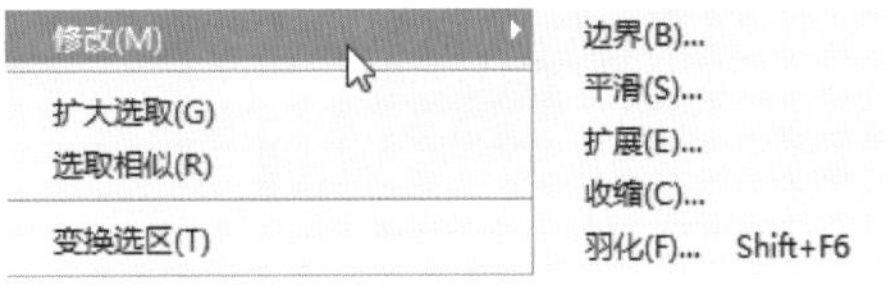

图 4-41　修改命令

◇ 边界：将选区的边界向内收缩得到内边界，向外扩展指定的像素得到外边界，从而建立以内边界和外边界之间的扩边选区。

用魔棒工具选取花朵区域范围，执行“选择”|“修改”|“边界”命令，可以打开“边界选区”对话框，在对话框中输入需扩展和收缩的像素值，单击“确定”按钮，即可建立扩边选区，如图 4-42 所示。

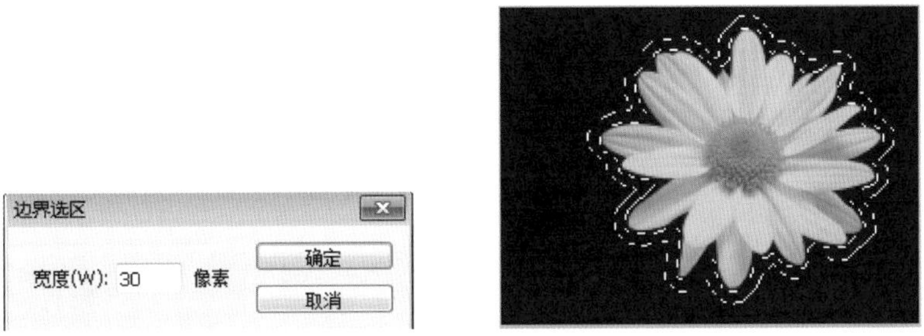

(a)“边界选区”对话框　　(b) 边界选区效果

图 4-42　边界选区

◇ 平滑：使用此命令可使选区边缘变得连续和平滑。执行“平滑”命令，在弹出的“平滑选区”对话框中设置选区的平滑度，可以将选区边缘锯齿状变得平滑完整。

◇ 扩展和收缩：使用该命令，可将选取范围均匀放大或缩小 1～100 个像素。其操作方法如下：

(1) 打开“第 4 章\素材 4-44.jpg”文件，用魔棒工具在背景色区域单击，将背景色部分全部选取。

(2) 执行“选择”|“反向”命令，或按 Ctrl＋Shift＋I 组合键，将图像中的西红柿选中。

(3) 执行“选择”|“修改”|“扩展”(“收缩”)命令，在弹出的“扩展选区”(“收缩选区”)对话框中输入数值(如图 4-43 所示)，单击“确定”按钮。

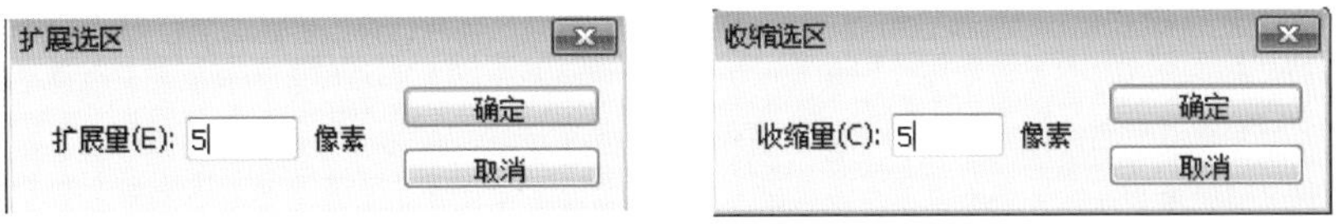

图 4-43　“扩展选区”和“收缩选区”对话框

(4) 扩大(缩小)选取范围的操作完成。如图 4-44 所示为扩大和缩小选取范围示例。

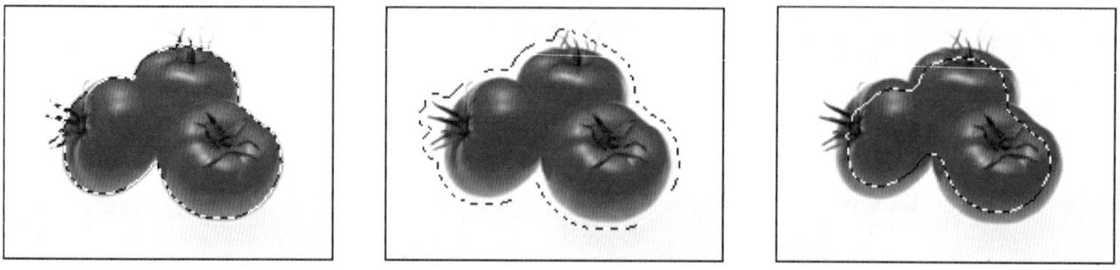

(a) 原选取范围　　(b) 扩展量=5后的选取范围　　(c) 收缩量=5后的选取范围

图 4-44　扩展和收缩选取范围

4.2.4　变换选区

视频讲解

"变换选区"命令可以对选区进行移动、旋转、缩放和斜切操作。既可以直接用鼠标进行操作,也可以通过在其属性选项栏中输入数值进行控制,如图 4-45 所示。

执行"选择"|"变换选区"命令,即可进入选取范围自由变换状态,此时系统将显示一个变形框,如图 4-46 所示。用户可以任意改变选取范围的大小、位置和角度。

图 4-45　变换选区属性栏

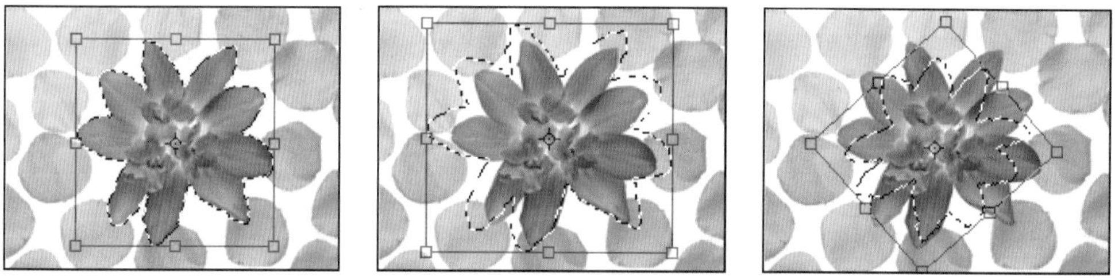

(a) 选区变形框　　(b) 自由变换选区大小　　(c) 自由旋转选区角度

图 4-46　自由变换操作

◇ 移动选区:将鼠标指针移到选取范围内侧,待鼠标指针变为 ▶ 形状后拖动即可移动选区。

◇ 变换选区大小:将鼠标指针移到选区的控制柄上,待鼠标指针变为 ⤡ 形状后拖动即可任意改变选取范围的大小。

◇ 自由旋转选区:将鼠标指针移动到选区外任意位置,待鼠标指针变为 ⤵ 形状时,可往顺时针或逆时针方向拖动,改变选区的角度。形状 ⌖ 为旋转支点,要移动该点,可将鼠标指针移至该点附近且鼠标指针是 ▶ 形状后拖动即可。变形结束后,在控制框中双击或按 Enter 键均可确认变形操作。

实例介绍:

通过创建与变换选区操作绘制太极图。

(1) 新建图像文件,按 Ctrl+R 快捷键调出标尺,并拉出横竖两根辅助线。

(2) 设置前景色 #944327 填充背景层，单击“创建新图层”按钮，新建一个图层。

(3) 使用椭圆选框工具，按住 Alt+Shift 快捷键，鼠标在两根辅助线的交点上单击后，按住鼠标左键拖出一个正圆选区，如图 4-47 所示。

(4) 按 Ctrl+Delete 快捷键，在选区内用白色背景色填充，如图 4-48 所示。

(5) 选择矩形选框工具，按 Alt 键减去半圆选区。按 D 键设置 Photoshop 默认的黑白前景色和背景色，再按 Alt+Delete 快捷键填充前景色(黑色)，如图 4-49 所示。

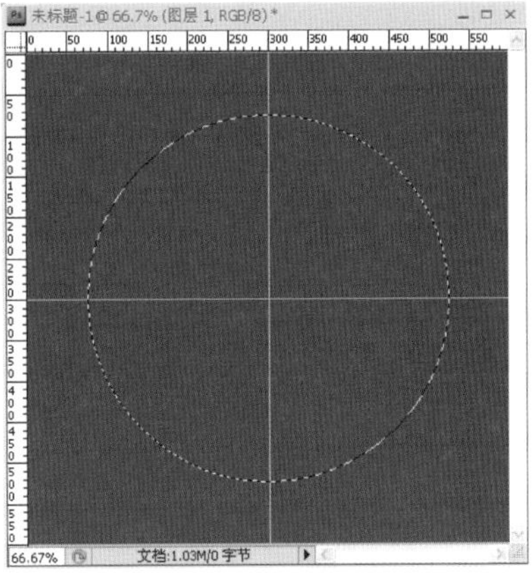

图 4-47　创建选区

(6) 按住 Ctrl 键单击图层 1 缩览图，将圆选区重新载入。

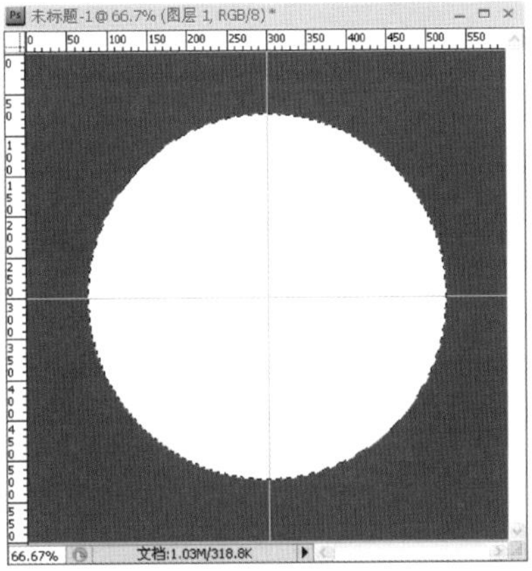

图 4-48　填充白色

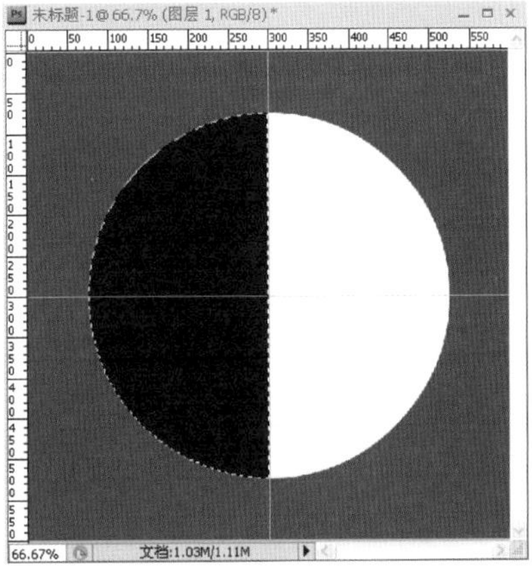

图 4-49　减去选区后填充

(7) 执行“选择”|“变换选区”命令，或将鼠标移至选区内单击右键，在弹出的快捷菜单中执行“变换选区”命令。

(8) 调出自由变换控制框后，可自由缩放选区的大小。但为了更精确地调整选区大小，可在选项栏的 W 与 H 文本框中进行设置，将选区缩小 50%，如图 4-50 所示。

图 4-50　自由变换选项设置

(9) 将缩小的选区移至水平辅助线的上方，按 Enter 键确认变换，如图 4-51 所示。

(10) 按 Alt+Delete 快捷键填充前景色(黑色)，如图 4-52 所示。

(11) 鼠标指针放至选区内，当鼠标指针变成状态时，将选区移至水平辅助线下方。按 Ctrl+Delete 快捷键，填充背景色(白色)，如图 4-53 所示。

(12) 重复步骤(7)、(8)继续将选区缩小 50%，按 Enter 键确认变换，如图 4-54 所示。

(13) 按 Alt+Delete 快捷键，填充前景色(黑色)。如图 4-55 所示。

(14) 将选区移至上方后，按 Ctrl+Delete 快捷键，填充背景色(白色)，如图 4-56 所示。

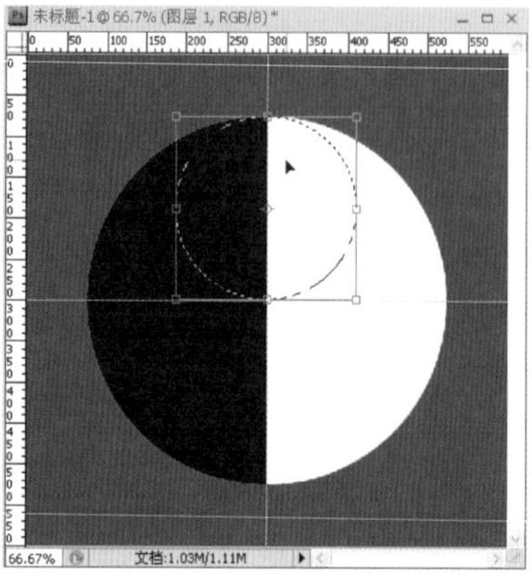

图 4-51 变换选区

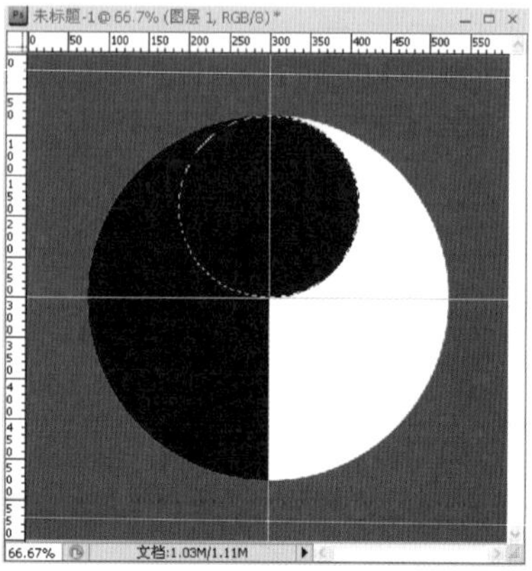

图 4-52 填充前景色

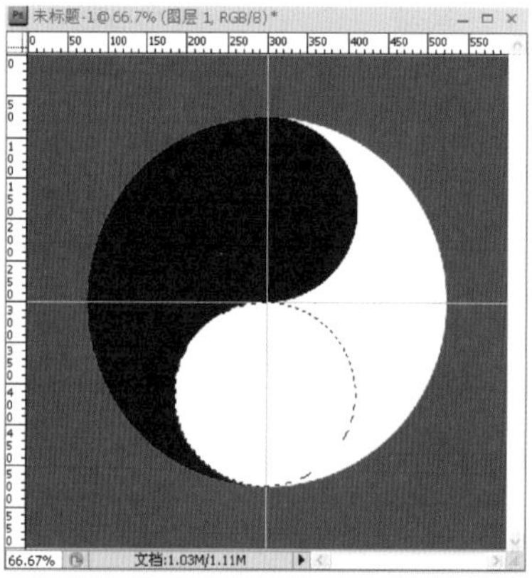

图 4-53 填充背景色

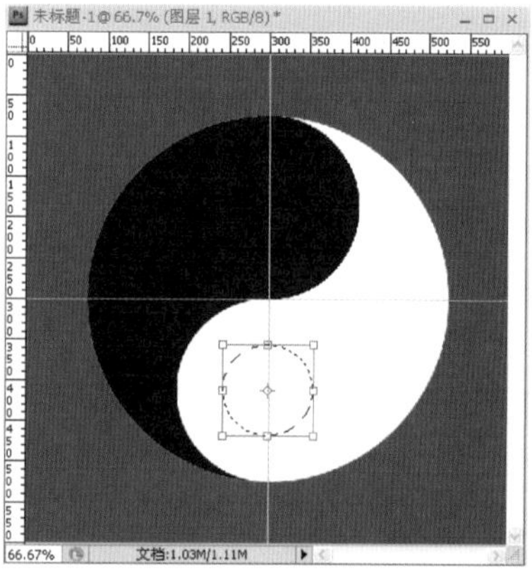

图 4-54 变换选区

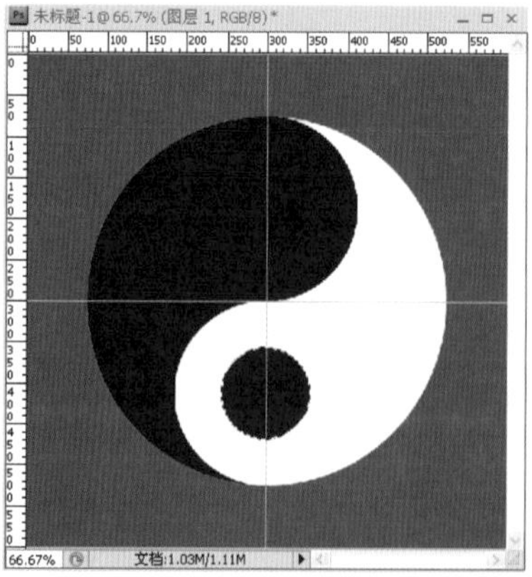

图 4-55 填充前景色

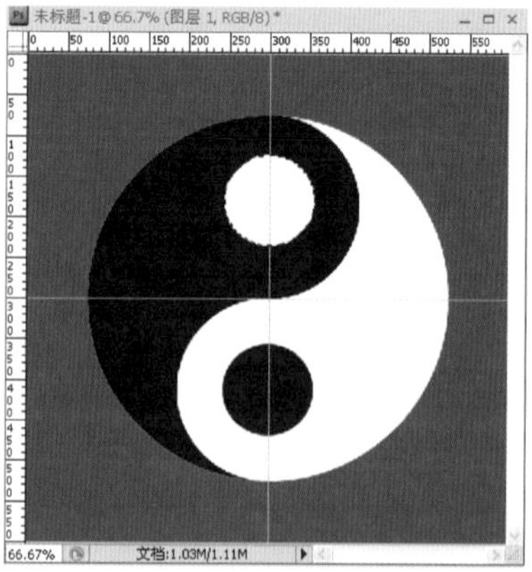

图 4-56 填充背景色

4.2.5 羽化选区

羽化即柔化选区边界，使选区的边缘产生渐变晕开、柔和的过渡效果。羽化功能是经常使用的功能之一，可以避免图像之间的衔接过于生硬。

视频讲解

在工具箱中选择了某种选区工具后，首先要在该工具属性栏的“羽化”文本框中设定羽化半径，即可为将要创建的选区设置有效的羽化效果，否则羽化功能不能实现。

对于已经建立了的选区要为其添加羽化效果，则要执行“选择”|“修改”|“羽化”命令，或按 Shift+F6 快捷键，打开如图 4-57 所示的对话框，在该对话框中输入需要羽化的半径，单击“确定”按钮后即可为当前选区设置羽化效果。

观察不同羽化半径选区的图像效果。

(1) 打开“第 4 章\素材 4-58.jpg”文件，如图 4-58 所示。

图 4-57 “羽化选区”对话框

图 4-58 原图

(2) 选择椭圆选框工具，在工具属性栏中设置羽化半径为 0 像素，在图中建立一个椭圆选区，执行“选择”|“反选”命令，按 Delete 键，会得到一个边缘清晰的图像，这是一个没有羽化效果的图像，如图 4-59(a)所示。

(3) 若创建选区前将羽化半径设置为 30 像素则可得到如图 4-59(b)所示的羽化效果。

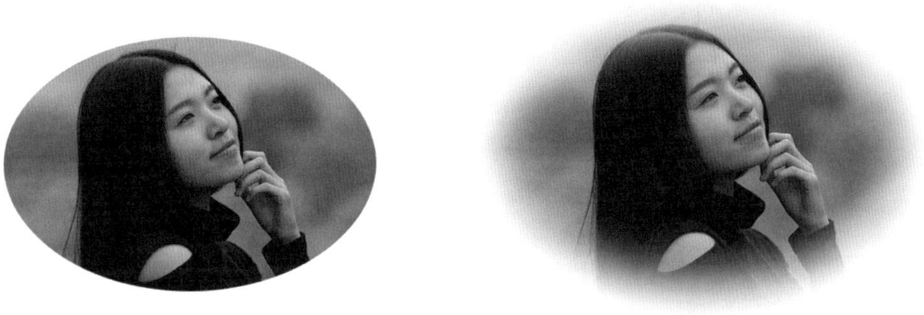

(a) 羽化半径为0　　(b) 羽化半径为30

图 4-59 不同羽化半径的效果

实例介绍：

羽化选区制作泡泡图形。

(1) 打开“第 4 章\素材 4-60.jpg”文件，在图层面板单击按钮新建图层 1，选择椭圆选框工具，建立一个圆选区。

(2) 按 D 键设置系统默认的黑-白前景色与背景色，按 Ctrl+Delete 快捷键填充白色背景色。

(3) 按 Shift+F6 快捷键，设置选区的羽化值为 30。

(4) 按 Delete 键删除所选图像像素。操作过程如图 4-60 所示。

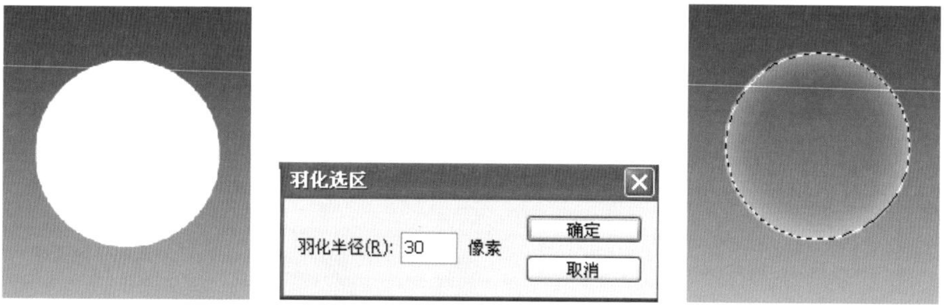

(a) 建立并填充圆选区　　(b) 设置羽化值　　(c) 删除选区内像素效果

图 4-60　建立选区、羽化选区、删除选区内像素

(5) 选择画笔工具并在选项栏中设置画笔透明度和流量，如图 4-61 所示。

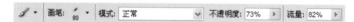

图 4-61　画笔选项栏设置

(6) 打开“画笔”面板，进行画笔设置，如图 4-62 所示。

(7) 设置完成后，在“图层”面板单击按钮新建“图层 2”，用画笔在图中绘制高光亮点，如图 4-63 所示。绘制中注意调整画笔笔尖的大小。

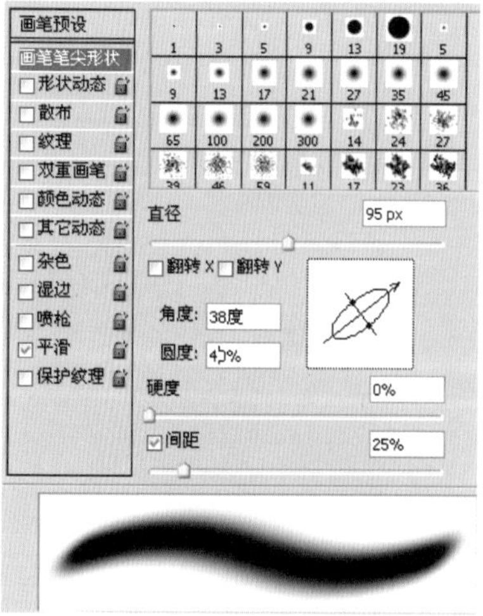

图 4-62　画笔面板

图 4-63　绘制高光亮点

(8) 打开"第 4 章\素材 4-64.jpg"文件，选择椭圆选框工具，设置羽化值为 30 建立椭圆选区，按 Ctrl+C 快捷键复制，再按 Ctrl+V 快捷键粘贴到泡泡文档中。

(9) 按 Ctrl+T 快捷键调出控制框，调整合适的图像大小，如图 4-64 所示。

(a) 打开素材原图　　(b) 将粘贴来的图调整大小

图 4-64　复制素材图到泡泡中

(10) 选中图层 1 与图层 2，按 Ctrl+E 快捷键将圆与高光点图层合并。选择移动工具按 Alt 键拖动鼠标，可复制一个泡泡，重复此操作将复制得到的泡泡进行调整大小、变形等操作，最终效果如图 4-65 所示。

图 4-65　效果

4.2.6　选择并遮住

创建一个选区后执行"选择"|"选择并遮住"命令可以对选区的半径、平滑度、羽化、对比度边缘位置等属性进行调整，从而提高选区边缘的质量。"选择并遮住"对话框如图 4-66 所示。

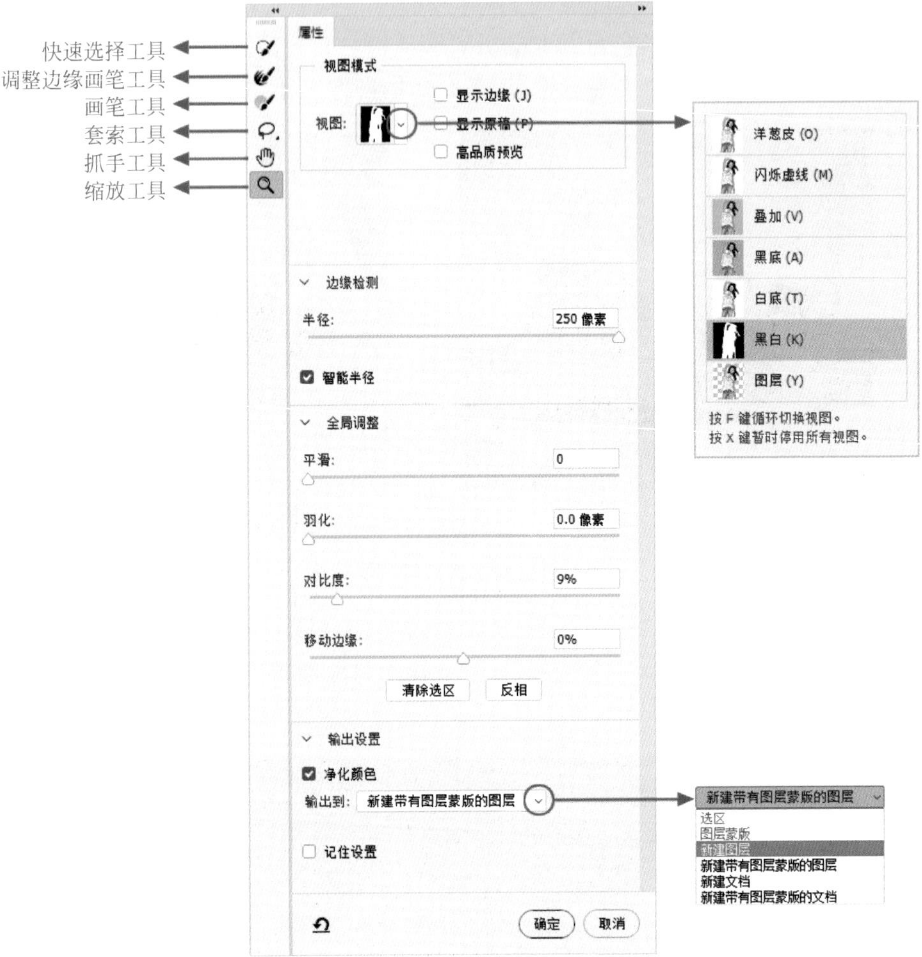

图 4-66 “选择并遮住”对话框

1. 视图模式

在“视图模式”选项组中选择一个合适的视图模式，可以更加方便地查看选区的调整结果。此选项组的各参数如下：

◇ 显示边缘：选中此复选框，将显示所要调整的区域。

◇ 显示原稿：选中此复选框，显示原始选区。

◇ 高品质预览：选中此复选框，可提高显示精度，但预览更新的速度会变慢。

2. 边缘检测

使用“边缘检测”中的选项可以轻松抠出细密的毛发。

◇ 半径：设置检测边缘选区边界的范围。对于锐边可以使用较小的半径；对于柔和的边缘可以使用较大的半径。

◇ 智能半径：勾选此复选框，将自动调整边界区域中的硬边缘和柔化的边缘半径。

◇ 快速选择工具：快速把同类色划入选区。

◇ 调整边缘画笔工具：可扩展检测边缘。

◇ 画笔工具：可擦除部分多余的选择结果，即恢复原始边缘。

3. 输出

◇ 净化颜色：勾选此复选框后，下面的“数量”滑块被激活，拖动调整数值去除图像边缘的杂色。

◇ 输出到：在此下拉列表中，可选择输出结果为“选区”“图层蒙版”“新建图层”“新建文档”等。

打开“第 4 章\素材 4-66.jpg”文件，用快速选择工具创建选区后，执行“选择”|“选择并遮住”命令，在弹出的对话框中，按图 4-66 设置参数，可将人物选出替换背景，效果如图 4-67 所示。

图 4-67 “调整边缘”抠取人物

需要说明的是，“选择并遮住”命令相对于通道等精细创建选区的方法是更快捷、更简易的方法，因此不可能抠出更高品质的图像。

4.2.7 存储选区

创建好的精确选取范围往往要将它保存下来，以备重复使用。Photoshop 提供了 Alpha 通道来存放选区。文档保存为 psd 格式时通道可以随文件一起被保存，下次打开图像时可以继续使用存放的选区。

创建好选区后执行“选择”|“存储选区”命令，在弹出的“存储选区”对话框中（如图 4-68 所示）设置保存选区的名称，完成各项设置后单击“确定”按钮，选区就被存储在通道中了，如图 4-69 所示。

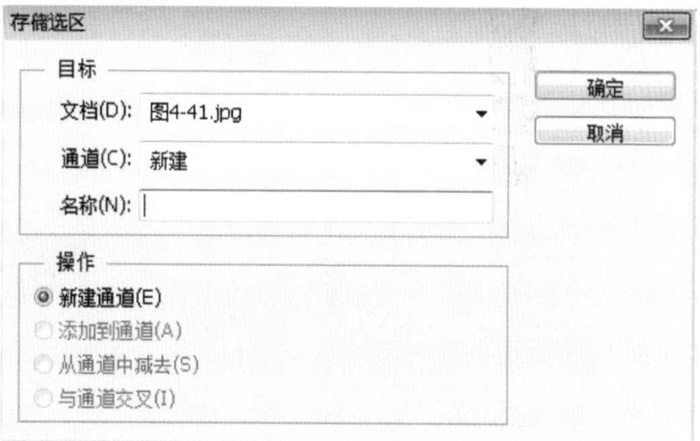

图 4-68 “存储选区”对话框

选区保存好后，在需要时可通过“选

择”|“载入选区”命令进行调用，如图 4-70 所示。也可以按住 Ctrl 键单击 Alpha1 通道缩览图载入选区。

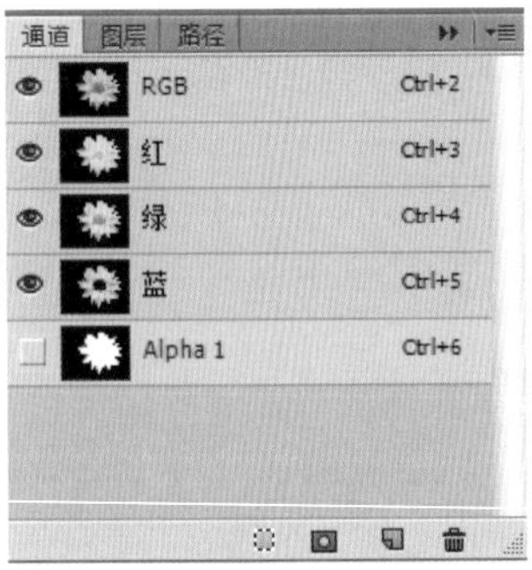

图 4-69　新存储的选区通道

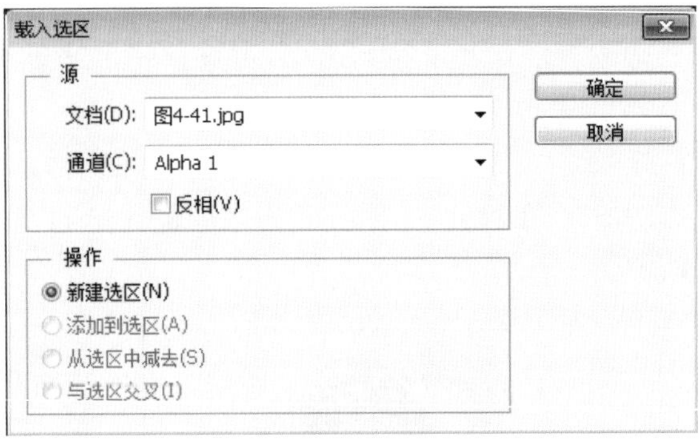

图 4-70　“载入选区”对话框

4.3　使用 Alpha 通道创建选区

4.3.1　Alpha 通道

Alpha 通道用于创建、存放和编辑选区。当用户创建选区范围被保存后就成为一个蒙版，保存在一个新建的通道里，在 Photoshop 中把这些新增的通道称为 Alpha 通道。所以 Alpha 通道是由用户建立的用于保存选区的通道。Alpha 通道可以使用各种绘图和修图工具进行编辑，也可以使用滤镜进行各种处理，从而制作出轮廓更为复杂的图形化的选区。

1. 新建通道

建立一个新通道，最简单快捷的方法就是单击“通道”面板下方的创建新通道按钮，如图 4-71(a)所示。如果对新建的通道有其他设置要求，则单击“通道”面板右上角的控制菜单按钮，在弹出的菜单中选择“新建通道”命令，打开“新建通道”对话框，如图 4-71(b)所示。

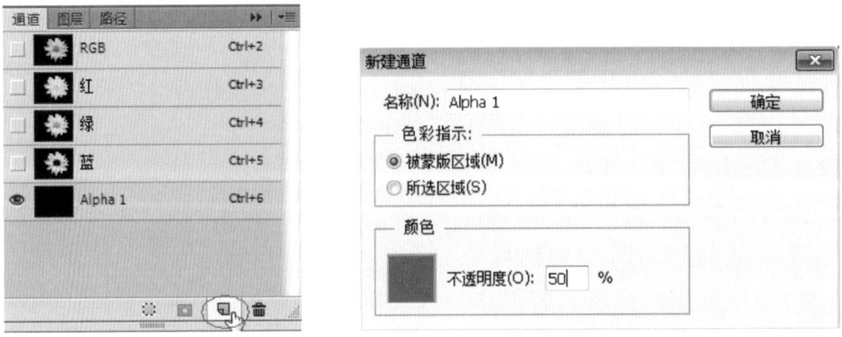

(a) 创建新通道　　(b)“新建通道”对话框

图 4-71　建立一个新通道

◇ 名称：定义通道的名称，系统默认按 Alpha1、Alpha2、Alpha3……顺序命名。

◇ 色彩指示：如果选择“被蒙版区域”单选按钮，在新建的通道缩略图中，白色区域表示被选取区域，黑色区域为被蒙版遮盖区域；如果选择“所选区域”，则白色区域为蒙版遮盖区域，黑色区域为被选取区域。

◇ 颜色：在此栏中所设置的颜色为蒙版的颜色，双击颜色块，可打开“拾色器”对话框，可重新设置蒙版颜色。“不透明度”用于设置蒙版颜色的透明度。不透明度的百分比值不要太高，否则不便透过蒙版观察。

2. 查看通道

单击“通道”面板左边的眼睛图标，可以显示或隐藏通道。

3. 选择通道

在“通道”面板上单击通道名称或缩略图，即可以选择该通道。在被选中的情况下，该通道处于“显示”状态。

4. 复制通道

选中要复制的通道，拖动它到“通道”面板底端的创建新通道按钮上，即可得到复制的通道。

另一种方法是单击“通道”右上角的菜单按钮，在弹出的菜单中选择“复制通道”命令，然后设置通道的名称和目标文档。

5. 删除通道

在图像编辑过程中对没有使用价值的通道，可以用鼠标将其拖到“通道”面板下方的“删除通道”按钮上直接删除。

4.3.2 在通道中建立图形化的选区

视频讲解

下面通过实例练习在通道中建立图形化选区。

(1) 打开“第 4 章\素材 4-72.jpg”文件，如图 4-72 所示。

(2) 打开“通道”面板，单击“创建新通道”按钮，新建 Alpha1 通道。

(3) 选择椭圆选框工具，在工具属性选项栏中设置羽化值为 50。

(4) 按下鼠标左键拖出一个椭圆选区，如图 4-73 所示。

(5) 按 Ctrl+Shift+I 快捷键，对选区进行反选。

图 4-72 打开一幅图片

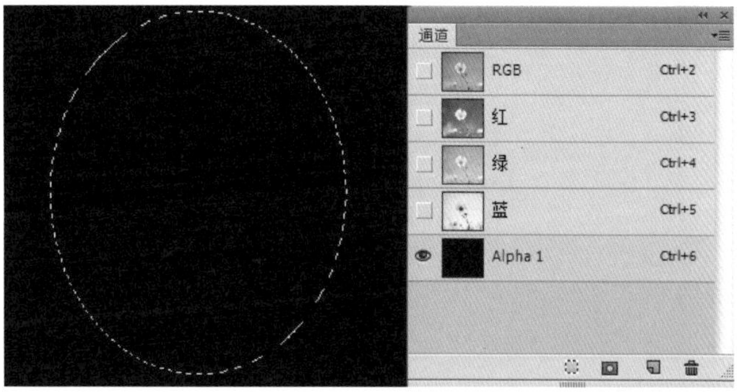

图 4-73 绘制椭圆选区

（6）用白色填充选区，按 Ctrl+D 快捷键撤销选区。

（7）执行“滤镜”|“像素化”|“彩色半调”命令，最大半径设置为 8 个像素，其他参数设置如图 4-74 所示。

图 **4-74**　“彩色半调”对话框

（8）按住 Ctrl 键，单击 Alpha1 通道缩览图，将选区载入，如图 4-75 所示。

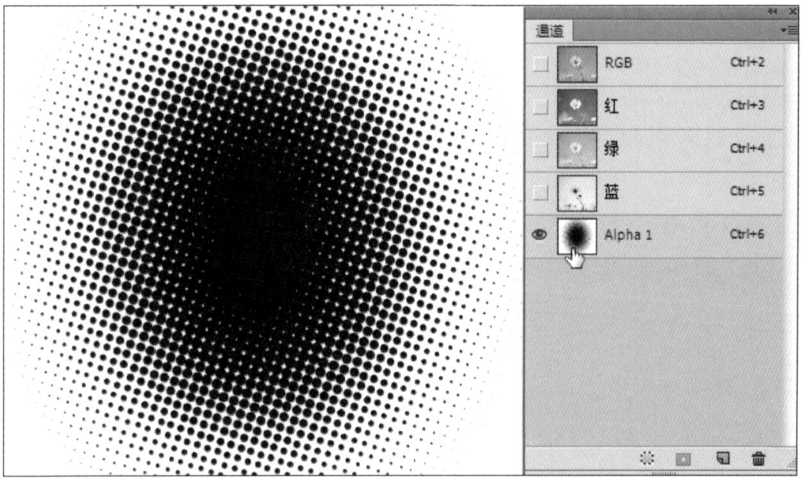

图 **4-75**　单击通道缩览图载入选区

（9）单击 RGB 复合通道，用白色填充选区，最终效果如图 4-76 所示。

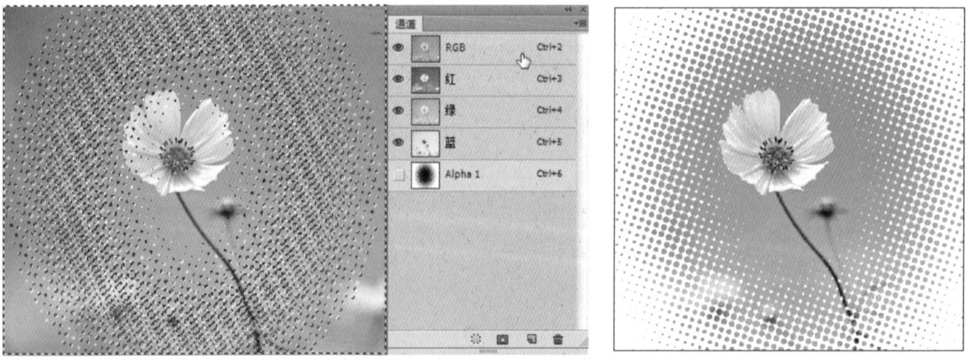

(a) 单击RGB复合通道　　(b) 填充前景色

图 **4-76**　利用通道制作的特殊效果

4.3.3 在通道中建立具有羽化效果的选区

视频讲解

在 Alpha 通道中，白色表示选择区域；黑色代表非选择区域；灰色代表该区域具有不为 0 的羽化数值选区。因而在 Alpha 通道中可利用黑灰白渐变的方式来获取一个有柔和边缘的羽化效果的选区，主要操作如下。

(1) 打开“第 4 章\素材 4-77.jpg”文件，选择魔术橡皮工具，在天空背景处单击，擦除背景色，如图 4-77 所示。

(2) 打开“通道”面板，单击“创建新通道”按钮，新建 Alpha1 通道。

(3) 选择渐变工具，用黑白渐变做线性填充，如图 4-78 所示。

图 4-77　擦除背景色

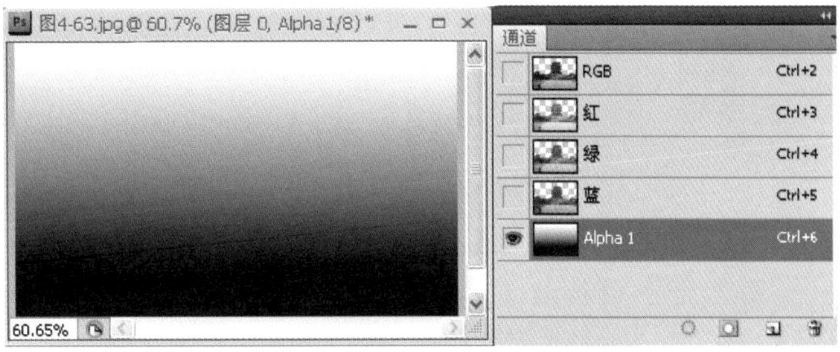

图 4-78　黑白渐变做线性填充

(4) 按住 Ctrl 键，单击 Alpha1 通道缩略图，将选区载入。

(5) 单击 RGB 复合通道，回到图像编辑状态。按 Ctrl+C 快捷键，复制选区内图像。

(6) 打开“第 4 章\素材 4-79jpg”文件。按 Ctrl+V 快捷键，将图像粘贴到该文件中，如图 4-79 所示。

(a) 打开图像文件　　(b) 将复制图像粘贴到文件中

图 4-79　海市蜃楼效果

4.4 使用快速蒙版创建选区

蒙版是一种遮盖工具，它可以分离和保护图像的局部区域。前面介绍了使用选框工具、套索工具、魔棒工具来建立选区，这些选区一经建立，就无法修改，给图像编辑带来了不便。而使用快速蒙版建立选区后，可用画笔、渐变填充等修改选区。

快速蒙版为临时蒙版，它用于在图像窗口中快速编辑选区，而不保存于通道中。它只适合临时性的操作。双击工具箱下方的"快速蒙版"按钮，打开"快速蒙版选项"对话框，可以看到被蒙版区域默认的是半透明的红色，如图 4-80 所示。如果所操作的图像文件是红色的，则为了显示清晰可将被蒙版区设置为蓝色，如图 4-81 所示。

此时"通道"面板上新增加了一个快速蒙版通道，一旦切换回标准模式，快速蒙版通道就会消失，所建立的选区不能保存。

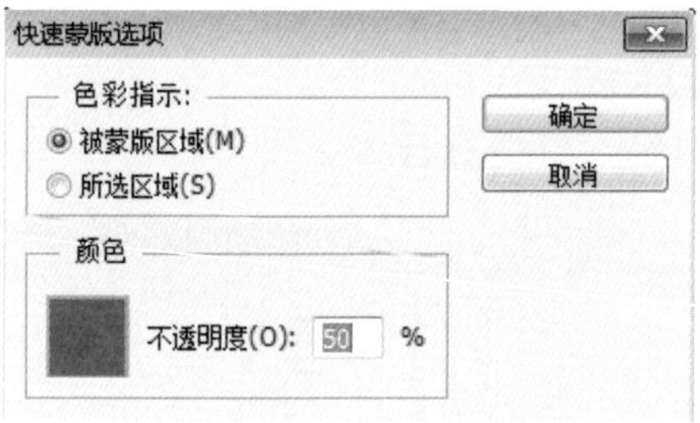

图 4-80　被蒙版区域为红色

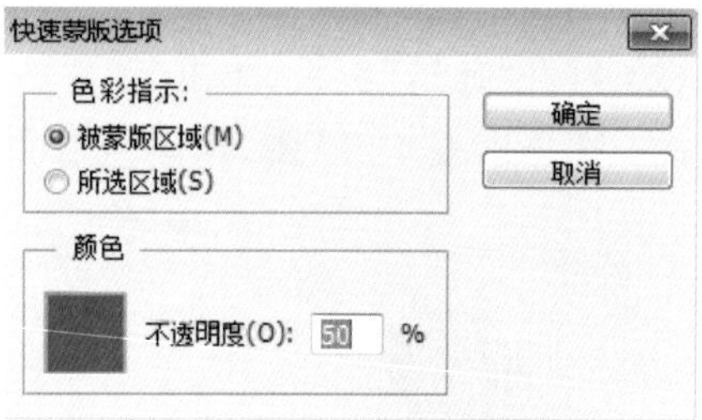

图 4-81　被蒙版区域为蓝色

对于背景较复杂图像的选取可以使用快速蒙版建立选区，在该模式下可以使用任何手段进行绘画，其原则是用白色绘画可增加选取的范围，用黑色绘画可减少选取范围。

(1) 打开"第 4 章\素材 4-82.jpg"图像文件，双击"快速蒙版"按钮设置被蒙版区域为"蓝色"，再单击"快速蒙版"按钮进入快速蒙版编辑模式。

(2) 选择画笔工具，设置前景色为黑色沿人物的轮廓勾勒，由于设置了被蒙版区域为蓝色，所以黑色画笔涂抹过的区域显示出蓝色。

(3) 如有涂错的地方，可使用橡皮擦工具擦除，也可使用白色画笔工具修改。将要选择的图像全部涂抹为蓝色，打开"通道"面板，可见快速蒙版区域如图 4-82 所示。

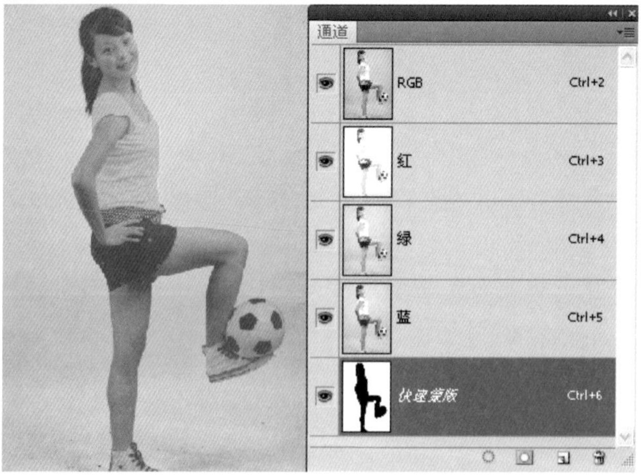

图 4-82　创建快速蒙版

(4) 单击工具箱中的"标准模式"按钮返回正常编辑模式，在图像上得到精确的选区。注意此时蓝色的区域为被屏蔽区域，若要选择人物则要选择"选择"|"反选"命令，按 Ctrl+J 快捷键将选出的人物复制到新层。抠出的图像如图 4-83 所示。

(5) 打开另一幅图像文件“第 4 章\素材 4-84.jpg”，将选出的人物拖入其中更换原图的背景，效果如图 4-84 所示。

图 **4-83** 抠出人物

图 **4-84** 为人物换背景

4.5 使用钢笔工具绘制选区

钢笔工具是最常用的路径工具，使用它可以绘制光滑且复杂的路径。通过路径可以轻松的转换为选区。在图像的编辑操作中，往往需要精确选取图像范围，用户可以用钢笔工具来绘制图像轮廓，然后将路径转换为选区。由于路径具有很灵活的可调整性，更容易被调整与编辑，所以用它来创建选区更加精准和方便。

4.5.1 使用钢笔工具绘制路径

钢笔工具是建立路径的基本工具，使用该工具可以创建直线路径和曲线路径。在工具箱中选择该工具后，其工具栏上将显示有关钢笔工具的属性，如图 4-85 所示。

图 **4-85** 钢笔工具的属性栏

路径是由一个或多个直线段或曲线段组成，锚点标记路径段的端点。每个选中的锚点会显示一条或两条方向线，方向线以方向点结束。方向线和方向点的位置共同决定了曲线段的曲率大小与曲线的方向，如图 4-86 所示。

选择工具箱的钢笔工具，在图像上单击，创建第一个锚点。把鼠标指针移到图像的另一个位置，再次单击创建第二个锚点，在两个锚点之间会自动连接上一条直线，如图 4-87 所示。在单击第二个锚点时按住 Shift 键，可以绘制水平、垂直或 45°角的直线路径。

在图像上单击确定第二个锚点时，按住鼠标左键不放并向其他方向拖动，直到曲线出现合适的弯曲度，此时曲线端点会出现一对方向线，如果要使曲线向上拱起，则向下拖动调整手柄，如图 4-88 所示。控制手柄的拖动方向及长度决定了曲线段的方向及曲率大小。

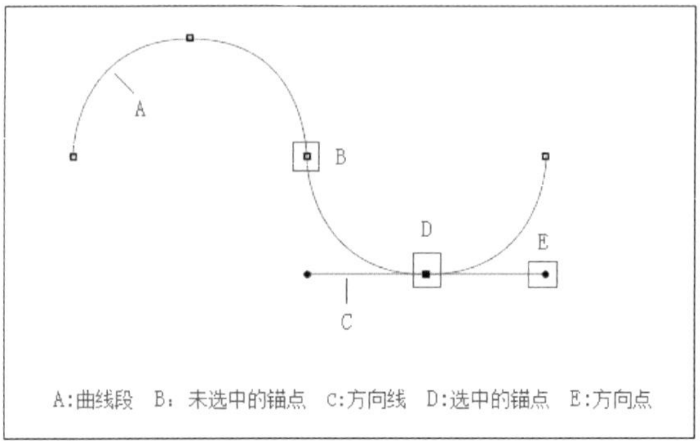

图 4-86　曲线路径

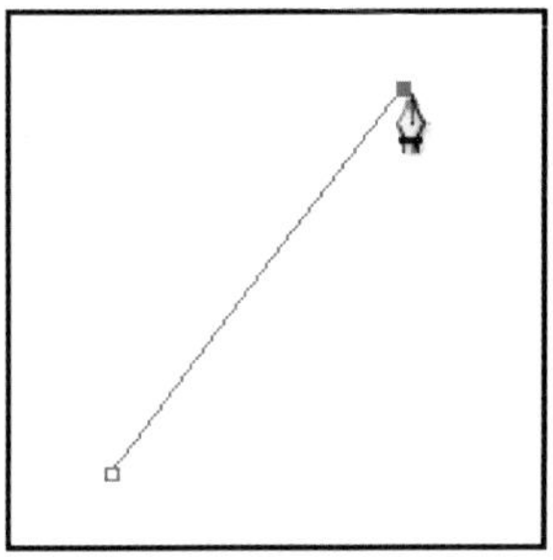

图 4-87　绘制直线路径

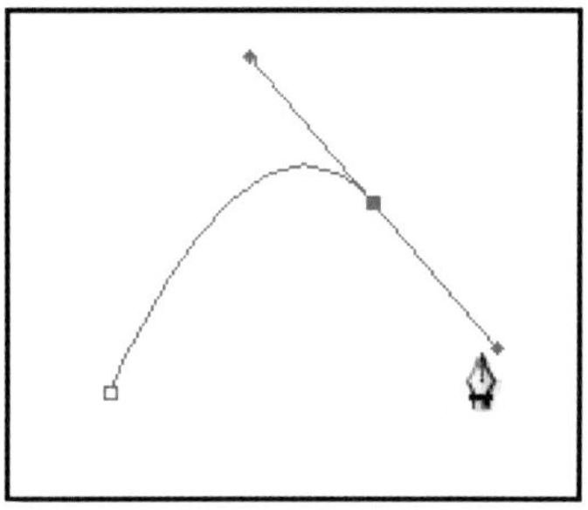

图 4-88　绘制曲线路径

4.5.2　编辑路径

每条线段的端点称为锚点，每个锚点带有一对方向线，曲线的形状及前后线段的光滑度由它们来调整，如图 4-89 所示。

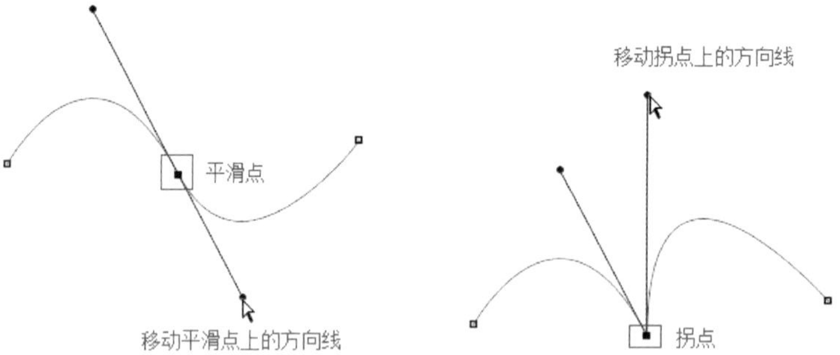

图 4-89　平滑线段与拐点线段

◇ 平滑点：它位于平滑过渡的曲线上，带有一对方向线，当调节其中的一个方向点时，另外的一个也会相应地移动。

◇ 拐点：连接两条曲线，两侧也带有一对方向线。当调节其中的一个方向点时，另外的一个不会移动。在曲线上，按住 Alt 键拖动刚建立的平滑点，就可将平滑点转换为拐点。

使用路径选取工具可以方便地选择和移动整个路径，而直接选择工具则能选择路径中的各个锚点，对其进行独立的调整。在使用钢笔工具的情况下，按 Ctrl 键可切换到直接选取工具对某个锚点调整。

◇ 移动锚点：在使用路径选择工具时，按 Ctrl 键切换到直接选择工具后，选中要编辑的锚点进行拖曳，如图 4-90 所示。

◇ 改变曲率：使用直接选择工具，在控制手柄上按住鼠标左键朝某个方向拉动，如图 4-91 所示。

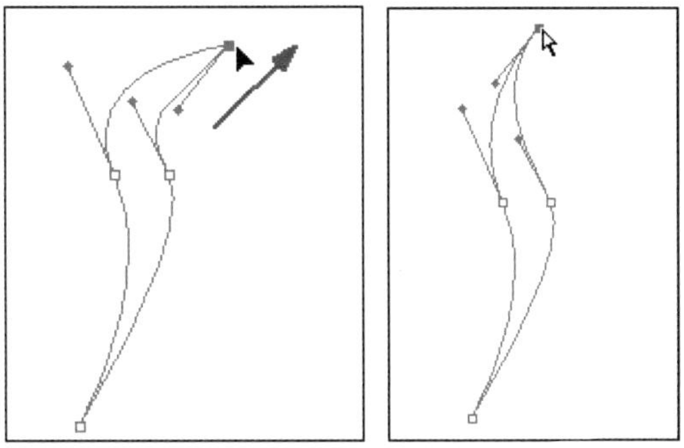

图 4-90 移动锚点

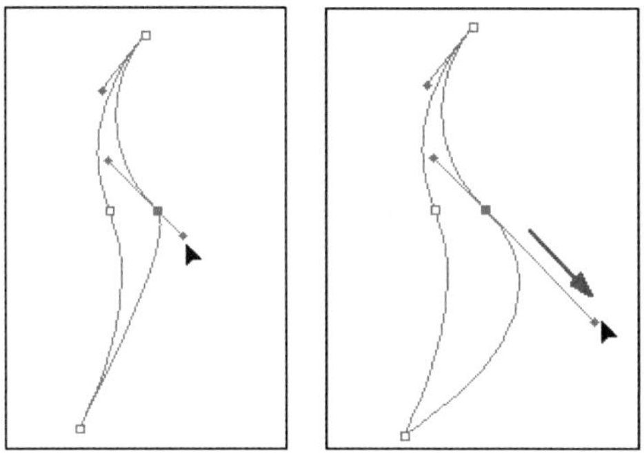

图 4-91 改变曲率

◇ 改变曲线的方向：在使用钢笔工具时按住 Alt 键可切换到转换点工具。拖动手柄可以将平滑点切换为拐点，拖动鼠标则可改变一侧曲线的方向，如图 4-92 所示。

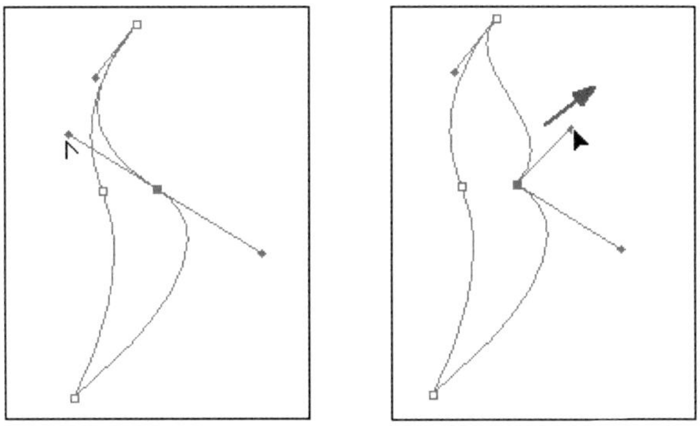

图 4-92 改变曲线的方向

◇ 转换锚点：在路径的编辑中常要将平滑节点与拐角节点进行相互转换，此时便要用到转换点工具，若要将平滑节点转换为拐角节点，用转换点工具在锚点上单击即可，如图 4-93 所示。如果继续拖动手柄，则又可将其转换为平滑曲线。

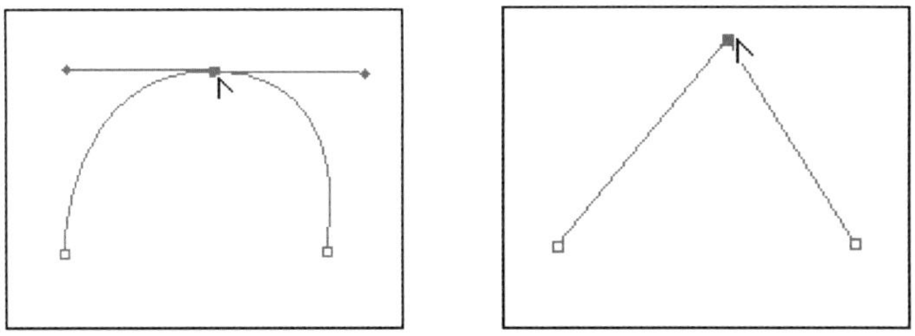

图 4-93 将平滑点转换为拐角节点

4.5.3 路径转选区

视频讲解

通过钢笔可以创建路径，而路径的一个较为重要的功能就是和选区进行相互转换，获得较为精准平滑的选区。下面学习创建一个心形路径并将路径转换为选区，具体操作如下。

(1) 选择钢笔工具按下鼠标左键水平拖动，拉出一对方向线后释放鼠标。在锚点下方再次单击鼠标左键创建第二个锚点，最后在第一个锚点处单击封闭路径，如图 4-94 所示。

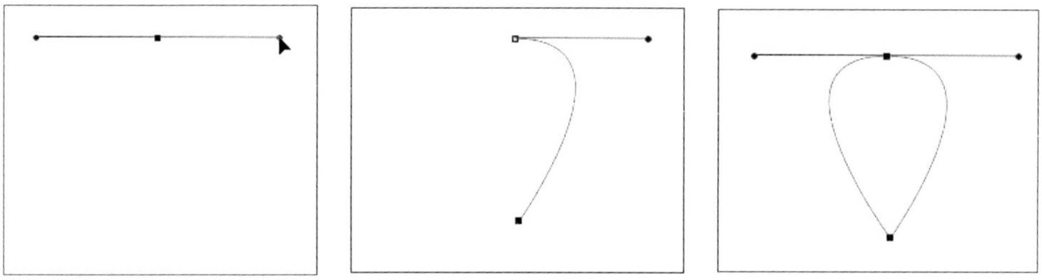

图 4-94　绘制封闭路径流程

(2) 按住 Alt 键将鼠标指针移至右侧方向点上方，待鼠标指针变成时按下鼠标左键向右上方拖动。

(3) 按住 Alt 键将鼠标指针移至左侧方向点上方，待鼠标指针变成时按下鼠标左键向左上方拖动。

(4) 按住 Alt 键将鼠标指针移至下边锚点上方，待鼠标指针变成时按下鼠标左键拖动拉出一对方向线，将锐角转换成了钝角。

(5) 以步骤(2)和步骤(3)的方式拖动方向线的两侧方向点，完成心形路径操作，流程如图 4-95 所示。

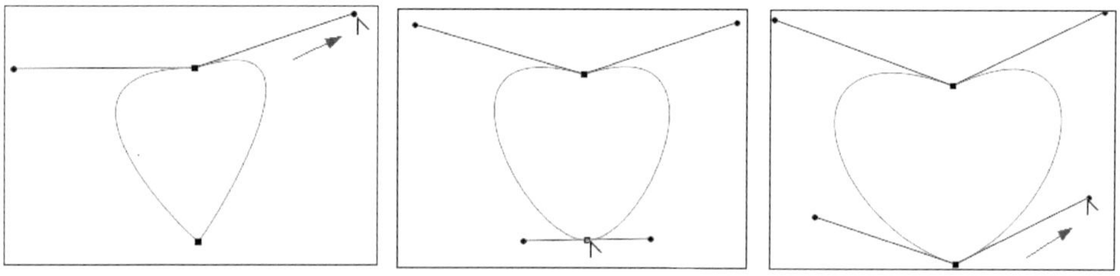

图 4-95　绘制心形路径流程

(6) 路径绘制完成后，图层上并没有任何像素，还必须填充或描边才得到所需的图像。

(7) 按 Ctrl+Enter 快捷键将路径转为选区，或打开“路径”面板单击“将路径转为选区”按钮。

视频讲解

(8) 设置渐变色，做径向渐变填充，如图 4-96 所示。

实例介绍：

通过绘制复杂路径，设计企业标志。

(1) 新建 1600 像素×1600 像素，分辨率为 150ppi 的白色背景文档。

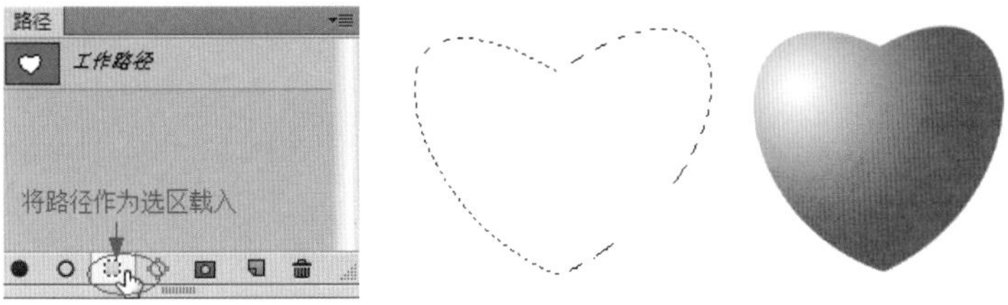

图 4-96　路径转选区,填充选区

(2) 新建图层,使用钢笔工具与转换点工具,绘制一个羽毛图形,并把图层命名为“羽毛”,如图 4-97 所示。

(3) 执行 Ctrl+T 自由变换命令,移动参考点位置指定图形旋转的中心点如图 4-98 所示。在选项栏中修改旋转的角度为 15 度,按 Enter 键确认以上设置,如图 4-99 所示。

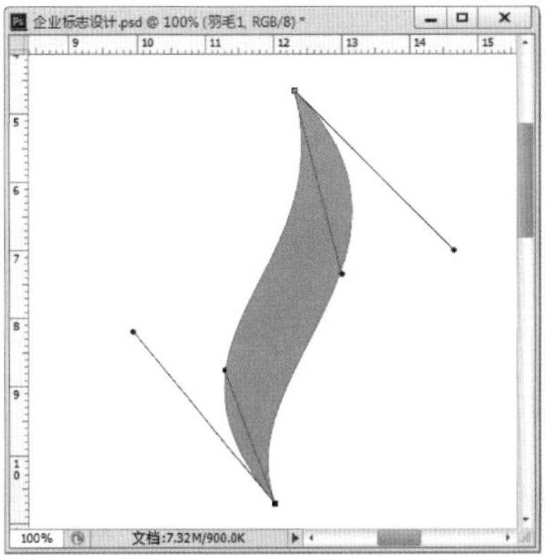

图 4-97　使用钢笔工具绘制羽毛

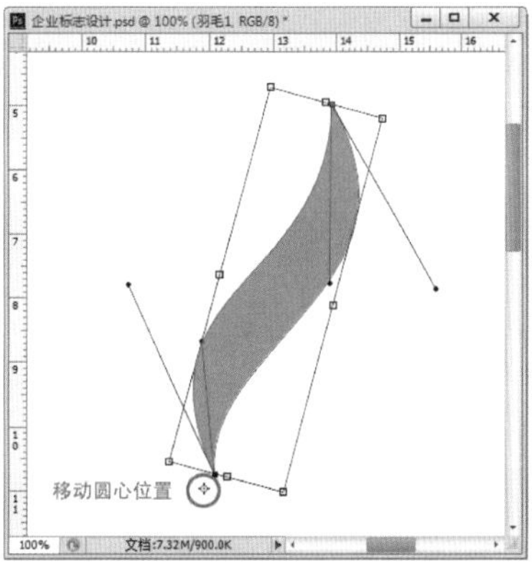

图 4-98　执行自由变换命令

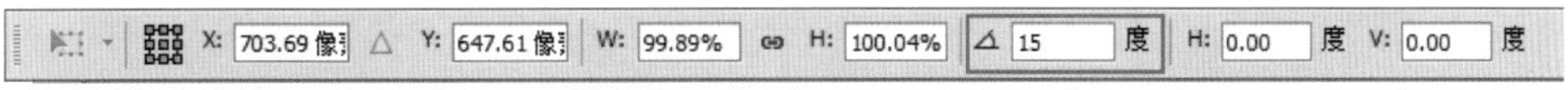

图 4-99　修改旋转角度

(4) 打开“路径”面板,在路径面板空白处单击,退出路径编辑状态。按 Ctrl+Shift+Alt+T 快捷键,执行旋转并复制命令。重复以上操作,直至复制出 9 个羽毛图层,如图 4-100 所示。

图 4-100　旋转并复制羽毛

（5）使用矩形工具逐个单击羽毛图层，在其选项栏中改变羽毛的颜色，效果如图 4-101 所示。

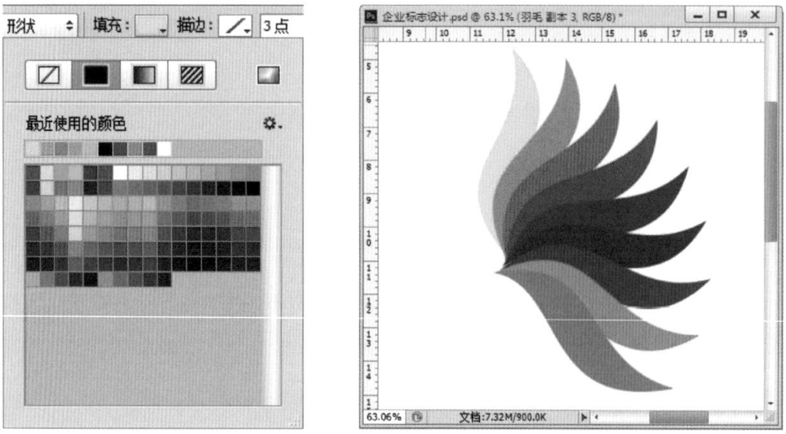

图 4-101　更换羽毛的颜色

（6）新建图层，使用钢笔工具与转换点工具绘制一个青鸟图形，并把新图层命名为“青鸟”，如图 4-102 所示。

（7）按 Ctrl＋T 组合键执行自由变换命令，调整鸟身与翅膀的距离与角度，如图 4-103 所示。

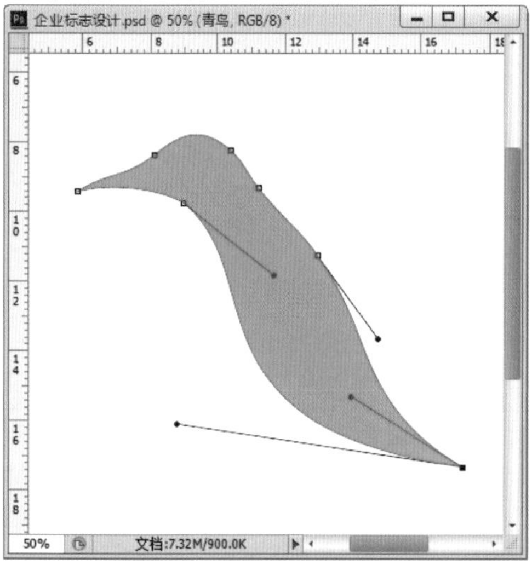

图 4-102　青鸟图形的绘制

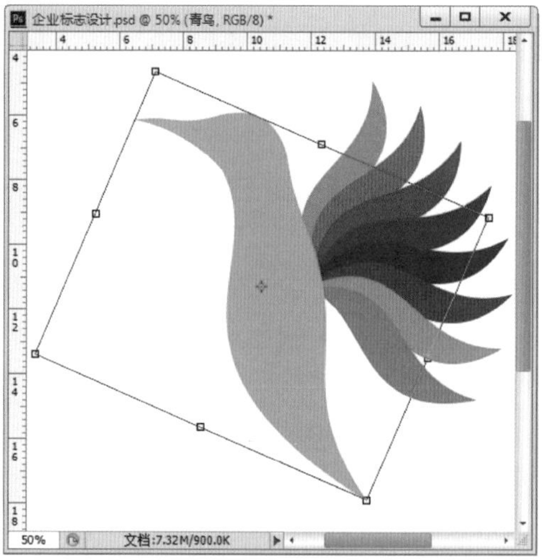

图 4-103　调整鸟身与翅膀的距离与角度

（8）使用文字工具输入企业名称“Blue bird Printshop”，选择与企业个性相吻合的字体，如图 4-104 所示。

图 4-104　输入企业名称并选择字体

（9）调整文字与图形间的距离，完成企业标志的设计。最终效果如图 4-105 所示。

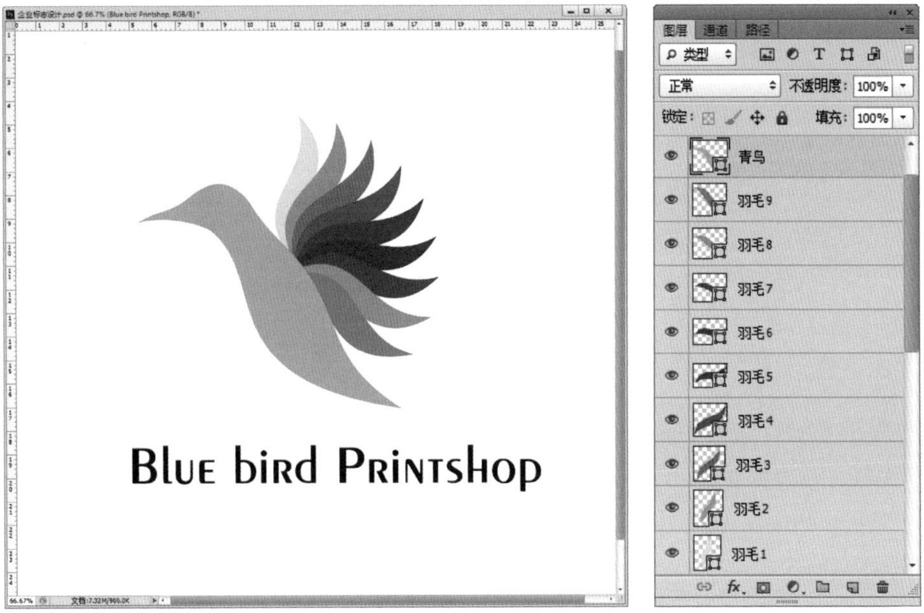

图 4-105　最终效果

4.6　选取操作综合应用实例

视频讲解

4.6.1　户外运动宣传画报

（1）新建 15 厘米×20 厘米，分辨率 100 像素/英寸的图像文档。

（2）新建“图层 1”绘制椭圆选区。右击在弹出的快捷菜单中选择“变换选区”。

（3）为了操作方便，可按 Alt 键滚动鼠标滑轮，将画面的显示比例缩小，如图 4-106 所示。

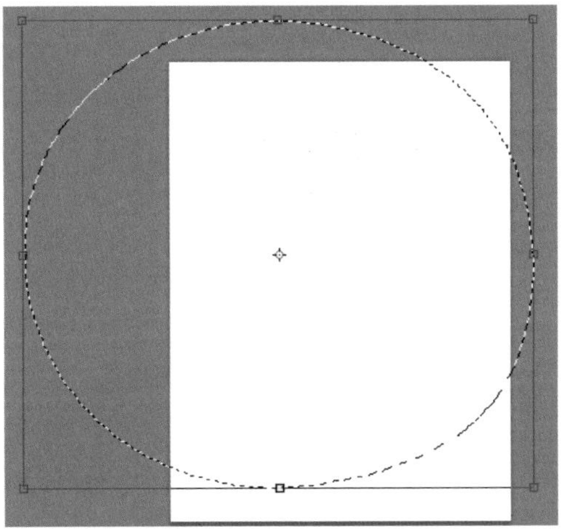

图 4-106　变换选区

（4）在选区内填充红颜色，用键盘的方向键向上微移选区。

（5）新建“图层 2”填充黄色，如图 4-107 所示。

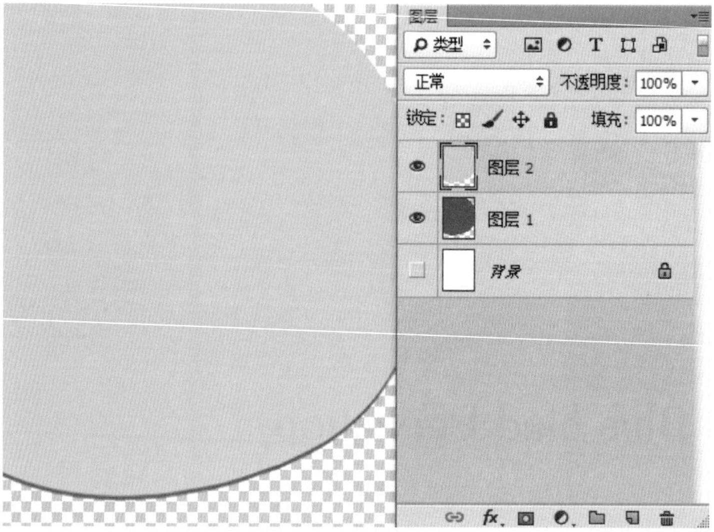

图 4-107 填充颜色

（6）拖入“第 4 章\素材 4-108.jpg”图像文件，按 Ctrl 键载入“图层 2”选区。

（7）选择矩形选框工具，按住 Shift 键框选上半个画面加入选区。

（8）按向上的方向键，移动选区。反选操作后按 Delete 键做删除处理，如图 4-108 所示。

图 4-108 反选后删除部分图像

（9）打开“第 4 章\素材 4-110.jpg”素材，新建 Alpha1 通道。

（10）从左下角向右上角做白黑径向渐变，如图 4-109 所示。

（11）按住 Ctrl 键单击 Alpha1 通道，载入选区。单击 RGB 复合通道回到“图层”面板。

(12) 用移动工具将选中的图像拖入画报的图像文档,系统自动命名为“图层 4”。

(13) 调整合适位置,处理完成后效果与层关系如图 4-110 所示。

(14) 输入海报文字“挑战”,复制一层。选中原文字层,将字体颜色换成黑色。

(15) 用方向键向右移动几个像素,形成文字阴影效果。

(16) 继续添加其他宣传文字与 Logo 标志图,宣传画报制作完成。效果如图 4-111 所示。

图 4-109 通道内做径向渐变

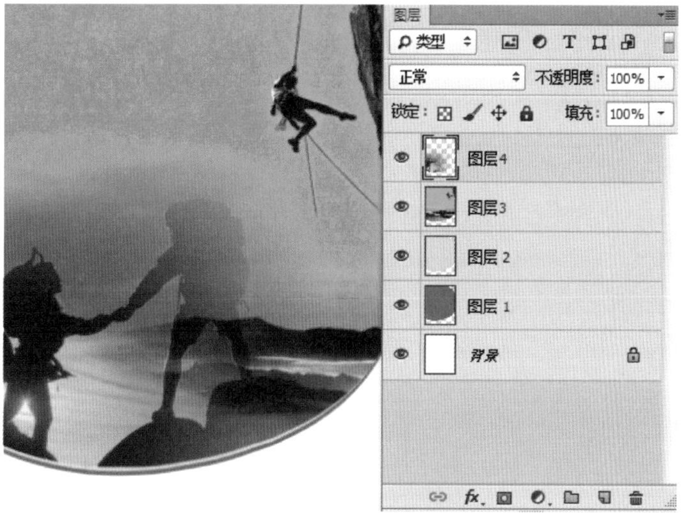

图 4-110 拖入素材图像

图 4-111 户外运动宣传画报

4.6.2 在通道中使用滤镜制作相片边框

视频讲解

(1) 新建 1100 像素×800 像素，分辨率 100ppi；RGB 模式的 Photoshop 文档。

(2) 打开“第 4 章\素材 4-112.jpg”文件，拖入新建的文档。

(3) 选择椭圆选框工具，设置羽化值为 80 像素，在画布右上角绘制椭圆选区。

(4) 按 Ctrl+Shift+I 快捷键反选，按 Delete 键将“图层 1”的像素删除。处理过程如图 4-112 所示。

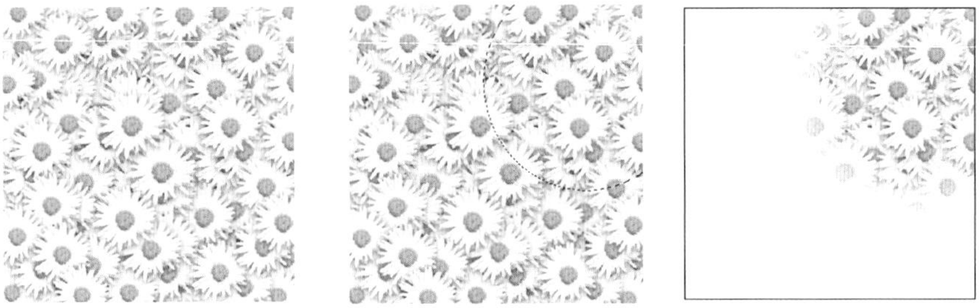

(a) 原图　　(b) 绘制羽化选区　　(c) 反选后删除

图 4-112　背景图案操作过程

(5) 打开“第 4 章\素材 4-113.jpg”文件，拖入新建的文档。

(6) 单击快速选择工具，在人物中涂抹创建选区。

(7) 由于发丝部分较难抠选，执行“选择”|“调整边缘”命令进行较精准的抠取。

(8) 在弹出的“调整边缘”对话框中设置参数，如图 4-113 所示。

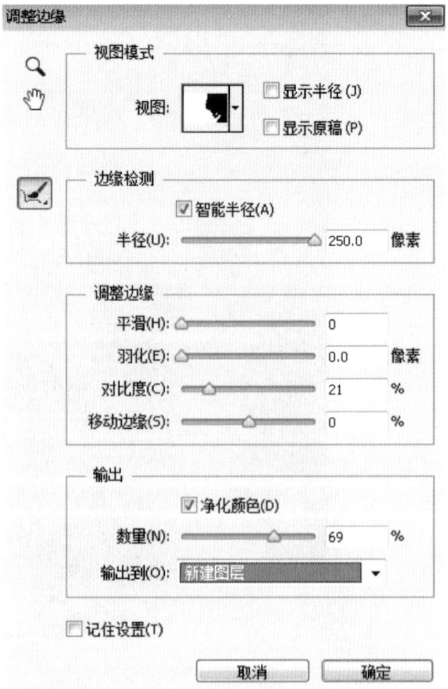

图 4-113　“调整边缘”对话框

(9) 按 Ctrl+E 快捷键向下合并图层，将人物与花两个层合并。

(10) 按 Ctrl+T 快捷键打开调整框，将画面缩小形成白边框。至此，操作效果如图 4-114 所示。

(11) 打开“通道”面板，单击面板底部“创建新通道”按钮，新建一个 Alpha1 通道。

(12) 用选框工具绘制比图片小一些的矩形选区。

(13) 执行“选择”|“修改”|“平滑”命令，在弹出对话框中进行设置，如图 4-115 所示。

(14) 按 Ctrl+Shift+I 快捷键反选，填充白色。

(15) 执行“滤镜库”|“素描”|“半调图案”，参数如图 4-116 所示。

(16) 执行“滤镜库”|“素描”|“图章”，参数如图 4-117 所示。

图 4-114　调整图像大小形成边框

图 4-115　“平滑选区”

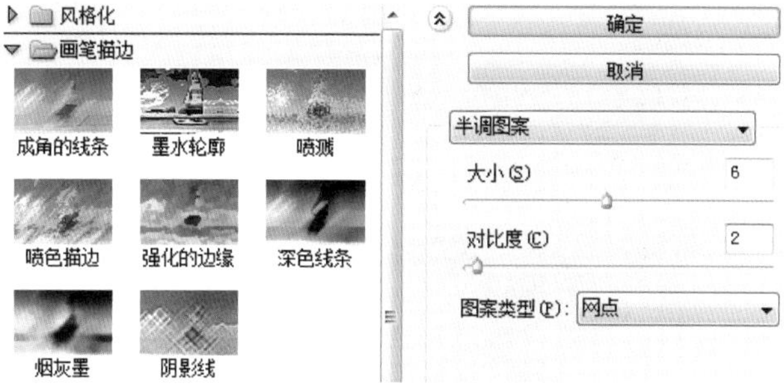

图 4-116　“半调图案”滤镜参数

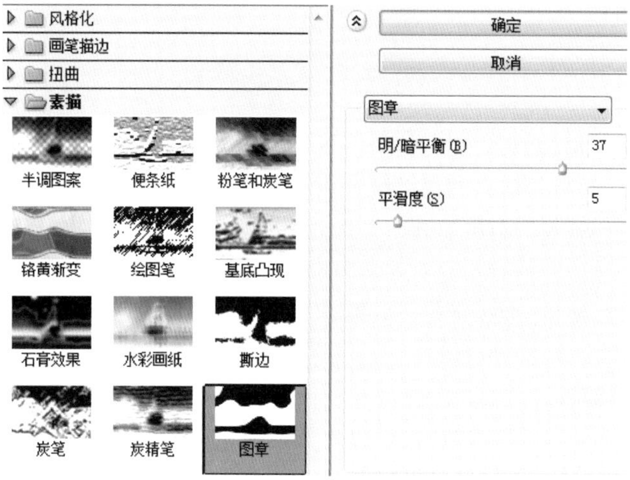

图 4-117　“图章”滤镜参数

(17) 执行“滤镜库”|“画笔描边”|“阴影线”，参数如图 4-118 所示。

(18) 执行“滤镜”|“锐化”|“锐化”命令，按 Alt+Ctrl+F 快捷键重复执行该滤镜。

(19) 按 Ctrl 键单击 Alpha1 通道缩览图载入选区。

(20) 单击 RGB 通道，回图层面板，新建图层。

(21) 设置前景色，按 Alt+Delete 快捷键在选区内填充前景色。最终效果如图 4-119 所示。

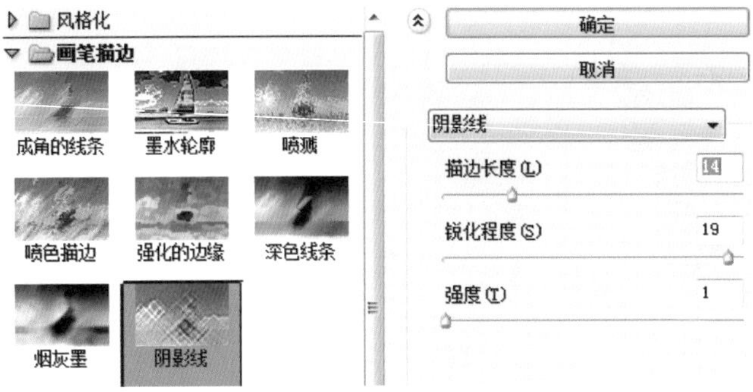

图 4-118 “阴影线”滤镜参数

图 4-119 相框效果

4.6.3 运用通道计算制作霓虹灯文字特效

视频讲解

运用通道计算制作霓虹灯文字特效的具体操作如下。

(1) 新建 RGB 模式的 Photoshop 文档。

(2) 打开“通道”面板,单击面板底部“创建新通道”按钮 ,新建 Alpha1 通道。

(3) 输入白色文字“霓虹灯管”。用移动工具 将文字放置至适当位置。

(4) 单击“通道”面板下方的“将选区存储为通道”按钮 如图 4-120 所示,撤销选区。

(5) 在 Alpha1 通道执行“滤镜”|“模糊”|“高斯模糊”命令。如图 4-121 所示。

(6) 选择“图像”|“计算”命令,设置“计算”对话框的参数后,如图 4-122 所示,单击“确定”按钮,可以看到“通道”面板中多了一个新通道 Alpha3。

(7) 通道计算后的效果如图 4-123 所示。按 Ctrl+I 快捷键,将像素的颜色转变为它们的互补色。效果如图 4-124 所示。

(8) 按 Ctrl+A 快捷键将 Alpha3 通道中的图像全选,再按 Ctrl+C 快捷键复制。

(9) 单击 RGB 复合通道,回“图层”面板,按 Ctrl+V 快捷键粘贴。

(10) 选择工具箱中的渐变工具 ,设置渐变模式“颜色”,如图 4-125 所示。

(11) 渐变后的文字效果如图 4-126 所示。

图 4-120　将选区存储为通道

图 4-121　执行“高斯模糊”

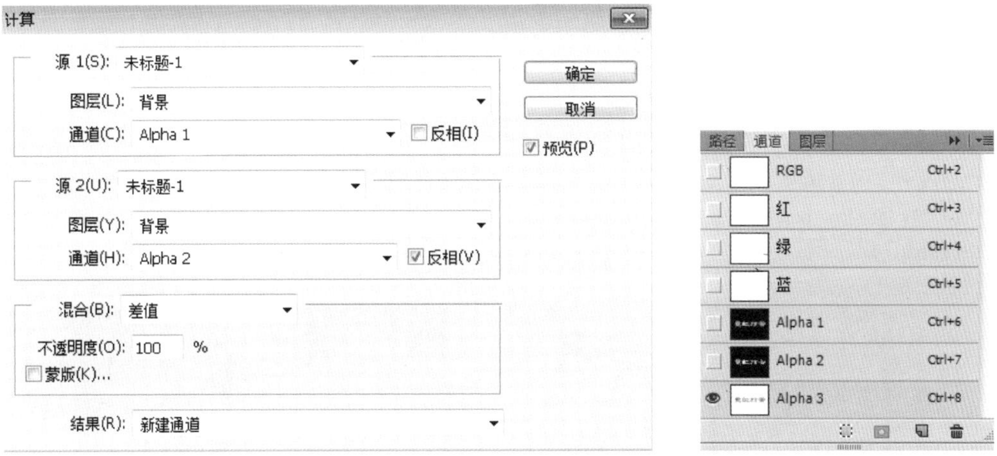

图 4-122　计算产生的新通道

图 4-123　通道计算后的效果

图 4-124　变为互补色后的效果

图 4-125　渐变工具属性栏

图 4-126　霓虹灯文字特效

习 题 4

1. 打开“第 4 章\素材 4-127a.jpg”和“素材 4-127b.jpg”文件，学习使用颜色创建选区方法与图像变换操作合成图像，最终效果如图 4-127 所示。

图 4-127 第 1 题

操作提示：可尝试使用魔棒、色彩范围、调整边缘等进行选择。

2. 打开“第 4 章\素材 4-128a.jpg”和“第 4 章\素材 4-128b.jpg”文件，综合使用矩形与多边形选取工具的操作置换窗外的风景，如图 4-128 所示。

操作提示：绘制选区后，将另一素材复制粘贴入选区。快捷键：Ctrl＋Alt＋Shift＋V。

图 4-128 第 2 题

3. 快速选取工具与魔棒工具练习：将素材“第 4 章\素材 4-129a.jpg”中的黄色花朵取出。通过“径向模糊”滤镜命令制作光芒效果，再与“第 4 章\素材 4-129b.jpg”中的素材合成。操作流程示意如图 4-129 所示。图像最终效果如图 4-130 所示。

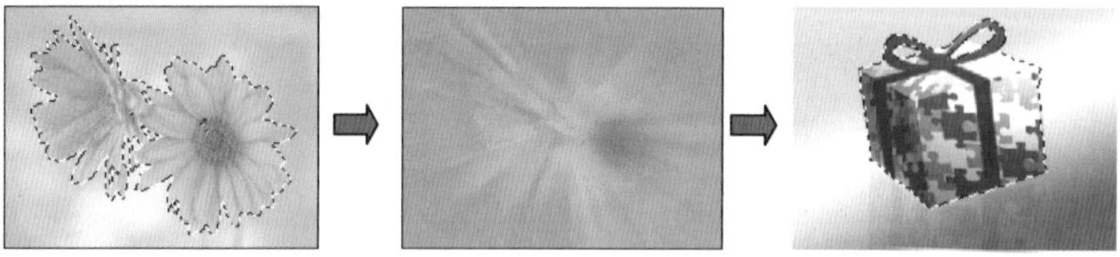

图 4-129 操作流程示意图

图 4-130　第 3 题

4. 选区的变换与羽化的练习：绘制透明水晶球，操作流程如图 4-131 所示。复制多个水晶球通过变换制作透视效果图。最终效果如图 4-132 所示。

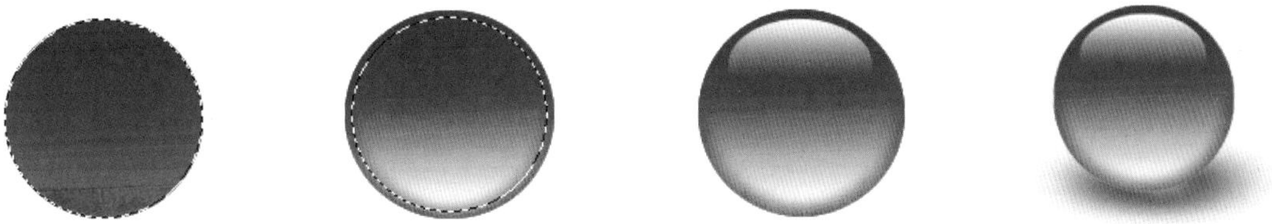

(a) 填充渐变　(b) 羽化选区白-透明渐变　(c) 羽化值为零白-透明渐变　(d) 画笔绘制投影

图 4-131　绘制透明水晶效果按钮流程

5. 应用设置选区羽化值绘制月亮和星空，效果如图 4-133 所示。

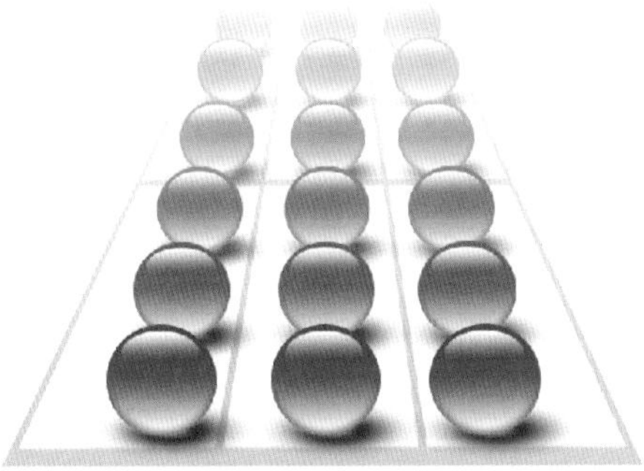

图 4-132　第 4 题

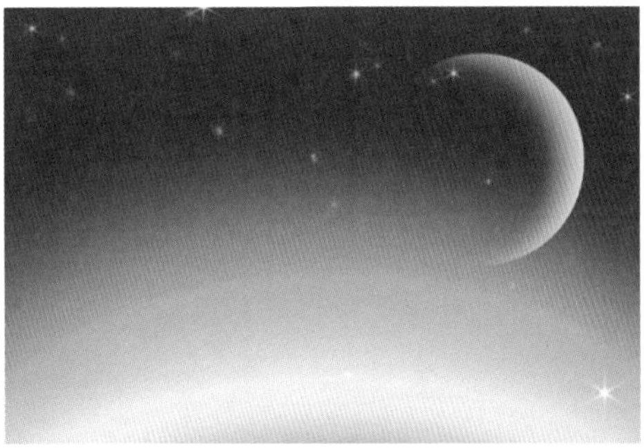

图 4-133　第 5 题

操作提示：

(1) 对椭圆选区设置合适的羽化值后进行不同颜色的填充。

(2) 月亮的绘制，画一个黄色的正圆再对圆形选区设置羽化值，将部分圆形删除。

(3) 学习载入星星画笔，并设置画笔的大小和散布状态，绘制星星。

6. 利用通道进行图片合成，效果如图 4-134 所示。

操作提示：

(1) 打开"第 4 章\素材 4-134a.jpg"和"素材 4-134b.jpg"文件。

(2) 将素材 4-134b 拖入素材 4-134a 当中。

(3) 复制红色通道，执行 Ctrl+I 快捷键反相命令，再执行 Ctrl+M 快捷键打开"曲线"面板，对图像进行色调调整。

（4）按下 Ctrl 键，用鼠标单击红色拷贝通道，执行“将通道作为选区载入”命令。

（5）新建一个图层，对“通道选区”进行白色填充，然后把其图层透明调整为 80%。

（6）对新图层添加蒙版，用黑色画笔把叠加在宇航员身上的图案清除掉。

7. 使用钢笔工具绘制苹果，转为选区后填充制作如图 4-135 所示插图效果。

图 4-134　第 6 题

图 4-135　第 7 题

第5章 色彩与色调的调整

在图形图像设计中,图像的色彩与色调的细微变化都会影响图像的视觉效果。因此,对图像色彩与色调的调整是图像设计与制作过程中非常重要的一个环节。图像的调整主要分为两方面:一是色调的调整,可丰富图像的层次,使之更加清晰;二是色彩的调整,可改变或替换图像的颜色。Photoshop 提供了丰富的色彩与色调调整工具,熟悉并用好这些工具,才能制作出高品质的图像。

5.1 色彩色调的基础知识

色彩千变万化,任何色彩都有色相、明度、纯度 3 个属性,这称为色彩的三要素。色彩间发生作用时,各种色彩彼此间会形成色调,并显示出自己的特性。因此构成色彩的五要素。

◇ 色相:色彩的相貌,即色彩种类的名称。

◇ 明度:色彩的明暗程度,即色彩的深浅差别。

◇ 纯度:色彩的纯净程度,又称饱和度。某纯净色加上白色或黑色,可以降低其纯度,或趋于柔和,或趋于沉重。

◇ 色调:色彩外观的基本倾向,即各种图像色彩模式下图形原色的明暗度。

◇ 色性:色彩的冷暖倾向。

5.1.1 颜色取样器工具

颜色取样器工具可以在图像上放置取样点,每个取样点的颜色信息都会显示在信息面板中。通过设置取样点,可以在调整图像的过程中观察到颜色值的变化情况。

选择颜色取样器工具,在图像的取样位置单击,即可建立取样点。一个图像最多可以放置 4 个取样点。

单击颜色取样器工具属性选项栏中的 取样点 按钮,在打开的下拉列表中可以选择取样的大小。取样器工具属性选项栏如图 5-1 所示。

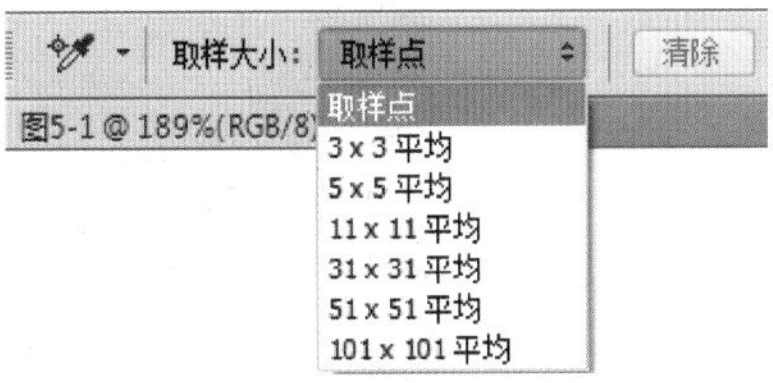

图 5-1 取样器工具属性选项栏

如果要删除某个取样点,可按住 Alt 键单击该颜色取样点;若要删除所有颜色取样点,可单击工具属性选项栏上的“清除”按钮。

5.1.2 “信息”面板

使用取样器单击图像取样点，或执行“窗口”|“信息”菜单命令，均可打开“信息”面板。通过“信息”面板，可以快速准确地查看鼠标指针所处位置的坐标、颜色信息、选区大小、文档大小等，如图 5-2 所示。

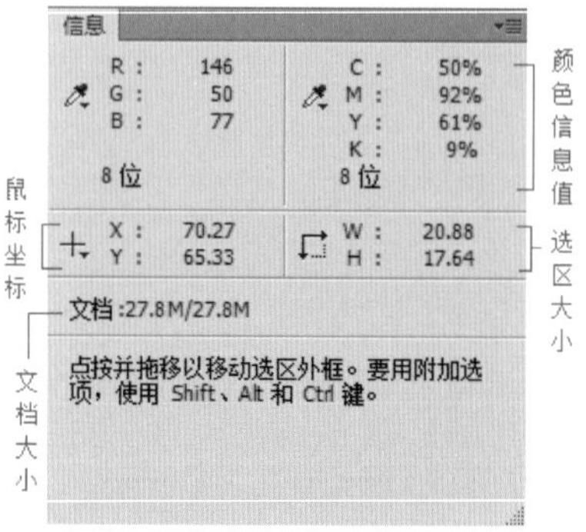

图 5-2 “信息”面板

5.1.3 “直方图”面板

Photoshop 提供了直方图来显示图像中明暗像素的分布状况。执行“窗口”|“直方图”命令，可以打开直方图面板。默认情况下直方图面板是以紧凑视图显示。单击面板右上角的按钮，从弹出的面板菜单中选择“扩展视图”命令，可以查看带有统计数据的直方图。在“通道”的下拉框中可选择查看各颜色通道的分布情况，如图 5-3 所示。

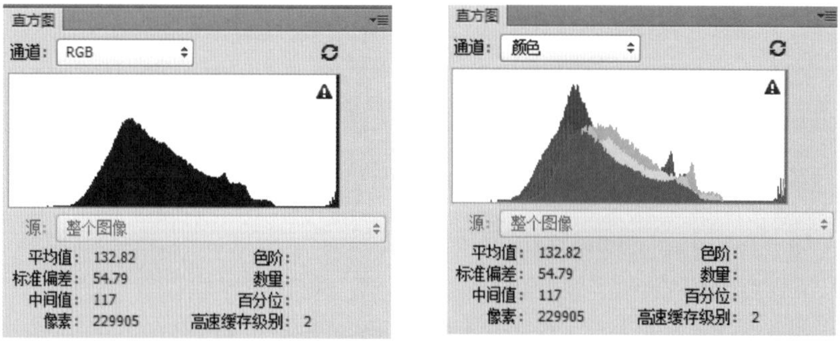

图 5-3 图像直方图

直方图的横轴代表像素的亮度等级，也称为色阶，从左到右显示从暗色值(0)到亮色值(255)256 个亮度等级；纵轴代表各色阶的像素总数量，即图像中同亮度等级(色阶)下的像素总数。

利用直方图可以查看整幅图像的色调分布状况，可以有效地控制图像的色调。如果曲线偏左分布，那么图像属于暗调，如图 5-4 所示；曲线偏右分布，图像属于高调图像，如图 5-5 所示；平均色调的图像细节集中在中间调(直方图中间)，曲线居中呈正态分布，如图 5-6 所示。

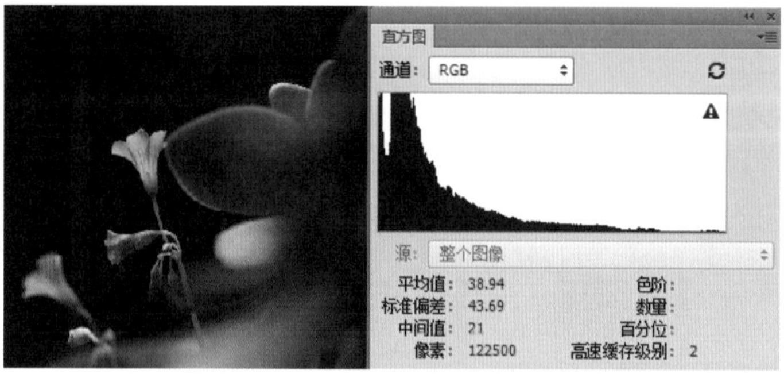

图 5-4 暗调图像及直方图

图 5-5　高调图像及直方图

图 5-6　平均色调图像及直方图

5.2　图像色调的调整

图像的清晰程度是由图像的层次来决定的,图像色调反映了图像的层次。色调的调整主要是指对图像明暗度的调整,包括设置图像高光和暗调,调整中间色调等。

5.2.1　图像的基本调整命令

在图像菜单中提供了调整图像色彩和色调的最基本命令:“自动色调”“自动对比度”与“自动颜色”。这些命令可以自动调整图像的色调或者色彩。

1. “自动色调”命令

执行“图像”|“自动色调”命令或按 Ctrl+Shift+L 快捷键,可自动快速扩展图像的色调范围,使图像最暗的像素变黑(色阶为 0),最亮的像素变白(色阶为 255),并在黑白间的范围上扩展中间色调,按比例重新分配各像素间的色调值,因而有可能会影响色彩平衡。图 5-7 所示的是原图及直方图信息;图 5-8 所示的是执行自动色调命令后的图像效果与直方图信息。

从图 5-7 和图 5-8 的直方图可以观察到,调整前原图的最亮点不在 255 位置,自动色调调整后,最亮点向右移动达 255,且整个图像的色阶分布均向色阶亮的位置扩展。由于各通道的明暗像素都进行了调整,所以颜色也由原来的偏黄调整为偏蓝,色彩平衡发生了变化。

图 5-7　原图及直方图信息

图 5-8　执行“自动色调”命令后效果及直方图信息

2. “自动对比度”命令

执行“图像”|“自动对比度”命令，可自动增强图像的对比度，将图像中最亮和最暗像素映射为白色（色阶为 255）和黑色（色阶为 0），即高光部更亮而阴影部更暗。此命令不调整各颜色通道，所以不会引入或消除色偏。对于明显发灰缺乏对比度的照片使用该命令效果较好。图 5-9 为原照片与直方图信息，直方图显示原图色阶基本集中在中部，没有亮部与暗部信息，所以整个图像偏灰。图 5-10 为执行“自动对比度”后的调整效果与直方图信息。通过调整后的直方图分别向左、右扩展，从而增强亮部与暗部的信息。

3. “自动颜色”命令

执行“图像”|“自动颜色”命令，可以快速校正图像颜色。图 5-11 所示的照片色彩偏蓝，从颜色直方图中可以观察到高光部分的蓝色信息较多，执行“自动颜色”命令后偏色得到了一定程度的纠正，直方图也显示高光部分的蓝色信息减少，如图 5-12 所示。

图 5-9　原图及直方图信息

图 5-10　执行“自动对比度”命令后效果及直方图信息

4. “亮度/对比度”命令

色调灰暗或者层次不明的图像，可执行“亮度/对比度”命令调整图像的明暗关系。该命令能粗略调整图像的亮度与对比度，调整图像中所有像素（包括高光、暗调和中间调），但对单个通道不起作用，所以不能进行精细调整。

图 5-11　原图偏蓝色

图 5-12　执行“自动颜色”命令后效果

打开“第 5 章\素材 5-13.jpg”文件，执行“图像”|“调整”|“亮度/对比度”命令，改变其亮度及对比度的数值，增加亮度值和对比度值，最终的效果如图 5-13 所示。

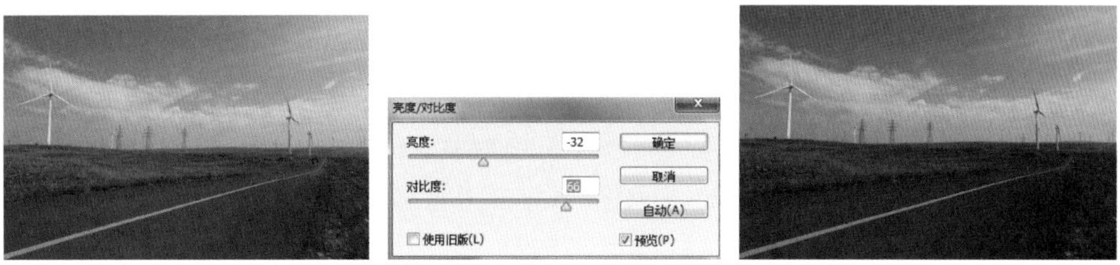

图 5-13　执行“亮度/对比度”命令效果

5.2.2 “色阶”命令

视频讲解

“色阶”命令是一个非常强大的颜色与色调调整工具，使用色阶命令可以调整图像的阴影、中间调和高光强度级别，并且校正图像的色调范围与色彩平衡。

“色阶”命令主要用于调整图像的亮度、暗度及反差比例。如果图片太暗、太亮，或者对比不够明显可用它来调整。按 Ctrl＋L 快捷键或执行“图像”|“调整”|“色阶”命令，打开如图 5-14 所示的“色阶”对话框，调整色阶有以下 3 种方法。

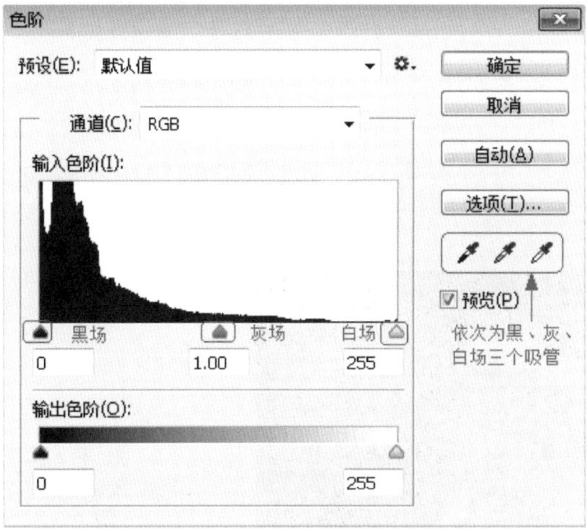

图 5-14　“色阶”对话框

◇ 输入色阶滑块及对应的文本框。该区域包括了 3 个滑块，从左至右依次为黑场、灰场和白场滑块。左侧的黑场三角滑块控制图像的暗调；中间灰场的三角滑块控制图像的中间调；最右侧的白场三角滑块控制图像中的高光。与这 3 个滑块相对应的 3 个文本框，可显示当前对滑块所做的调整，也可直接在文本框内输入数值。
  - 左边输入框中的数值可以增加图像暗部的色调，取值为 0～255，其工作原理是把图像中亮度值小于该数值的所有像素都变成黑色。
  - 中间输入框中的数值可以增加图像的中间色调，小于该数值的中间色调变暗，大于该数值的中间色调变亮。
  - 在右边输入框中的数值可以增加图像亮部的色调，取值为 0～255，其工作原理是把图像中亮度值大于该数值的所有像素都变成白色。

◇ 输出色阶滑块及对应的文本框。该区域包括了输出的黑白渐变条、黑场/白场滑块及与之相对应的文本框。在"输出色阶"文本框中输入数值，可以重新定义暗调和高光。

◇ 设置黑场、灰场、白场 3 个吸管。在色阶对话框的右下侧有 3 个吸管工具，它们的作用分别是创建新的暗调、中间调、高光。选取某个滴管后，移动鼠标指针到图像上，鼠标指针会变成吸管形状，单击图像中的某个像素点，系统会以这个点的像素为样本创建一个新的色调值。

- 选择黑场吸管在图像上单击，该点被设置为黑场，亮度值为 0(黑色)，图像其他像素的亮度值相应减少，图像整体变暗。
- 选择白场吸管在图像上单击，该点被设置为白场，亮度值为 255(白色)，图像其他像素的亮度值相应增加，使图像变亮。
- 选择灰场吸管在图像上单击，则该点被指定为中灰点，可改变图像的色彩分布。

调节过程中如果效果不满意，希望回到图像的初始状态下重新调节，可以按 Alt 键，这时"取消"按钮会变成"复位"按钮，单击它便可恢复到调节前的状态。

实例应用

1. 使用色阶滑块调整照片色调

(1) 打开"第 5 章\素材 5-15.jpg"文件，如图 5-15 所示。这张图有曝光问题，由于正午的光线过亮造成人物与背景曝光不足。下面通过色阶来对其色调进行调整。

(2) 执行"图像"|"调整"|"色阶"命令或按 Ctrl+L 快捷键。打开"色阶"对话框，通过"色阶图显示区"的直方图可以看到所有的颜色信息都集中在左侧，如图 5-16 所示，所以图像很暗。

图 5-15 原图像

图 5-16 原图像的色阶

(3) 使用输入色阶滑块调整色阶。

在"色阶"对话框中将"灰场滑块"和"白场滑块"推向左侧，如图 5-17 所示。由于高光部分曝光正常，曝光不足的是中间调部分，因而把灰场滑块向左边信息丰富的区域推。观察直方图可以看到调整色阶后的颜色信息开始向右侧分布，如图 5-18 所示。与此同时图像的灰暗色调已基本得到纠正。

(4) 图 5 18 为调整后的直方图，由于色阶扩展导致直方图左侧暗部变得稀疏，这是色阶重分布的结果。稀疏意味着颜色信息损失了，造成图像细节不足。

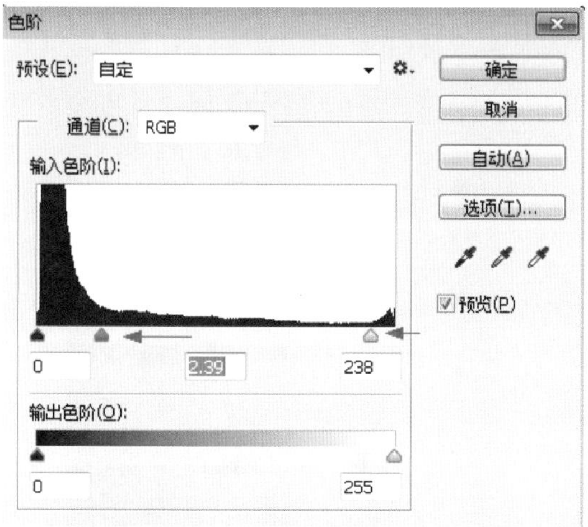

图 5-17 “色阶”对话框

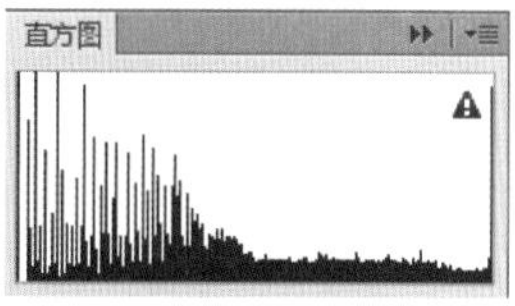

图 5-18 调整后的信息分布状况

(5) 选择黑场吸管在图中较暗的点单击重定义黑场,图 5-19 为色阶调整完成后的图像效果,从直方图中可以观察到与图 5-18 相比丢失的部分暗场信息也得到修复,且色阶基本呈正态分布。

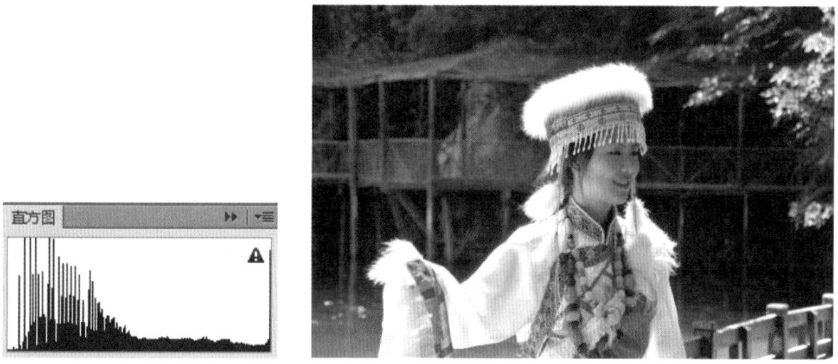

图 5-19 调整完成后的直方图信息与图像效果

2. 使用吸管调整颜色

对于有色偏的照片,可以使用黑场、白场、灰场 3 个吸管重新定义图像中的暗点、亮点、找到并校正图像中的中灰点。所谓中性灰色的特征就是 R、G、B 数据基本相同,因此找到合适的中灰点,即能还原其真实色彩。

(1) 打开“第 5 章\素材 5-20.jpg”文件,执行“窗口”|“信息”命令,打开“信息”面板,移动鼠标寻找图像的中灰点,按 Shift 键单击确定取样点,如图 5-20 所示。

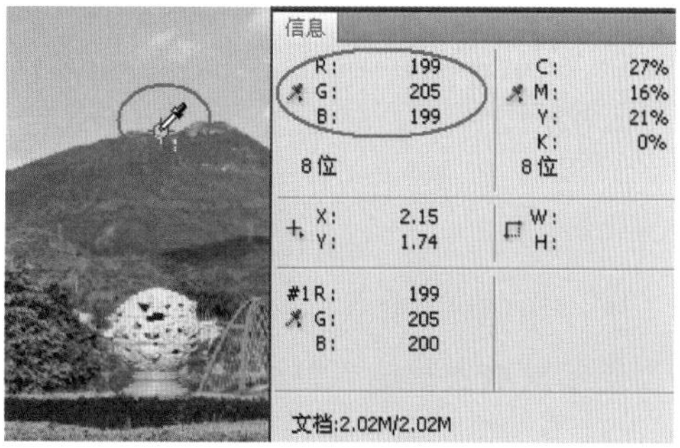

图 5-20 打开偏色图像文件寻找中灰点

(2) 执行“图像”|“调整”|“色阶”命令或按 Ctrl+L 快捷键,打开“色阶”对话框。选择灰场吸管在图中的中灰点单击;选择白场吸管在图像中最亮的点单击;再选择黑场

吸管🖊在图像中最暗的点单击，3 个取样点如图 5-21 所示。

黑、白、灰场 3 个吸管重定义色调前后的图像效果如图 5-22 所示。

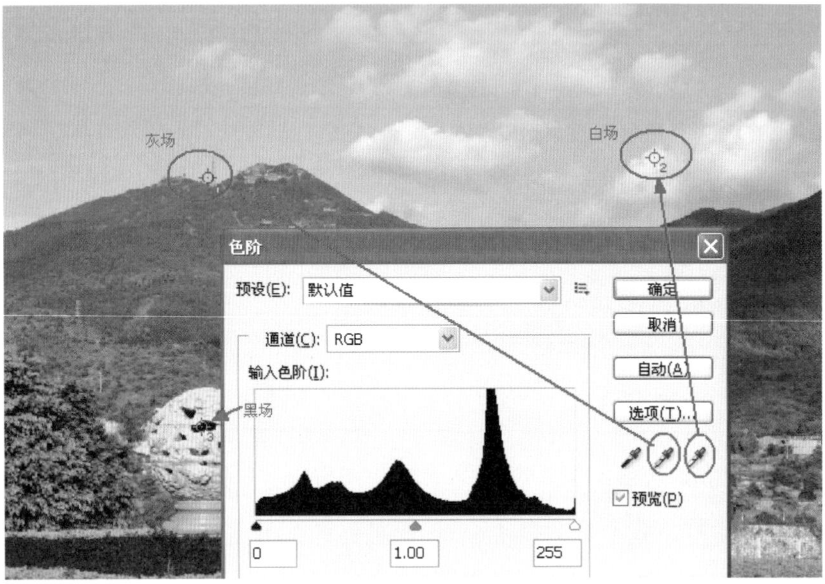

图 5-21　3 个吸管取样点

图 5-22　色调调整前后的效果

5.2.3　"曲线"命令

视频讲解

"曲线"命令和"色阶"命令作用相似，但功能更强大。它不但可以调整图像的亮度，还可以调整图像的对比度和色彩。用曲线来调整色调虽不如色阶那样直观、准确地设置黑白场，但曲线调整的优势在于可以多点控制，可以在照片中实现特定区域的精确调整。

1. "曲线"对话框

执行"图像"|"调整"|"曲线"命令或按 Ctrl+M 快捷键，将弹出"曲线"对话框，如图 5-23 所示。坐标横轴表示输入色阶，纵轴表示输出色阶。网格中的对角线为 RGB 通道的色调值曲线，也称为色阶曲线。左下角是暗调，右上角是调节高光，改变图中的色阶曲线形态就可以改变当前图像的亮度分布。背景网格默认按直方图的 1/4 高度及宽度创建网格，按住 Alt

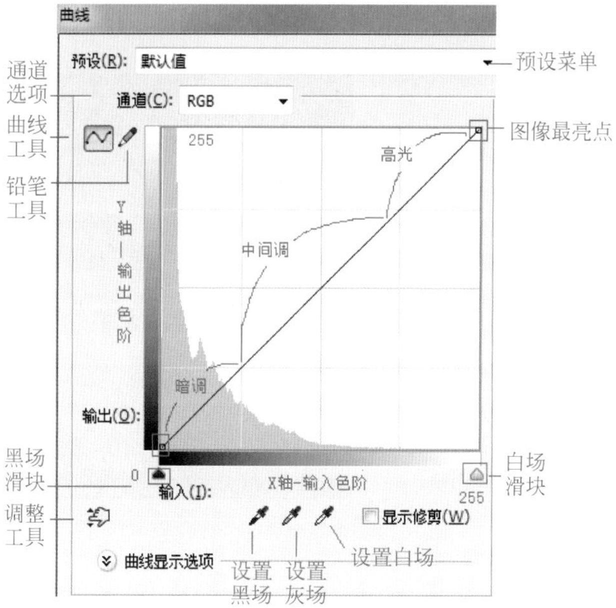

图 5-23 曲线对话框

键的同时在曲线图内单击，则变成按照直方图的 1/10 高度及宽度创建网格，这样便于较为精确地调整曲线。

改变曲线形状，调节图像色阶有 3 个工具可供选择。

◇ 曲线工具：使用该工具可以在调节线上添加控制点，以曲线的方式进行调整。移动鼠标指针至调节线上，此时单击即可产生一个控制节点，通过移动控制节点来改变曲线的形状。若要删除节点，拖曳该节点至网格区域外，或按住 Ctrl 键单击该节点。

◇ 铅笔工具：该工具以手绘方式在曲线调整框中绘制曲线，可绘制出明暗变化强烈的曲线，更适合创意性调节图像色调。但使用铅笔工具很难得到光滑的曲线，此时可单击“平滑”按钮，使曲线自动变为平滑。选择曲线工具后又可回到节点编辑方式，曲线的形状保持不变。

◇ 拖动调整工具：使用该工具在要调整的图像位置处单击后直接拖动。

2. 曲线调节色调的方法

更改曲线的形状可改变图像的色调和颜色。当曲线呈 45°角时曲线段上的任意一点的输入色阶＝输出色阶。

视频讲解

(1) 打开“第 5 章\素材 5-24.jpg”文件，按 Ctrl＋M 快捷键，打开“曲线”面板，可看到如图 5-24 所示图像未调整状态的曲线色阶。

(2) 在曲线上单击新建一个控制点，拖动鼠标向上拉，曲线变成上凸的弧线，这种形态的曲线输出色阶比输入色阶值高，如图 5-25 所示，输入点的色阶为 101，输出色阶变成了 191，所以图像亮度增大。

(3) 在曲线上单击新建一个控制点，拖动鼠标向下压，曲线变成下凹的弧线，当色阶曲线被改变成向下弯曲时，曲线输出色阶比输入色阶值低，如图 5-26 所示，输入点的色阶为 128，输出色阶变成了 67，所以图像亮度变暗。

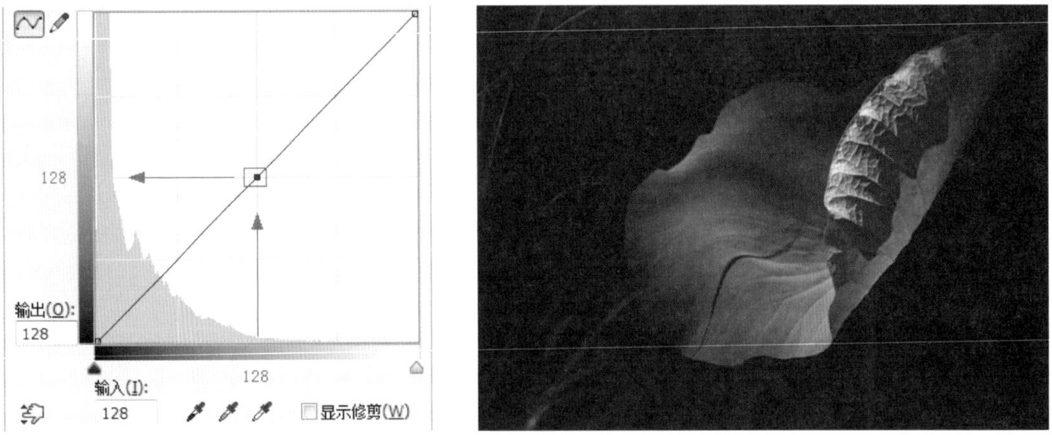

图 5-24　未调整图像的曲线

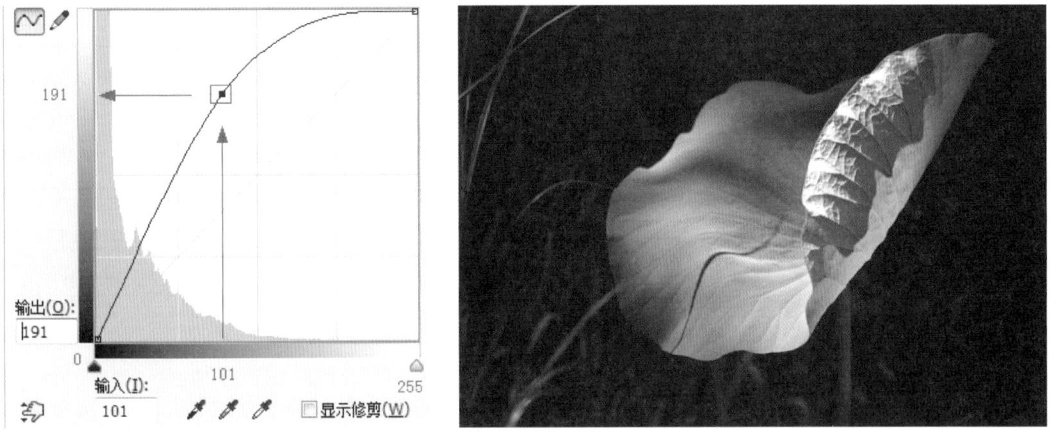

图 5-25　曲线向上弯曲时的图像效果

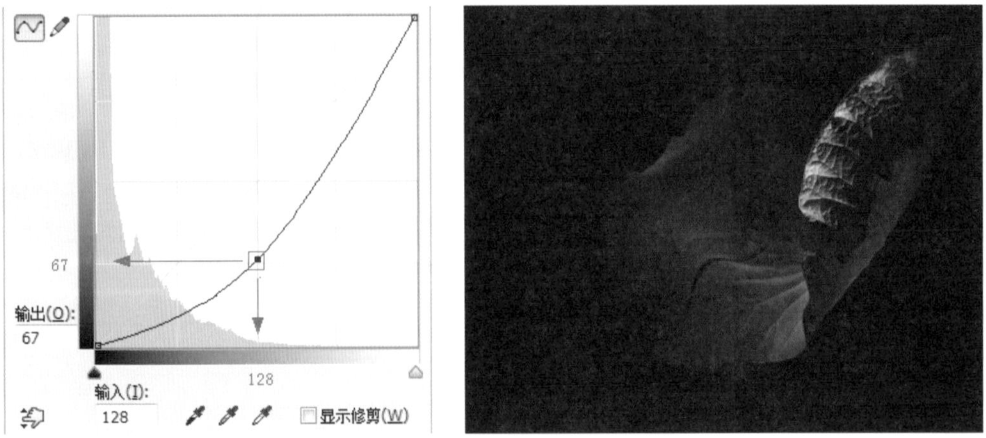

图 5-26　曲线向下弯曲时的图像效果

3. S形曲线增加图像对比度

对于色调平淡的图像可以通过S形曲线的调整来增加反差。S形曲线的特点是比中间调色阶亮的像素更亮,比中间调色阶暗的像素更暗,最终加强图像的对比度。

打开“第5章\素材5-27.jpg”文件,直方图显示左侧的暗调部分和右侧亮调部分都缺乏像素信息,所以这张照片毫无生气,呈现出灰蒙蒙的状态,如图5-27所示。

图 5-27 打开图像观察直方图信息

对于这种亮部不亮、暗部不暗的影调偏灰的图片可以通过曲线的调整来增大对比度,主要操作如下。

(1) 按 Ctrl+M 快捷键,打开“曲线”面板。

(2) 提高照片的亮调。在曲线的上部单击创建一个调节点,向上拉动曲线,观察到照片的影调变亮了。

(3) 增加照片的暗调。在曲线的下部单击再创建一个调节点,向下压曲线,这时曲线呈S形,这种曲线使照片的亮部更亮,暗部更暗,对于提高照片的反差非常有效,如图5-28所示。

图 5-28 S形曲线提高图像对比度

4. 用曲线调整颜色通道

利用曲线在“通道”下拉选项中可以分别调整红、绿、蓝3种光色的强弱。下面学习如何在通道中利用曲线调整颜色。

(1) 按 Ctrl+M 快捷键,打开“曲线”面板。在“通道”下拉列表框中,选择“红”通道,如图5-29所示。调节曲线形状,提高照片中红色影调。

周围的树木和房顶的红色增加了,可是河水和石头也红了。不用担心,我们可以使用历史记录画笔工具和“历史记录”面板来配合操作。

图 5-29　在“红”通道中调整增加红色

(2) 选择历史记录画笔工具，设置好“不透明度”和“流量”，打开“历史记录”面板，在第一个曲线记录前单击，将标签设置在这个操作记录上，如图 5-30 所示。

(3) 设置好历史记录画笔工具后，在不需要增加红色的区域内涂抹。

(4) 用套索设置羽化值后选出水面，打开“曲线”面板，选择“绿”通道，向上拉曲线以添加水中的绿色影调，如图 5-31 所示。

图 5-30　“历史记录”面板

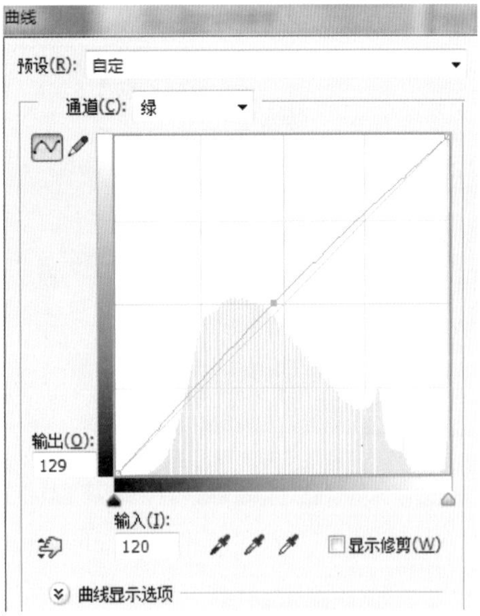

图 5-31　调整绿通道曲线

视频讲解

(5) 原本灰色沉闷影调的照片现在显得格外的生气，调整前后的效果如图 5-32 所示。

5. 利用曲线制作特效

使用铅笔工具在曲线调整框中绘制曲线，可绘制出明暗变化强烈的图像效果。下面学习制作一个具有金属质感的文字。

图 5-32　通过调整颜色通道后的效果对比

（1）按 Ctrl＋N 快捷键新建图像文件，并在背景层填充＃d16540 颜色。

（2）单击按钮打开“通道”面板，新建 Alpha1 通道。

（3）使用文字工具输入“烫金字”，如图 5-33 所示。

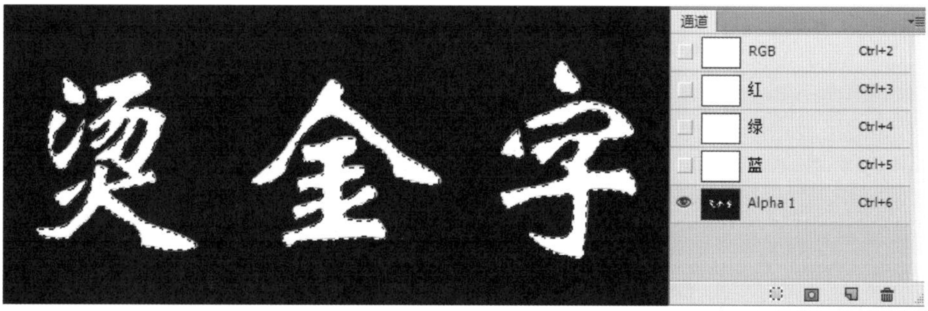

图 5-33　在通道中输入文字

（4）单击“通道”面板下方的按钮，将选区存储为通道，得到 Alpha2 通道。

（5）按 Ctrl＋D 快捷键取消 Alpha1 通道的选区，执行“滤镜”|“模糊”|“高斯模糊”命令，在弹出的对话框中设置模糊半径为 4 个像素。

（6）设置浮雕选项，执行“滤镜”|“风格化”|“浮雕”命令，在弹出的对话框中设置如图 5-34 中的参数。

（7）单击 RGB 复合通道，回“图层”面板，新建图层 1。

（8）设置应用图像选项。执行菜单栏中的“图像”|“应用图像”命令，如图 5-35 所示设置通道为 Alpha1、混合为“正片叠底”。

（9）按 Ctrl 键同时单击“通道”面板中的 Alpha2，将选区载入。

（10）扩展选区。执行菜单栏中的“选择”|“修改”|“扩展”命令，将选区扩展 6 个像素。

（11）设置色阶。按 Ctrl＋L 快捷键打开“色阶”面板，将“输出色阶”的白场值设置为 199。如图 5-36“色阶”面板所示。

图 5-34　“浮雕效果”对话框

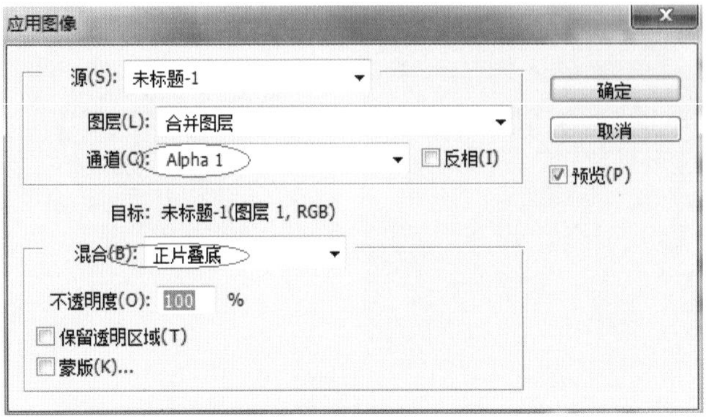

图 5-35 “应用图像”对话框

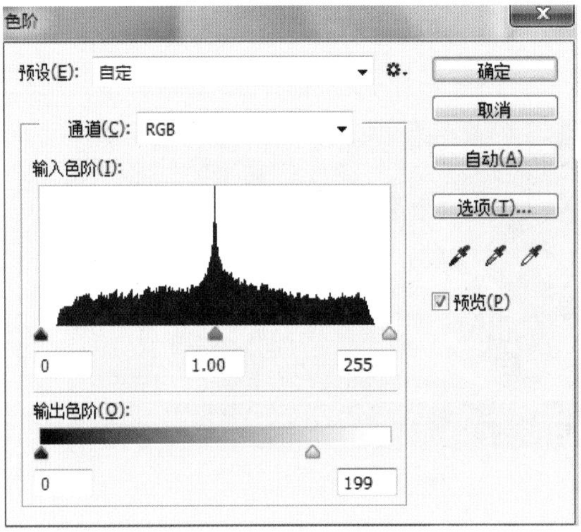

图 5-36 “色阶”面板

(12) 调节曲线。按 Ctrl+M 快捷键打开“曲线”面板，使用铅笔工具 在曲线调整框中绘制，如图 5-37 所示。

(13) 为了使曲线平滑，可在绘制完后单击 按钮，回到节点编辑方式进行调整。遇到不需要的调节点，可按住 Ctrl 键在曲线的调节点上单击删除。曲线调整平滑后的状态如图 5-38 所示。调节后文字出现了金属光泽效果，如图 5-39 所示。

(14) 在“曲线”面板中选择“蓝”通道，将曲线调节成如图 5-40 所示形状。降低蓝色，增加黄色。曲线调节完成后，单击“确定”按钮，文字效果出现金黄色光泽，如图 5-41 所示。

(15) 按 Ctrl+Shift+I 快捷键反选选区，再按 Delete 键删除“图层 1”中的灰色背景。最终文字效果如图 5-42 所示。

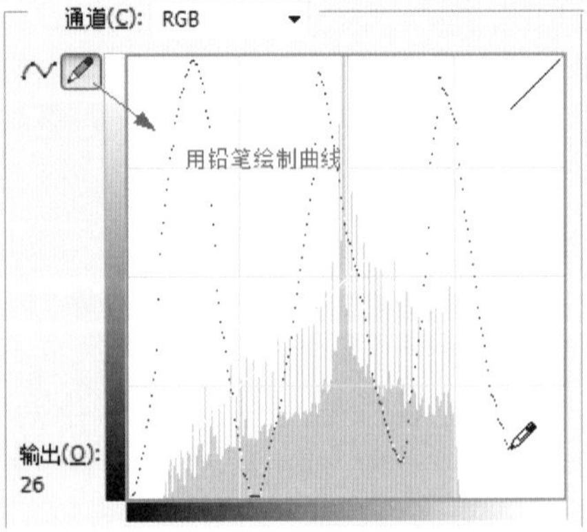

图 5-37 “曲线”面板

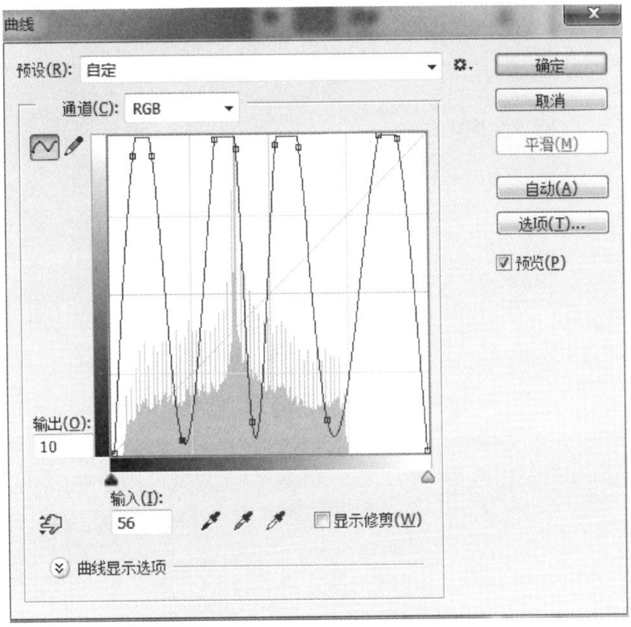

图 5-38　调整后的曲线状态

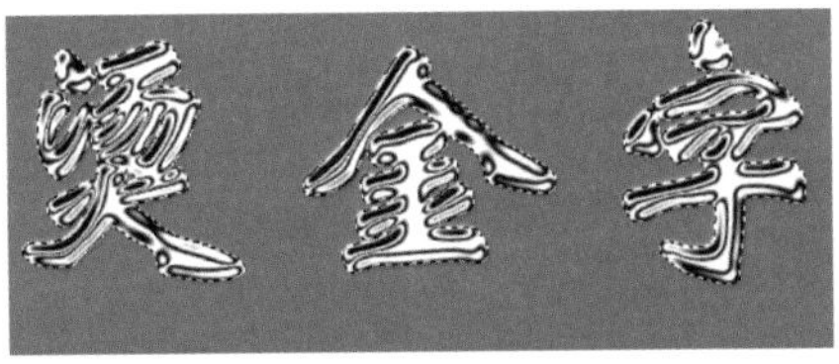

图 5-39　金属光泽效果

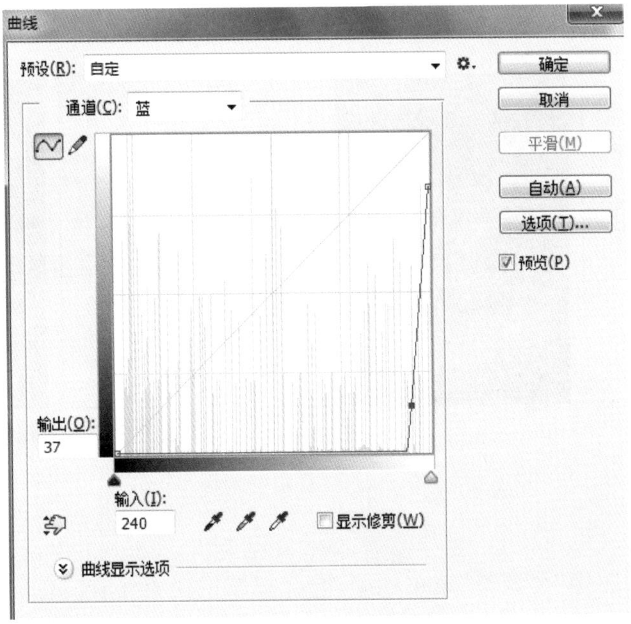

图 5-40　“曲线”面板

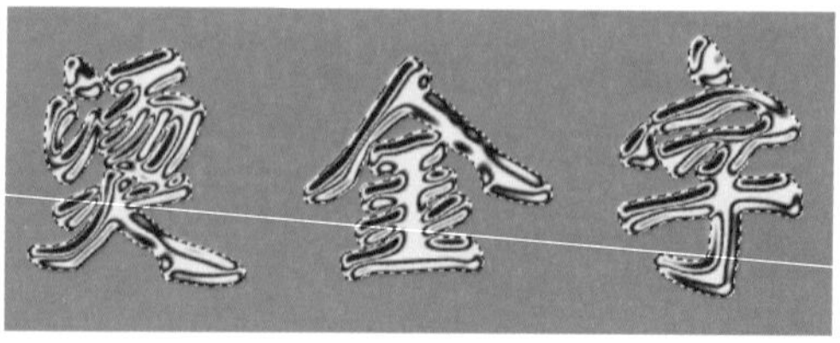

图 5-41　金黄色光泽效果

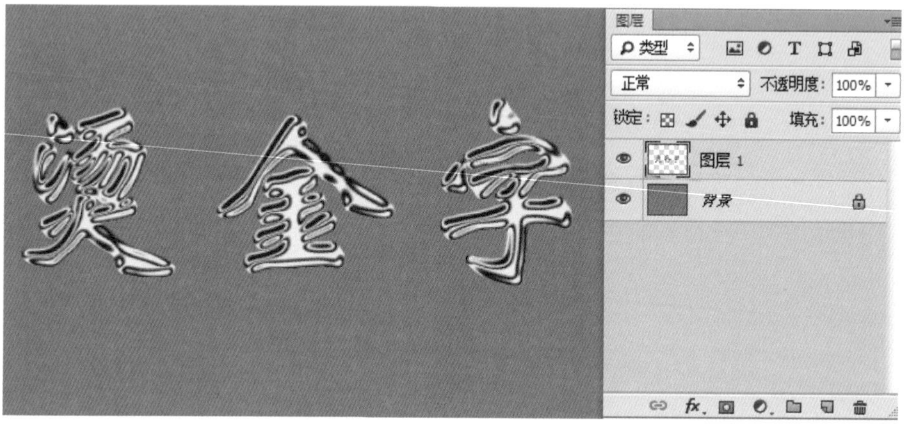

图 5-42　最终效果

5.2.4　特殊色调的调整方法

1. “反相”命令

“反相”命令在“图像”|“调整”菜单项中，它会把图像选择区域中的所有像素的颜色都改变成它的互补颜色。例如，白色与黑色为互补色，红色与青色为互补色，洋红色与绿色为互补色等，如图 5-43 所示。

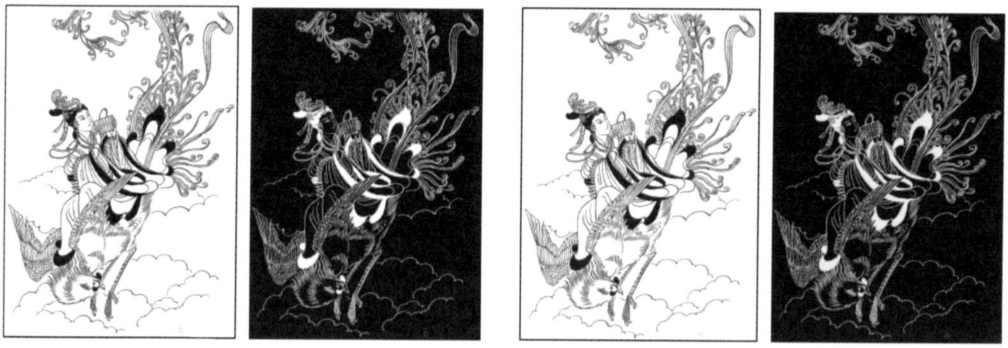

(a) 原图　(b) 反相　(c) 原图　(d) 反相

图 5-43　“反相”效果

2. “阈值”命令

“阈值”命令在“图像”|“调整”菜单项中，它会把图像变成只有白色和黑色两种色调的黑白图像，甚至没有灰度，如图 5-44 所示。

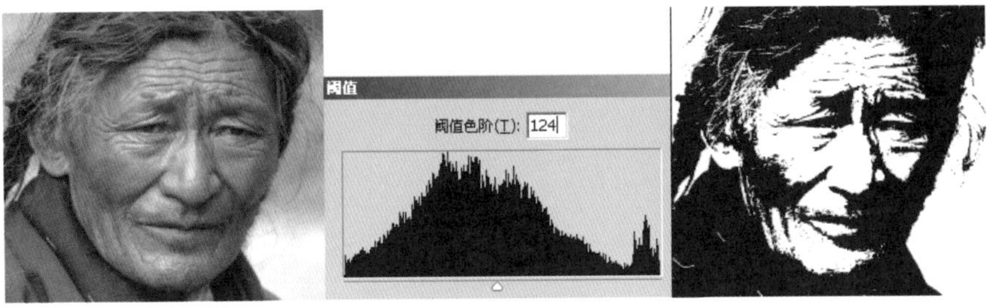

图 5-44 “阈值”效果

使用“阈值”命令用户可以指定某个色阶作为阈值，所有比阈值色阶亮的像素转换为白色，而所有比阈值暗的像素转换为黑色，因而可制作具有特殊艺术效果的黑白图像效果。

实例介绍：

(1) 打开“第 5 章\素材 5-45.jpg”文件。

(2) 执行“图像”|“调整”|“阈值”命令。

(3) 在“阈值”对话框中如图 5-45 所示设置阈值色阶，单击“确定”钮。

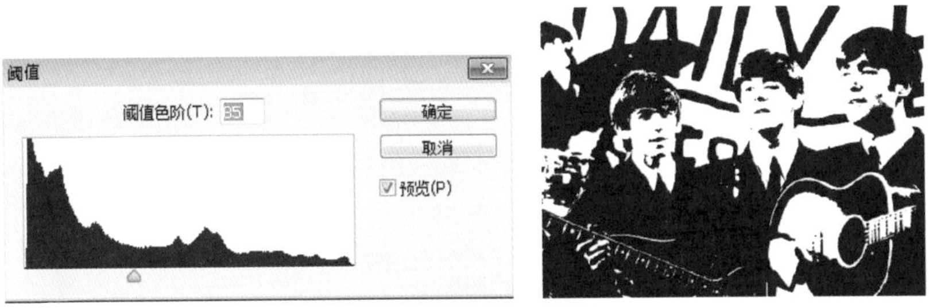

图 5-45 设置阈值色阶的效果

(4) 打开“第 5 章\素材 5-46.psd”，将处理后的图像文件拖入。

(5) 设置图层混合模式为“正片叠底”，按 Ctrl+T 快捷键调整图像大小。

(6) 调整文字层与该层的顺序，完成后的图像效果如图 5-46 所示。

图 5-46 阈值处理后的图像效果

3. “色调分离”命令

“色调分离”命令在“图像”|“调整”菜单项中，它的作用与“阈值”命令类似，不过它可以指定转变的色阶数，而不像阈值只能变成黑白两种颜色，如图 5-47 所示。

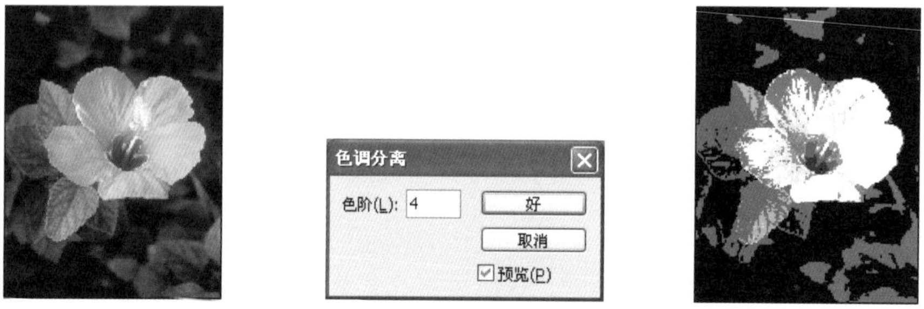

(a) 原图　　(b) “色调分离”对话框　　(c) 色阶数为4

图 5-47 “色调分离”效果

5.3 图像色彩的调整

只有对色调校正完成之后，才可以准确测定图像中色彩的色偏、不饱和与过饱和的颜色，从而进行色彩的调整。

在 Photoshop 中，大多数的色彩调整命令都在“图像”|“调整”菜单项中。图像色彩调整主要是调整图像的色彩平衡、亮度与对比度、色相与饱和度等。

5.3.1 “色相/饱和度”命令

打开一幅图像文件后，选择“图像”|“调整”|“色相/饱和度”命令，或者按 Ctrl+U 快捷键，将弹出如图 5-48 所示的“色相/饱和度”对话框。

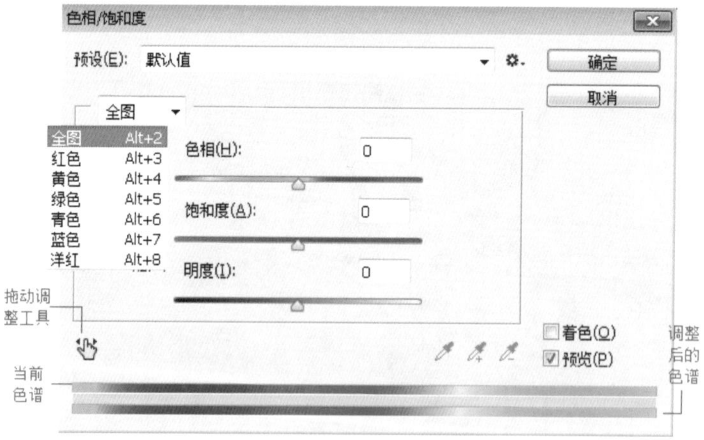

图 5-48 “色相/饱和度”对话框

- 全图：同时调整图像中所有颜色。选择“红色”“黄色”“绿色”“青色”“蓝色”和“洋红”选项中的一种，仅调整图像中相应的颜色。
- 色相：用于调整图像的色彩。

◇ 饱和度：用于调整图像颜色的饱和度。数值为正时，加深颜色的饱和度；数值为负时，降低颜色的饱和度。如果数值为100，则调整的颜色变为灰度。

◇ 明度：用于调整图像颜色的亮度。

◇ 着色：选中此复选框后，将制作一幅单色图像。

在“色相/饱和度”对话框的底部有两个色谱条，上面的一个表示调整前的状态，下面的一个表示调整后的状态。

下面通过“色相/饱和度”命令来改变图像中某一个色调范围内的颜色。

(1) 打开“第5章\素材5-49.jpg”文件。

(2) 按Ctrl+U快捷键，打开“色相/饱和度”对话框。向右移动“色相”和“饱和度”滑块，参数设置如图5-49所示。洋红色的花朵变为红色，单击“确定”按钮退出对话框。

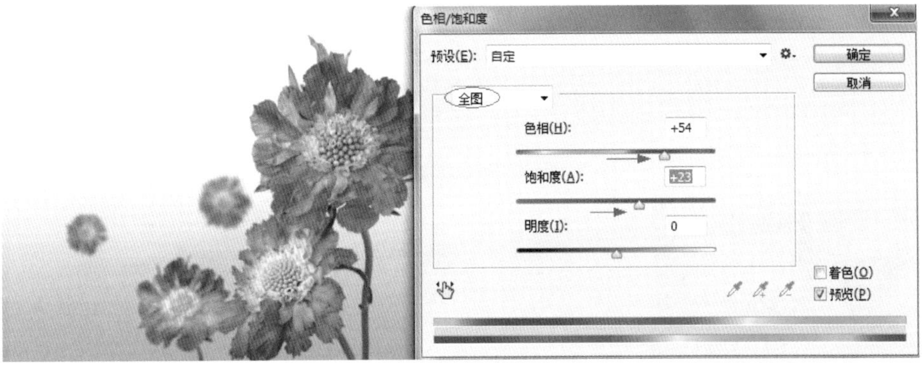

图5-49 “色相/饱和度”对话框参数设置

(3) 用套索将画布中的花选取，按Ctrl+U快捷键，再次打开“色相/饱和度”对话框。单击“拖动调整工具”按钮 移动鼠标至绿色花心处单击取样，下拉列表选项中自动转变为“绿色”。

(4) 向左移动“色相”滑块，并将“饱和度”滑块向右移动，提高花心的饱和度，如图5-50所示。此时可观察到调整前与调整后的色谱带颜色发生了变化。

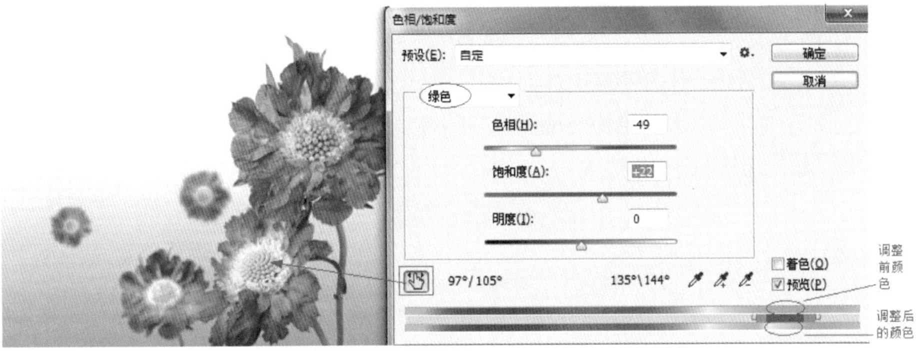

图5-50 “色相/饱和度”对话框参数设置

(5) 单击“确定”按钮，图像经“色相/饱和度”处理后的效果如图5-51所示。

如果需要单色效果图像，勾选“着色”复选框，然后调整需要的参数，即可得到单色效果图。启用“着色”选项，如果前景色是黑色或白色，则图像会转换成红色色相，否则图像色调转换成当前前景色的色相。打开“第 5 章\素材 5-52.jpg”文件，其原图为彩色图像，希望将其处理为泛黄的黑白老照片效果。设置好想要的前景色，打开“色相/饱和度”对话框，勾选“着色”复选框，图像效果发生了如图 5-52 所示的变化。

(a) 原图　　(b) 调整后效果

图 5-51　利用“色相/饱和度”命令调整图像中的颜色

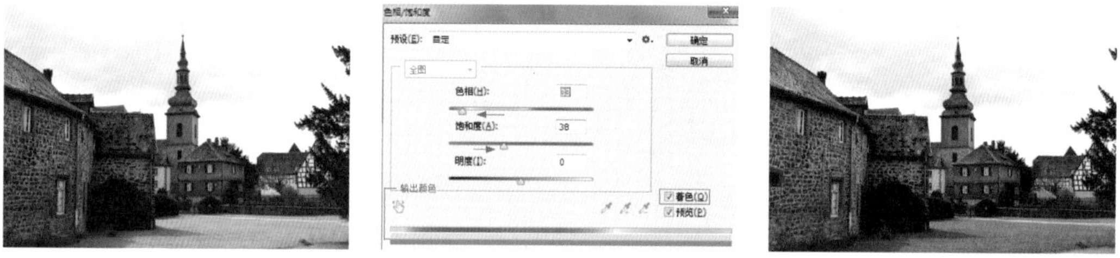

图 5-52　启用“着色”复选框处理的图像效果

5.3.2　“色彩平衡”命令

“色彩平衡”命令可以改变图像总体颜色的混合构成，在明暗色调中增加或减少某种颜色。该命令可进行一般性色彩的校正，不能像前面学习的“曲线”命令那样精确控制单个颜色成分(单色通道)，只能作用于复合颜色通道。

打开一幅图像文件后，执行“图像”|“调整”|“色彩平衡”命令，或者按 Ctrl+B 快捷键，将弹出如图 5-53 所示的“色彩平衡”对话框。

- ◇ 色阶：3 个输入文本框对应下面的 3 个滑块，可以通过输入数值或移动滑块来调整色彩平衡。在输入框中输入−100～100 的数值，表示颜色减少或增加的数目。

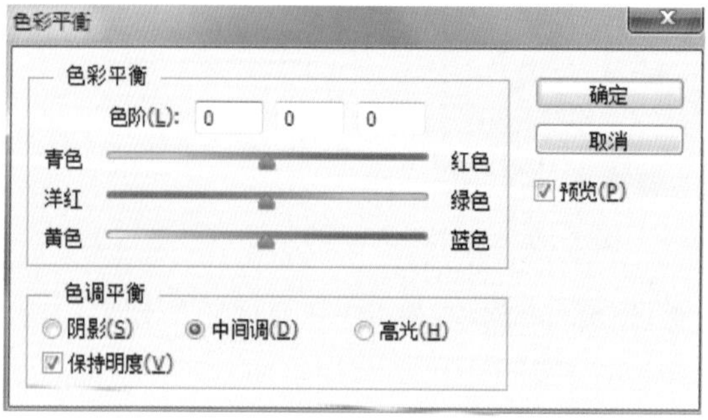

图 5-53　“色彩平衡”对话框

◇ 颜色调节滑块：3 个滑块是按照色彩的互补关系设置的。调整时拖动滑块增加该颜色在图像中的比例，同时减少该颜色的补色比例。例如，要减少图像中的洋红色，可以将“洋红色”滑块向“绿色”方向拖动。

◇ 色调平衡：调整颜色前先在色调平衡区选择要调整的区域，例如“阴影”“中间调”或“高光”单选按钮，然后拖动滑块，可以调整图像中这些色调区域的颜色值。

◇ 明度复选框：勾选后可防止图像的亮度值随着颜色的变化而变化。

打开“第 5 章\素材 5-55.jpg”图像是黄昏时段拍摄的作品，色调偏暖黄色。通过“色彩平衡”调整能变成清晨薄雾的情景。

（1）按 Ctrl＋B 快捷键打开色彩平衡对话框，选择中间调区域进行调整。移动青色和蓝色滑块，增加青色和蓝色，相应的就减少红色和黄色

（2）继续分别选择“阴影”“高光”中调节滑块，如图 5-54 所示。

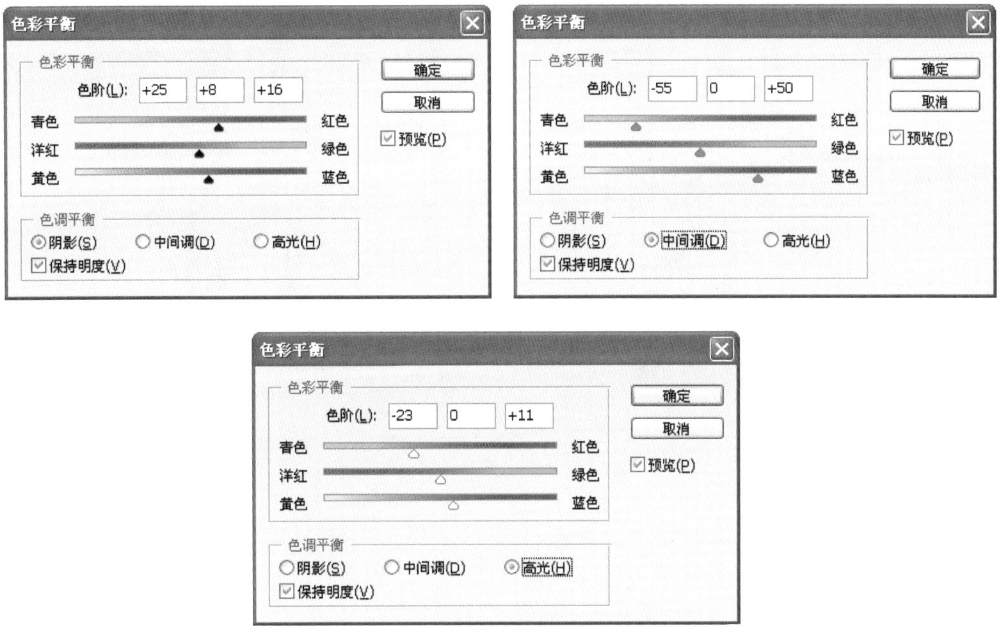

图 5-54 调整“色彩平衡”参数

色彩调整前后图像效果如图 5-55 所示。

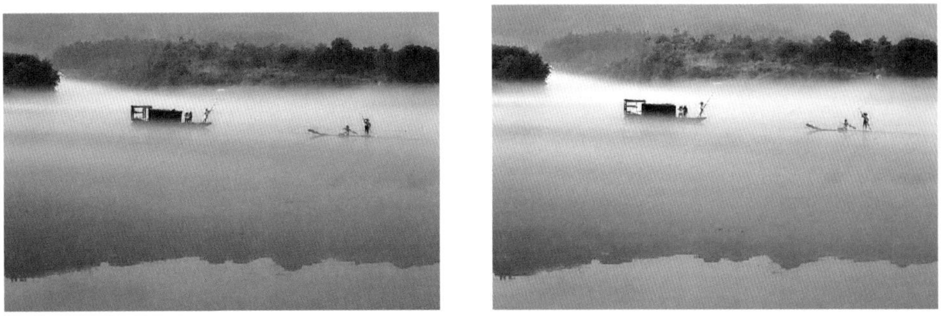

(a) 原图 (b) 调整后

图 5-55 色彩平衡调整图像

5.3.3 “去色”与“黑白”命令

“去色”命令是用来将彩色图像中的颜色去除，从而转化为灰度图像。但在转化过程中并不改变图像的颜色模式。例如，对于一个 RGB 图像进行去色的操作，则是将彩色图像中的每个像素的红色、绿色和蓝色值都设成相等，从而使图像表现为灰度。但它实际上还是一个 RGB 图像而不是灰度图像。“去色”操作相当于把图像的色彩饱和度降到最低。

如图 5-56 所示是执行“图像”|“调整”|“去色”命令或 Ctrl＋Shift＋U 快捷键后，得到的灰色图像效果。

(a) 原图

(b) 经“去色”处理后的效果

图 5-56 “去色”处理效果

“黑白”命令除了可以将彩色图像转换为灰色图像外，还可以为灰色图像添加单色调。如图 5-57 的彩色照片，进行如图 5-58 所示的“黑白”命令对话框设置，并勾选“色调”复选框，能改变单色调的色相和饱和度，最终调整为图 5-59 所示的单色调图像效果。

图 5-57 原图

5.3.4 “替换颜色”命令

“替换颜色”命令可以在图像中选定某颜色范围，然后替换其中的颜色。类似于使用“色彩范围”命令做选区，然后使用“色相/饱和度”命令调整该区域内的色相、饱和度和明度。

(1) 打开“第 5 章\素材 5-60.jpg”文件如图 5-60 所示，执行“图像”|“调整”|“替换颜色”命令，弹出“替换颜色”对话框。

(2) 勾选“本地化颜色簇”，单击对话框吸管按钮，鼠标指针变成吸管形状，将鼠标指针移到图像中要替换颜色的区域内单击，在选区颜色范围预览框中，白色区域为选中区域，黑色区域为保护区域。

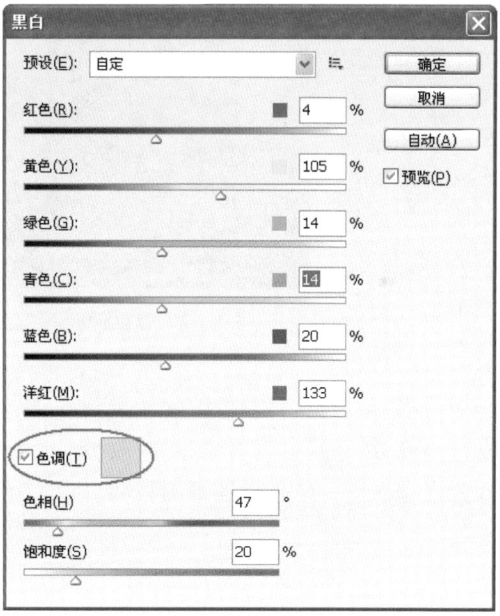

图 5-58 “黑白”对话框

图 5-59 单色调图像

(3) 按住 Shift 键不放即可切换到添加取样工具，可以再添加其他需要选择的颜色。

(4) 按住 Alt 键不放可切换到从取样中减去工具，在图像中单击需去除的颜色。

(5) 拖动“颜色容差”滑块，可颜色区域的大小。

(6) 拖动“色相”“饱和度”和“明度”滑块调整选中区域的颜色，如图 5-61 所示。

图 5-60 原素材图

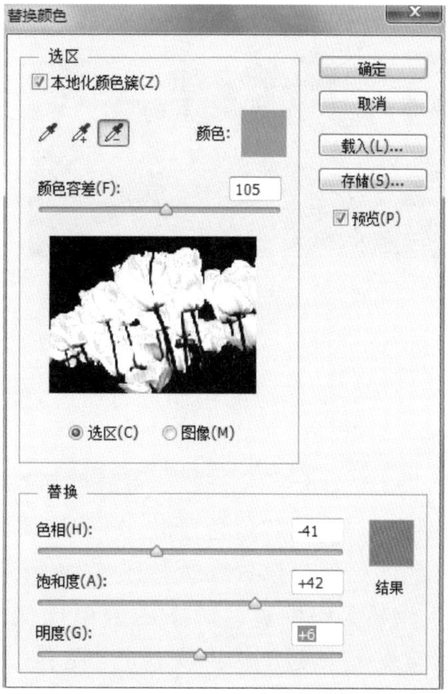

图 5-61 “替换颜色”对话框

（7）也可以通过双击“结果”颜色显示框，打开“拾色器”对话框。在该对话框中选择另一种颜色作为更改后的颜色。

经过调整轻易地将图像中某个特定的颜色区域的颜色，替换成了另外一种颜色，而其他区域中的颜色丝毫不受影响，如图 5-62 所示。

图 5-62　替换颜色后效果

5.3.5 “可选颜色”命令

“可选颜色”命令用于调整单个颜色分量的印刷数量，是针对 CMYK 模式的图像颜色调整，颜色参数为青色、洋红、黄色与黑色。当选择的颜色中包含颜色参数中的某些颜色时，增加或减少参数时就会发生较大的改变。“可选颜色”命令同样可以对 RGB 色彩模式的图像进行分通道校色，有选择性地对图像中某一色调进行色彩平衡调节。

打开“第 5 章\素材 5-63.jpg”，通过“可选颜色”命令显著减少青色、绿色成分，从而增加黄色与红色成分，但天空中蓝色成分中的青色被保留。调整后照片中将草原变成了秋天的景色，如图 5-63 所示。具体操作如下。

(a) 原图　　(b) 可选颜色操作效果

图 5-63　“可选颜色”命令操作前后效果

（1）首先对原图像的色调进行调整，按 Ctrl＋M 快捷键执行“曲线”调整命令将原图稍提亮。

（2）执行“图像”|“调整”|“可选颜色”命令，弹出“可选颜色”对话框，在“颜色”下拉列表框中分别选择“红色”“黄色”和“绿色”选项。将这 3 个颜色中的青、绿色的成分降下来，增加黄色、红色的比例。设置参数如图 5-64 所示。

（3）调整天空中蓝色调中的颜色比例，增加青色、蓝色的成分，降低黄色、洋红色的比例，让天空看上去更蓝。再次执行“图像”|“调整”|“可选颜色”命令，设置参数如图 5-65 所示。

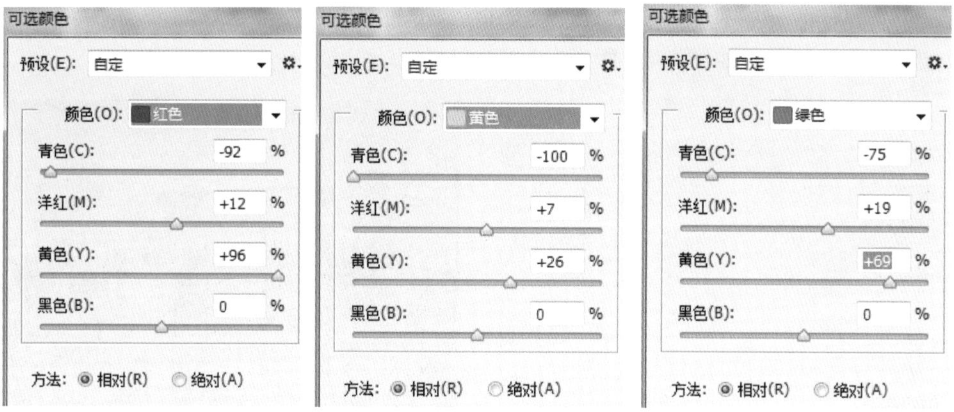

图 5-64 “可选颜色”设置参数

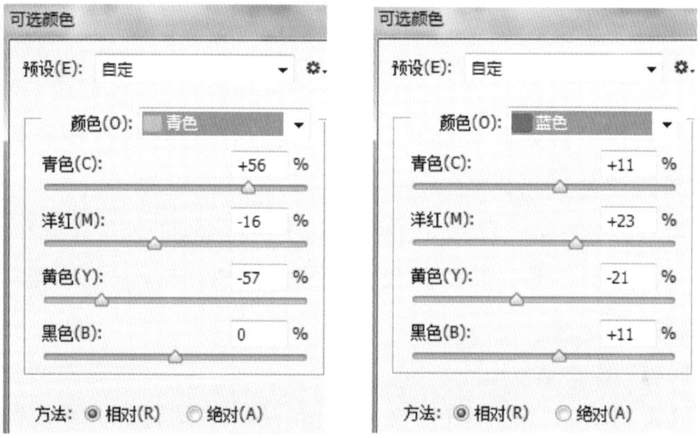

图 5-65 “可选颜色”设置参数

5.3.6 “照片滤镜”命令

专业的摄影师为了营造特殊的色彩氛围，在拍摄时会在镜头前加装有色的滤光镜。“照片滤镜”命令相当于这些滤光镜的作用，达到改变色温或调节色彩平衡目的。

打开“第 5 章\素材 5-66.jpg”，为了营造特殊的意境，分别添加两种滤镜来查看不同的效果。执行“图像”|“调整”|“照片滤镜”命令，在打开的对话框中选择“滤镜”单选按钮，在对应的下拉菜单中选择“深红”，移动“浓度”滑块，如图 5-66 所示。

图 5-66 “加温滤镜”效果

在打开的对话框中选择“颜色”单选按钮，单击打开拾色器，选取青色并移动“浓度”滑块，添加了冷色调效果，如图 5-67 所示。

图 5-67 “颜色”滤镜效果

5.3.7 “匹配颜色”命令

使用“匹配颜色”命令可以对源图像的颜色与目标图像的颜色进行匹配，也可以在同一图像中的不同图层间的颜色进行匹配。

打开“第 5 章\素材 5-69.jpg”图像，拍摄时由于进光量的原因造成小女孩皮肤呈暗红色调，为了提亮皮肤的颜色可以找一张高调或蓝色调图片来进行颜色匹配，从而改善小女孩的皮肤颜色。操作过程如下。

(1) 打开另一素材“第 5 章\素材 5-5.jpg”。

(2) 在“第 5 章\素材 5-68.jpg”图像文档窗口，执行“图像”|“调整”|“匹配颜色”命令，弹出匹配颜色对话框。如图 5-68 所示，此时目标图像显示为图 5-68.jpg。

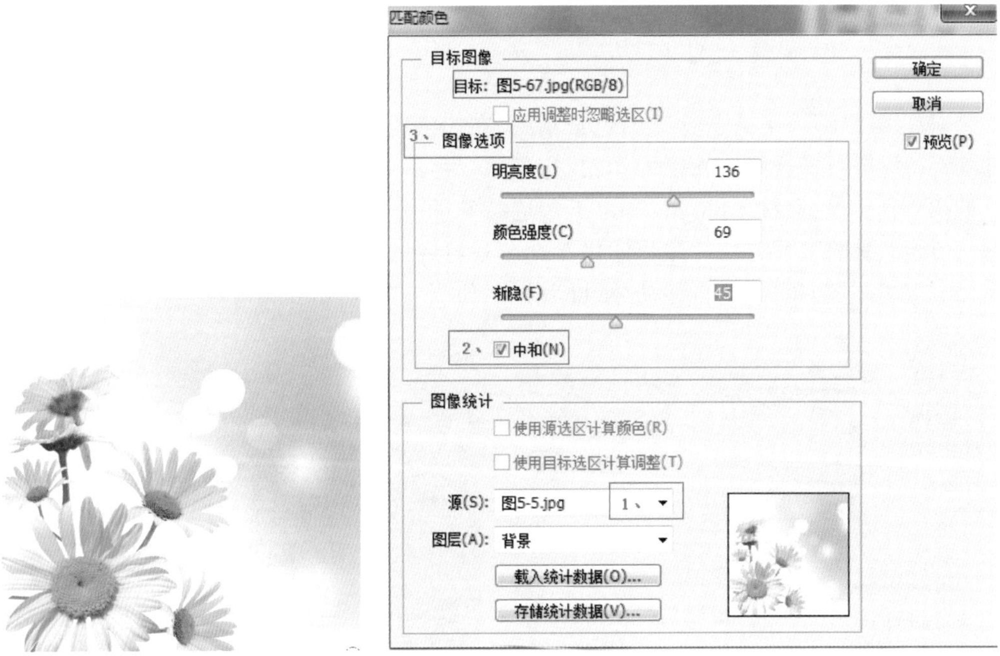

图 5-68 “匹配颜色”对话框

(3) 在“源”下拉选项中找到“图 5-5.jpg”。该选项组用于选择要用来匹配颜色的源图像以及设置源图像的相关选项。

(4) 勾选“中和”复选框，使用该项后能消除图像中的偏色现象。

(5) 向右移动“图像选项”中的“渐隐”滑块。该选项决定有多少源图像的颜色匹配到目标图像中来，数值越低应用到目标图像中的颜色越多，反之匹配到目标图像中的颜色越少。通俗地说就是消退匹配效果，当数值为 100 时全部消除匹配颜色效果。

(6) 最后移动“明亮度”“颜色强度”滑块。颜色强度主要是影响图像饱和度，数值越高，混合后的饱和度越高。

操作完成前后图像效果对比如图 5-69 所示。

(a) 原图　　(b) 匹配颜色操作效果

图 5-69　“匹配颜色”后图像效果

5.4　颜色信息通道的应用

5.4.1　颜色信息通道

在 Photoshop 中，颜色通道主要是用来保存图像颜色信息。颜色信息通道是在打开新图像文件时自动创建的，在“通道”面板中可看到图像的颜色信息，图像的颜色模式决定了颜色通道的数目。例如，RGB 模式图像共有 4 个默认的通道，3 个颜色通道分别存放 R(红色)、G(绿色)、B(蓝色)3 种颜色信息，另外还有一个用于编辑图像的复合通道 RGB。

“编辑”|“首选项”|“界面”菜单命令下，勾选“用彩色显示通道”就可以原色显示单色通道，如图 5-70 所示。

图 5-70　RGB 通道示意图

默认的情况下通道面板中的单色通道以灰度表示，而灰度图的不同灰阶值就记录了红，绿，蓝 3 种颜色在图像中的比重。通道中的纯白，代表了该色光在此处为最高亮度，亮度级别是 255；通道中的纯黑，代表了该色光在此处完全不发光，亮度级别是 0；介于纯黑纯白之间的灰度，代表了不同的发光程度，亮度级别为 1～254。某个通道的灰度图像中的明暗表达出该色光在整体图像上的分布情况。某单色通道中灰度越偏白，表示该色光亮度值越高，越偏黑部分则表示亮度值越低。

以图 5-71 为例，分别打开“通道”面板中的 R 通道、B 通道，观察两张灰度图像的亮度。在红通道中气球的颜色红色信息所占比例大，所以灰度值在这里较亮；在天空部位红信息较少所以灰度值偏黑，如图 5-72 所示。

图 5-71　示例图

图 5-72　红通道灰度图

在蓝通道中天空部位的灰度值亮度很高，说明蓝色成分比例较大如图 5-73 所示。由此我们了解到所谓的颜色信息通道其实质就是保存图像的颜色信息。

图 5-73　蓝通道灰度图

视频讲解

5.4.2　通道调色

了解单色通道灰度图的不同灰阶值含意后，就可以利用它进行调色操作了。打开“第 5 章\素材 5-74.jpg”，图像的白平衡出现严重问题，图片偏青色。

打开“通道”面板分别观察红、蓝通道的灰度图，可以看到红通道偏暗，说明红色所占比重少，如图 5-74 所示；而闽南地区房子的特色就是红色；蓝通道发白说明蓝色所占比重过大，如图 5-75 所示。

图 5-74　红通道灰度图

图 5-75　蓝通道灰度图

（1）首先对蓝通道的色阶值做调整，单击蓝通道将其选中，为了便于观察单击 RGB 复合通道的 按钮。按 Ctrl＋M 快捷键打开曲线对话框，向下压曲线以降低蓝通道的色阶，如图 5-76 所示。

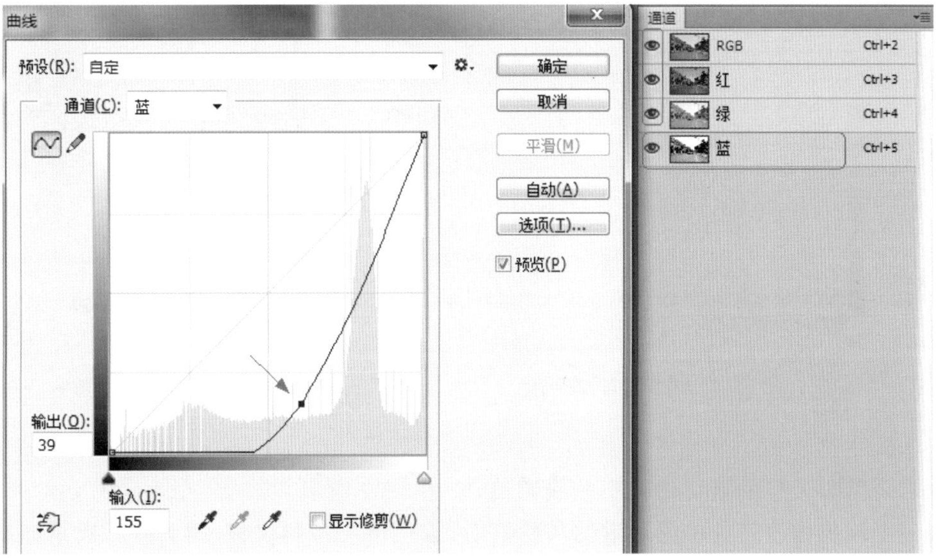

图 5-76　调节蓝通道曲线

(2) 选中红通道，打开“曲线”对话框，向上拉曲线以提高红通道的色阶。由于红通道灰度图像中色阶最大值处是天空部位，因而将色阶值 255 处的曲线向下压，这里不需要提高红信息的色阶值，如图 5-77 所示。

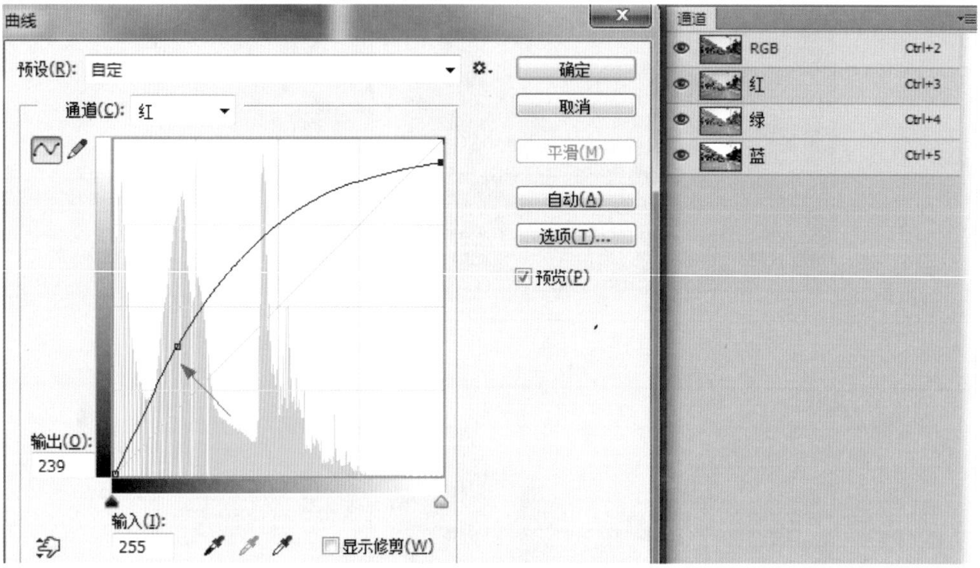

图 5-77 调节红通道曲线

(3) 选中绿通道，在曲线中做个小调整，降低绿色成分比例加大洋红成分，这样天空的蓝就不会偏青色，如图 5-78 所示。

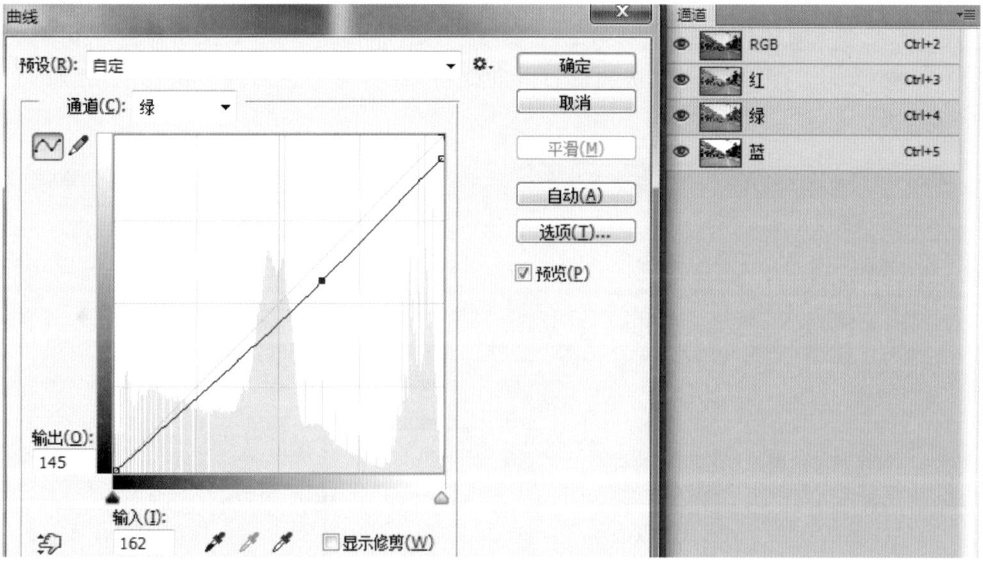

图 5-78 调节绿通道曲线

(4) 最后对天空的蓝再做一次曲线调整，如图 5-79 所示。

通过上面操作改变各单色通道的灰阶值后，偏色情况得到改善，调节前后效果如图 5-80 所示。

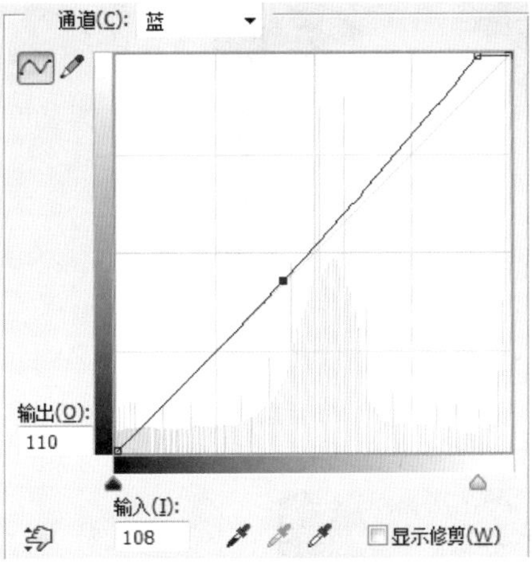

图 5-79 调节蓝通道曲线

图 5-80 通道调色前后效果

5.4.3 通道抠图

视频讲解

第 4 章学习了用 Alpha 通道创建、存放和编辑选区。同样，在 Alpha 通道中能利用“色阶”“曲线”命令调整图像的暗调、中间调和高光调的强度级别，从而改变灰度值的黑白对比度来获取所需要的选区。

透明物体的抠取

所谓透明的概念在单色通道灰度图中，其实就是黑色，色阶值越高灰度越亮，透明度越低。利用通道的这个原理可以把透明的物体抠取出来。

(1) 打开“第 5 章\素材 5-84a.jpg”图像，用椭圆选框工具将球选出。

(2) 打开“通道”面板，单击“将选区存储为通道”按钮 ，得到 Alpha1 通道。

(3) 单击 RGB 复合通道返回“图层”面板，用快速选择工具  将水晶下面的底座选取。

(4) 打开“通道”面板，单击“将选区存储为通道”按钮 ，得到 Alpha2 通道。

(5) 按住 Ctrl 键单击 Alpha1 通道缩览图，再按住 Shift 键单击 Alpha2 通道缩览图，将两个通道选区载入，单击“将选区存储为通道”按钮 ，得到 Alpha3 通道，如图 5-81 所示。

(6) 分别观察红、绿、蓝 3 个通道，发现红通道透明度最高，蓝通道透明度最低。如图 5-82 所示，复制红通道得到“红 拷贝”通道。

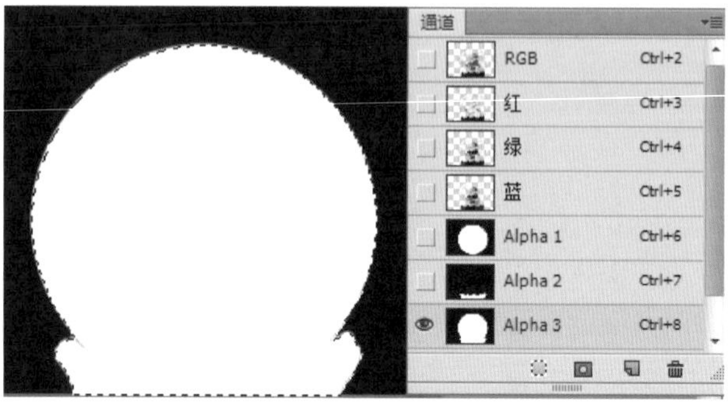

图 5-81 将选区存储为通道

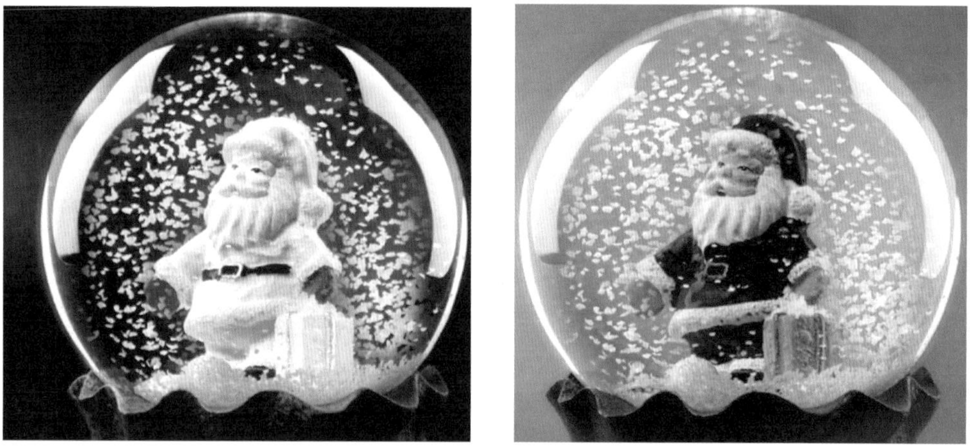

(a) 红通道 (b) 蓝通道

图 5-82 两通道的灰度对比

（7）为了使 Alpha3 通道选中的区域外彻底透明，载入 Alpha3 通道后反选。鼠标单击“红拷贝”通道，用黑色填充后取消选区。

（8）用加深工具，设置属性选项栏 范围：阴影 曝光度：8% 在需要透明的位置涂抹，加强透明效果，如图 5-83 所示。

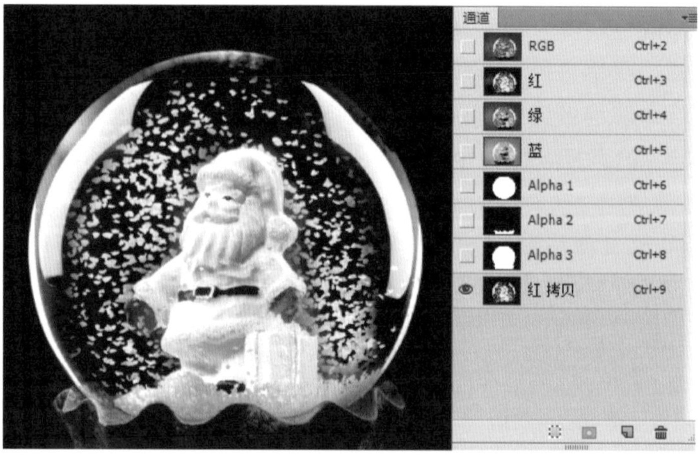

图 5-83 加深工具处理“红拷贝”通道

(9) 按 Ctrl 键单击“红 拷贝”通道载入选区，再按住 Shift 键单击 Alpha2 将底座的选区也加入。

(10) 单击 RGB 通道返回图层面板，将选取内容按 Ctrl+J 快捷键复制到新层，得到“图层 1”。

(11) 用快速选择工具将圣诞老人选中，复制到新层，得到“图层 2”。

(12) 隐藏背景层，按 Ctrl+Shift+E 快捷键合并可见层。

(13) 打开另一素材文件“第 5 章\素材 5-84b.jpg”将抠取的水晶球拖入其中。

(14) 用椭圆选框工具绘制水晶球大小的圆选区，对背景人物做高斯模糊处理，效果如图 5-84 所示。

(a) 原图

(b) 合成图

图 5-84 抠取水晶球合成效果

5.5 色彩调整应用实例

综上所述，Photoshop 的“图像”|“调整”菜单下虽然有众多的色彩色调调整命令，但面对图片的编修还需学会色阶的分析，色偏的辨识及如何润饰色彩，通过多看多练才能准确用好各项调整命令。

5.5.1 风光照片的色彩修整

视频讲解

随着数码相机的普及，人人都成了摄影师，但照片的效果却不尽人意。如果希望自己拍出来的作品也能有较佳的视觉感受，则必须做后期处理。

后期处理的一般流程是首先查看直方图观察图像的色调是否正常，通过曲线或色阶命令调整色调后，再通过“色相饱和度”“色彩平衡”“可选颜色”等色彩命令进行修饰，最后进行锐化处理。下面通过一个实例来讲解数码照片的润色过程。

(1) 打开“第 5 章\素材 5-85.jpg”图像，该片直方图的暗场与亮场信息缺失，呈现对比不足的问题，如图 5-85 所示。

(2) 按 Ctrl+Shift+L 快捷键执行“自动色调”命令。

(3) 按 Ctrl+Shift+B 快捷键执行“自动颜色”命令。

(4) 调整后的直方图如图 5-86 所示，黑场向左移动得到恢复，白场损失部分信息。

图 5-85　原图

(5) 按 Ctrl+L 快捷键打开色阶对话框，将黑场滑块、灰场滑块向左移动，如图 5-87 所示。

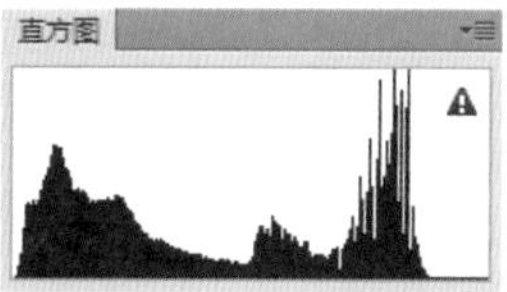

图 5-86　暗场正常

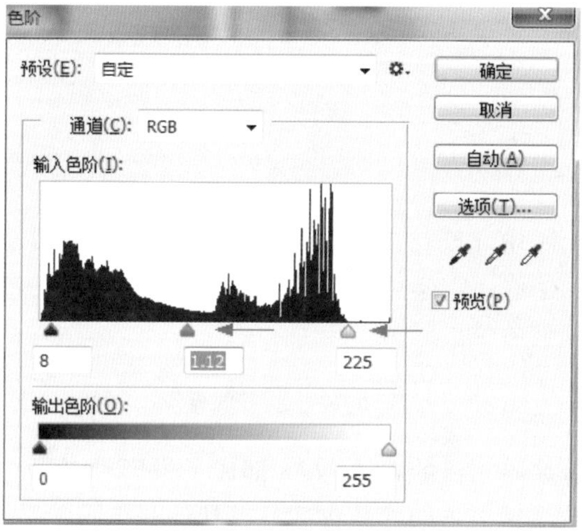

图 5-87　色阶对话框

(6) 调整后的直图显示信息动态分布涵盖了亮场与暗场，高光区有部分细节缺失，如图 5-88 所示。

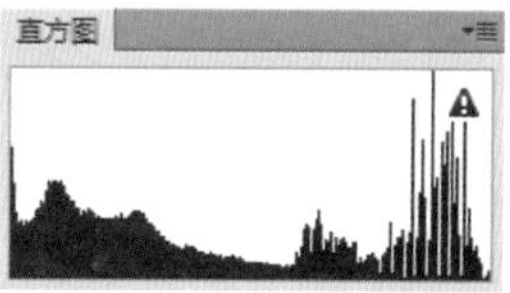

图 5-88　正态分布的信息

(7) 按 Ctrl+U 快捷键执行“色相/饱和度”命令。单击拖动调整工具 ，在图像中的树上按住鼠标向右拖动，加大黄色的饱和度。在天空中按住鼠标左键向右拖，增大蓝色的饱和度，如图 5-89 所示。

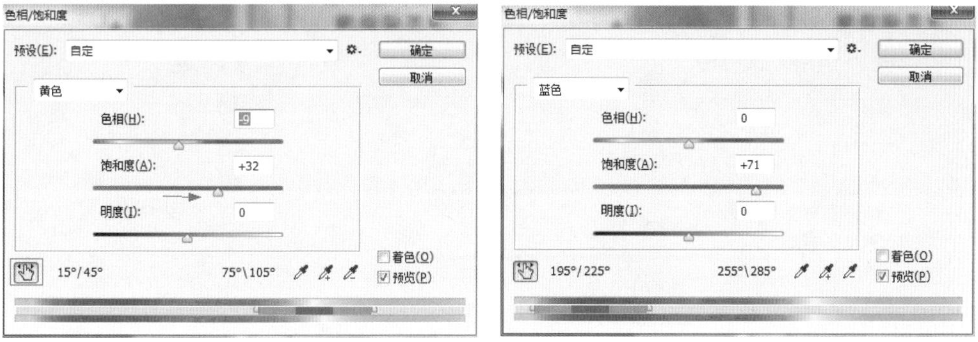

图 5-89 “色相/饱和度”对话框

(8) 执行“滤镜”|“锐化”|“USM 锐化”命令，经过调整后的照片效果如图 5-90 所示。

图 5-90 修饰后的图片效果

5.5.2 人像照片后期润饰

视频讲解

打开“第 5 章\素材 5-91.jpg”素材，如图 5-91 所示。本例通过“曲线”“色相/饱和度”等命令对照片色彩进行后期润饰。

图 5-91 原照片

(1) 使用套索工具，设置羽化值为 25，将右上角的树枝选出。

(2) 按 Ctrl＋U 快捷键打开“色相/饱和度”对话框，激活“拖动调整工具”在树叶上单击后移动“色相”滑块，将树叶转换成红色，具体参数如图 5-92 所示。

(3) 再次按 Ctrl＋U 快捷键打开“色相/饱和度”对话框，设置色相为－15、饱和度为 4，对部分没有变色的叶子调整，效果如图 5-93 所示。

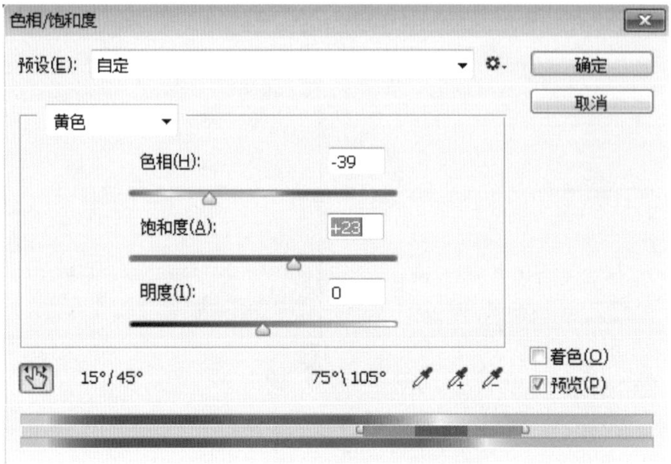

图 5-92 “色相/饱和度”对话框

图 5-93 “色相/饱和度”后的效果

(4) 撤销选区后按 Ctrl+M 快捷键打开“曲线”对话框，分别对 RGB、绿通道、蓝通道进行调整，将背景颜色提亮并增加绿和蓝的颜色比例，如图 5-94 所示。

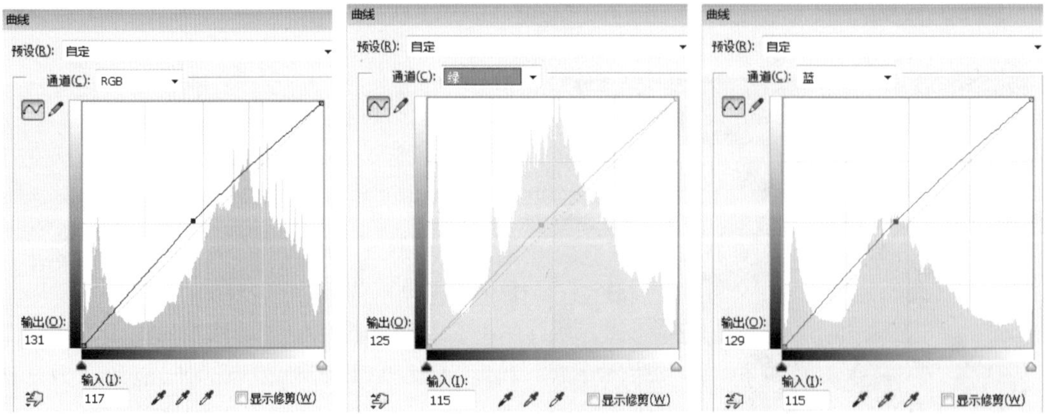

图 5-94 “曲线”调整

(5) 使用套索工具，设置羽化值为 5 将人物嘴唇选出。按 Ctrl＋U 快捷键打开“色相/饱和度”对话框，如图 5-95 所示为移动“色相”与“饱和度”滑块，提高红色饱和度。

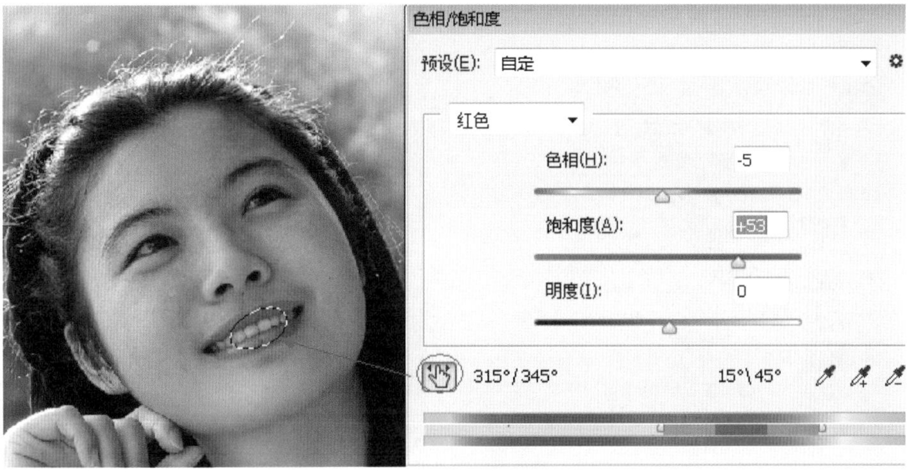

图 5-95 “色相/饱和度”调整嘴唇颜色

(6) 使用套索工具，设置羽化值为 20 将人物脸颊选出，按 Ctrl＋B 快捷键打开“色彩平衡”对话框增加腮红，如图 5-96 所示。

(7) Ctrl＋J 快捷键复制“图层 1”制作柔焦效果，执行“滤镜”|“模糊”|“高斯模糊”命令设置以能看到脸部轮廓为准。

(8) 执行“图像”|“应用图像”命令，混合模式为“正片叠底”。图层混合模式为“滤色”，如图 5-97 所示。

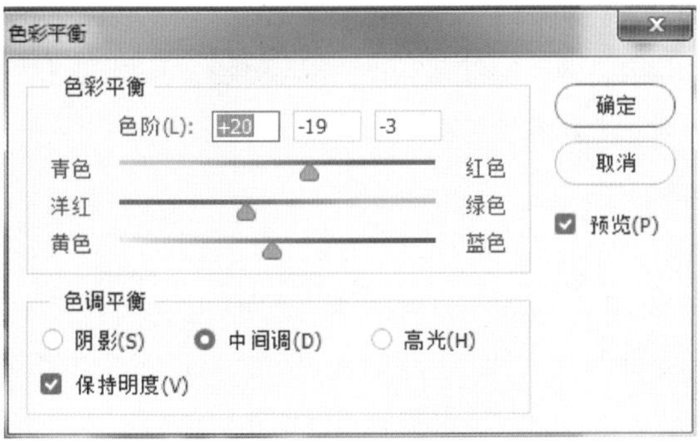

图 5-96 “色彩平衡”对话框

图 5-97 图层面板

(9) 再复制“图层 1”，得“图层 1 拷贝 2”。拖到图层的最上方，执行执行“滤镜”|“模糊”|“高斯模糊”参数设置以能看到脸部轮廓为准，把不透明度设置为 30%，如图 5-98 所示。

(10) 按 Ctrl＋Alt＋Shift＋E 快捷键盖印图层，执行“滤镜”|“模糊”|“动感模糊”命令，如图 5-99 所示。

(11) 使用“历史记录画笔”设置透明度为 10%，设置“历史记录画笔源”为盖印可见图层，把人物与前方树刷出来，调整后的效果如图 5-100 所示。

图 5-98 “图层”面板

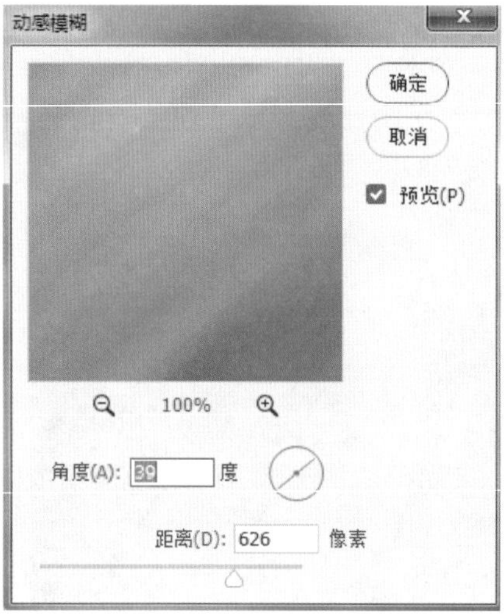

图 5-99 “动感模糊”面板

图 5-100 处理前后效果对比

5.5.3 RAW格式的图片处理

视频讲解

日常工作生活中，最常见的图片格式为JPEG格式，因为它的色彩较为艳丽而文件却相对较小。这一特性有利于图片的线上发布与文件的大量存储。但这种“优势”是以牺牲图片的原始数据为前提而实现的。RAW文件是相机传感器所记录的、未经处理的、最原始的图像信息。它所包含的图像数据极为丰富。因此，在摄影界中，它也被称为“数码底片”。对于细节表现要求极高的商业摄影来说，RAW格式是专业摄影师与后期修图师的不二选择。

在Photoshop的最新版本里，软件开发商已经把Camera Raw植入滤镜，大大方便了对RAW格式的图片进行专业处理。

如图5-101所示，Camera Raw的界面主要由“工具栏”“直方图”“调整面板”“图片显示区”四大块组成。

工具栏的内容包括。

◇ 缩放工具🔍：对图片进行放大与缩小，常用于图片细节的观看。这与单击图像浏览

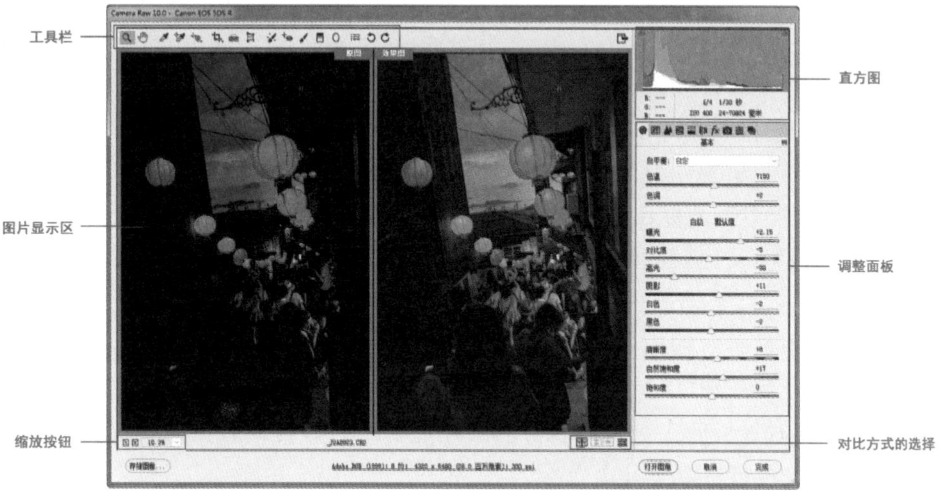

图 5-101　最终效果

区域左下方的缩放级别＋/－对图像的缩放等级是一致的。双击该工具图像将以实际像素大小在浏览区中显示。

◇ 抓手工具 ：用于图像大小超出浏览区域时对图像进行移动浏览。在任何工具状态下按空格键，均可快速地转换为抓手工具。

◇ 白平衡工具 ：理论上使用该工具在图像上单击中性灰色（18％灰），可以实现白平衡的纠正；事实上并不是每张图片都有 18％的灰色点。通常会选择带细节色彩的高光区域来进行白平衡的纠正。白平衡纠正不理想时，双击白平衡按钮可以将白平衡复位为原照片设置。

◇ 颜色取样工具 ：使用该工具在图片中单击，可在图片上留下取样标记，取样的颜色数据也会在工具栏下方同步显示。对于需要精准调色的设计项目，这是非常实用的调色辅助工具。

◇ 目标调整工具 ：该工具可以在图片中任意取样并直接对取样的颜色进行色彩调整。调整范围包括“色相”“饱和度”“明亮度”及“HSL/灰度”。

◇ 裁切工具 ：可以对图片进行直接裁剪，裁剪区域划定后，在图片上双击以确定裁切效果。

◇ 拉直工具 ：这一工具事实上是图片裁剪的一个辅助工具。使用该工具在图片浏览区中沿水平基准拉出一条直线，此时裁剪工具便会处于工作状态，以便于对图片进行裁剪。

◇ 变换工具 ：该工具可以对图片进行整体变形，如水平透视变形、垂直透视变形、旋转变形等。此外，还可以在图片上自行绘制参考线，并以参考线为基准进行变形。

◇ 污点去除工具 ：这一工具类似于 Photoshop 工具栏中的“修复画笔”工具与“仿制图章”工具。一般情况下，它的使用与“污点去除”面板联动使用。

◇ 红眼去除工具 ：这一工具的使用方法跟 Photoshop 工具栏中的“去红眼”工具完全相同，用于去除闪光灯拍摄人像时所造成的红眼缺陷。

◇ 调整画笔工具 ：这是一个针对画面局部进行色彩调整的工具，可以根据需要在图片中画出一个特定区域并依据“色温”“色调”“曝光度”“清晰度”等项目进行自由调整。

◇ 渐变滤镜 ：该工具可对图片进行渐变色的添加，常用于特殊光效的色彩处理。使用该工具时会出现一根可移动的“渐变线”，当不满意渐变效果时，可在“渐变线”上按下 Alt 键，剪刀图标出现后再单击，便可删除渐变效果。

◇ 径向滤镜 ：该工具可对图片进行圆形渐变色的添加，常用于特殊光效的色彩处理。

◇ 打开首选项设置对话框 ：准确地说，这并不是一个工具，它是 Camera Raw 首选项设置的开启按钮。

◇ 逆时针、顺时针旋转工具 ：对图片进行顺时针与逆时针的旋转。

调整面板的内容包括以下几个选项。

◇ 基本调整 ：此面板可对“白平衡”“色调”“曝光度”“对比度”“饱和度”等 12 个项目进行色彩调整，如图 5-102 所示。

◇ 色调曲线 ：此面板提供了“参数”调节与“点”调节两种方式来处理图像色彩。其中“点”模式可以对 RGB 的单个色彩通道进行独立编辑，如图 5-103 所示。

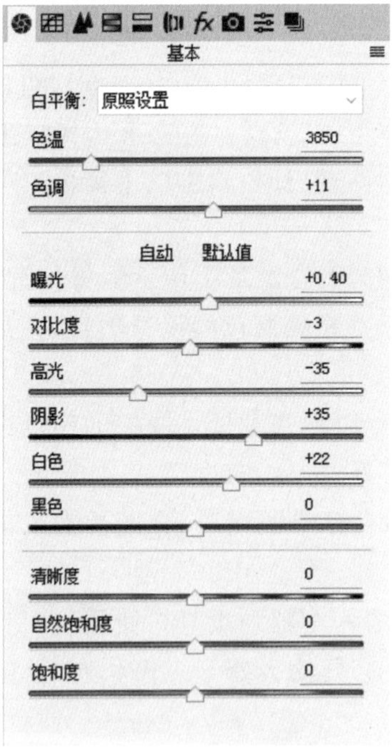

图 5-102 基本调整

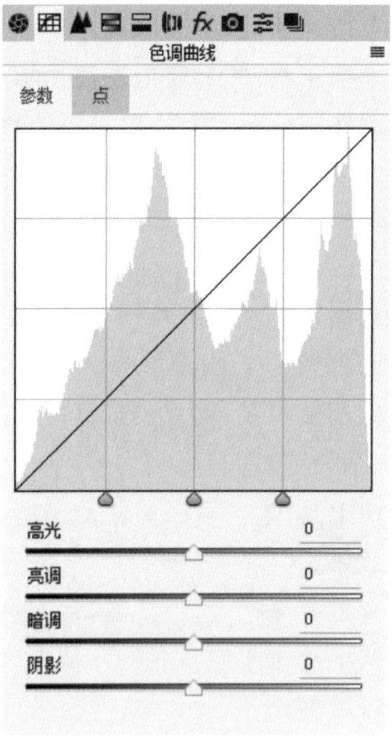

图 5-103 色调曲线

◇ 细节选项 ：所谓的细节处理，事实上是通过图像的锐化来实现的。但是，对细节进行锐化的同时，图像的噪点也会随之增加。因此，此项的调节过程中需要注意“锐化”与“降噪”的平衡，如图 5-104 所示。

◇ HSL/灰度 ：HSL 是英文 Hue（色相）、Saturation（饱和度）和 Luminosity（亮度）

的缩写。此面板主要用于对图像局部色彩的调整。勾选“转换为灰度”选项后，图片会转换为黑白图像，用户将在“灰度混合”模式下对图片进行灰度深浅的调节，如图 5-105 所示。

图 5-104　细节选项

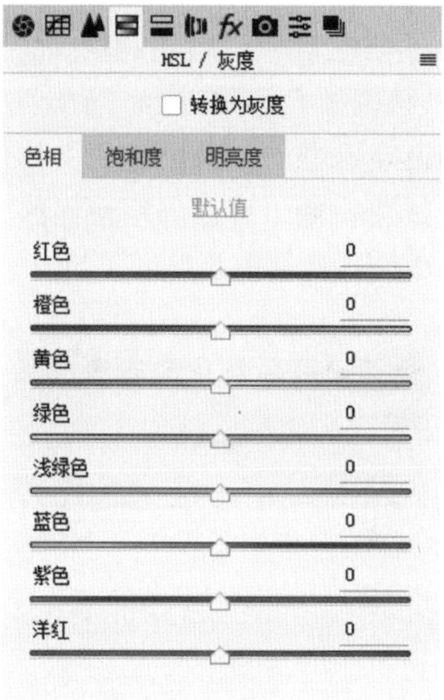

图 5-105　HSL/灰度

◇ 分离色调 ：此面板可以为图像添加特殊色调，主要用于给图片高光、亮调、暗调、阴影四部分着色。对于制作文艺风格的照片，色调分离是非常实用的调色工具，如图 5-106 所示。

◇ 镜头校正 ：此面板主要用于校正镜头拍摄时所产生的畸变与色差。对于“紫边”与“暗角”的照片，使用它来处理可以达到非常好的效果，如图 5-107 所示。

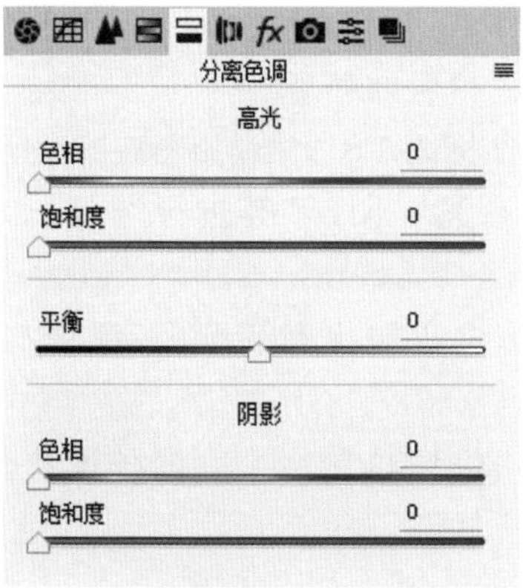

图 5-106　分离色调

图 5-107　镜头校正

◇ 效果选项 fx：此面板有 3 种特殊效果可供调节，它们分别是“去除薄雾”“颗粒”与“剪切后晕影”，如图 5-108 所示。

◇ 相机校准：每一种数码相机都有厂家设定的色彩配置文件，用以控制照片的色彩表现和对比度。Photoshop 在读取和处理 Raw 格式图像时会抛开这些原始设置，因此，使用 Camera Raw 对图像进行调整时，有必要通过“相机校准”来优化色彩的表现力，如图 5-109 所示。

◇ 预设项目：可将当前所有的设置参数存储为预设或一组默认设置。

◇ 快照选项：可以利用快照的方式记录多次的色彩调整效果，再通过直观的对比遴选出最佳的调整方案。

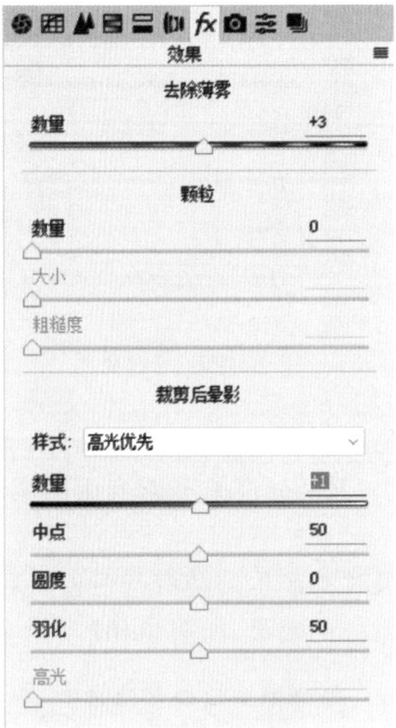

图 5-108　效果选项

图 5-109　相机校准

实例介绍：

本例通过 Camera Raw 滤镜对 Raw 格式的照片进行后期处理。

(1) 在第 5 章素材文件夹中将素材 5-110. cr2 文件拖入 PS 文档，如图 5-110 所示。

(2) 在“基本调整”面板中，对“曝光”“对比度”“高光”“阴影”等进行设置，如图 5-111 所示。

(3) 在工具栏中选择“渐变滤镜”，从画面上方向下拉出渐变范围，调整“色温”“色调”“曝光”参数，如图 5-112 所示。

(4) 在工具栏中选择“径向滤镜”，在画面中以太阳位置为中心向外围拉出渐变范围，设置“色温”“色调”“曝光”参数，如图 5-113 所示。

(5) 在画面下方添加“渐变滤镜”，调整水面的色调，如图 5-114 所示。

(6) 观察到小船与右边曝光不够，再添加两个“径向滤镜”，如图 5-115 所示。

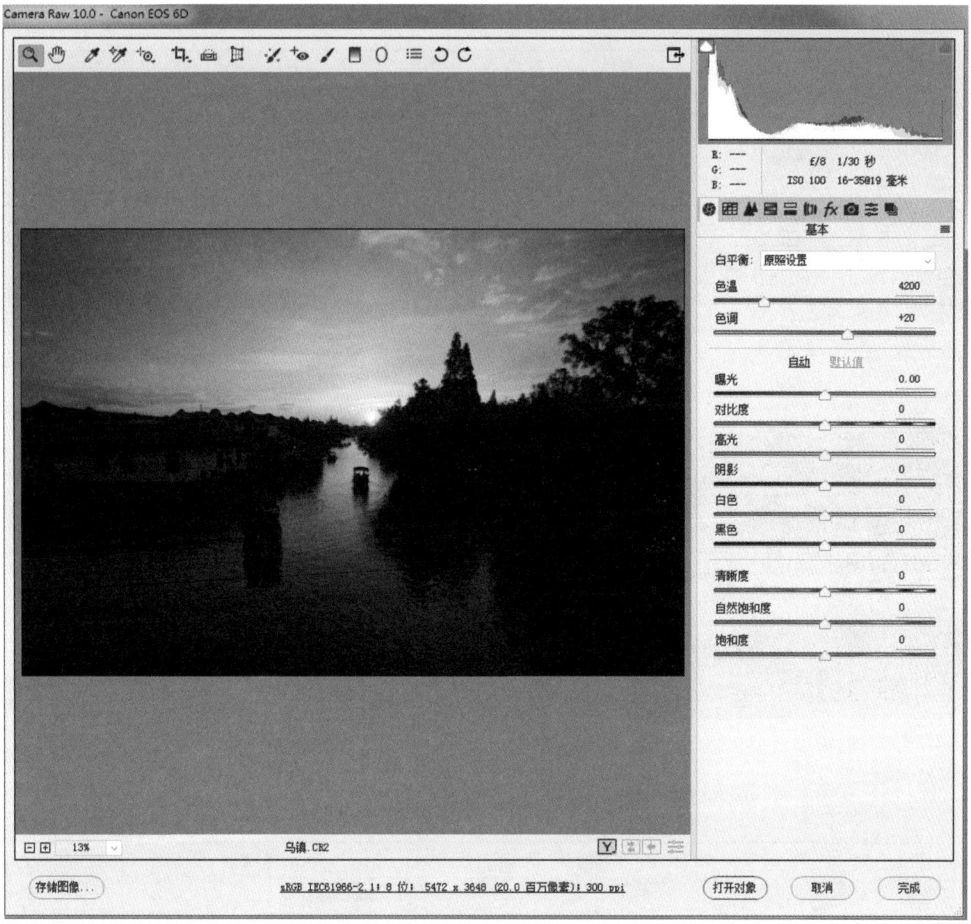

图 5-110 打开文档

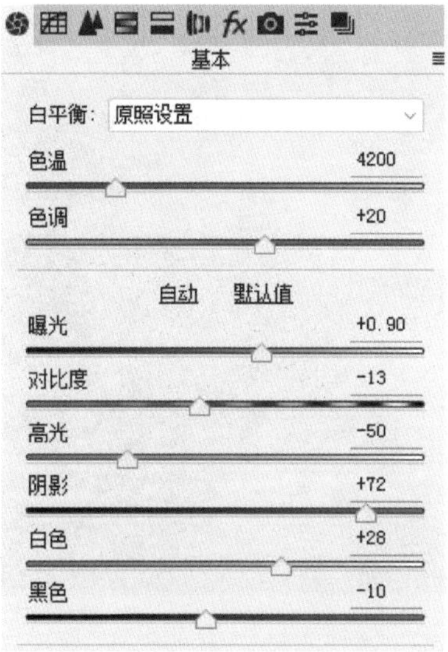

图 5-111 “基本调整”面板

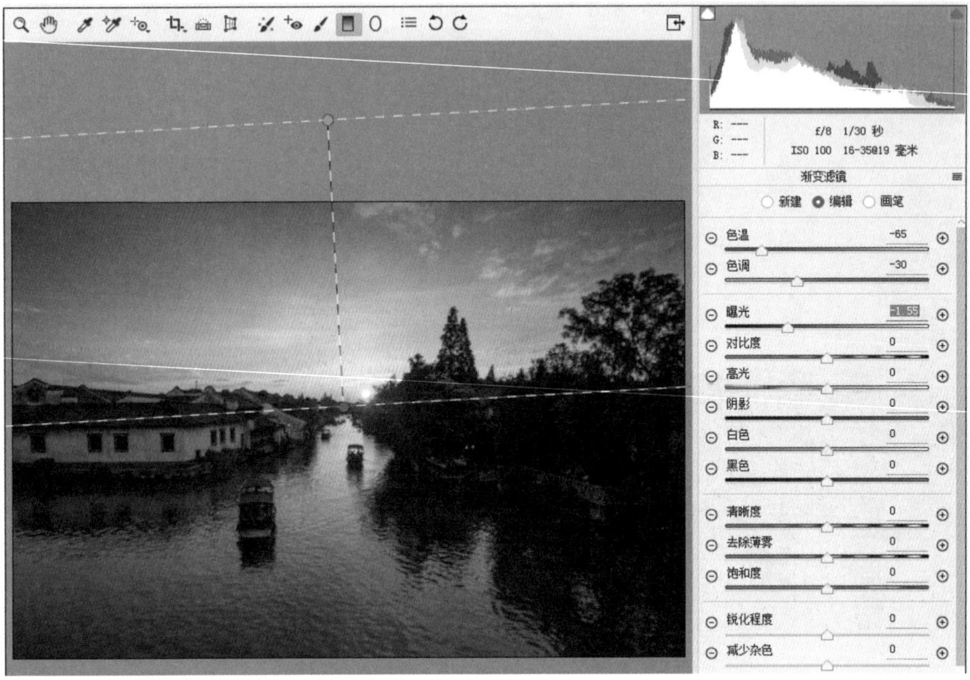

图 5-112 渐变滤镜

图 5-113 径向滤镜

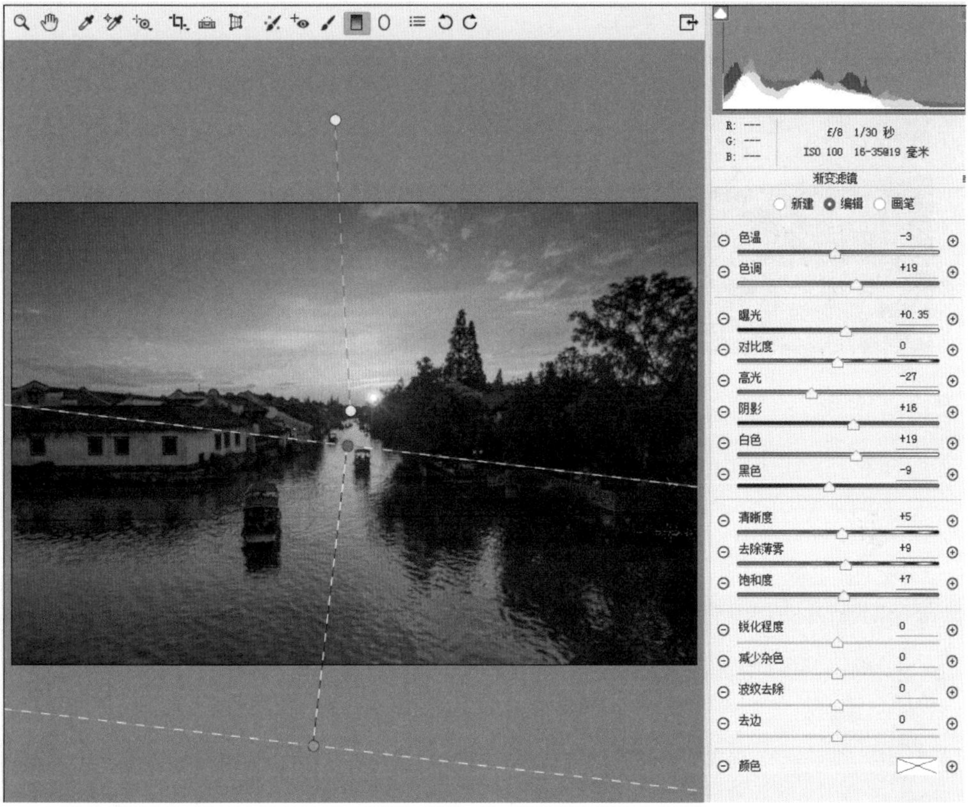

图 5-114　水面添加“渐变滤镜”

图 5-115　再添加两个“径向滤镜”

(7) 完成调整后的效果对比如图 5-116 所示,接下来就可以打开图像进入 PS 进行后续的细节调整了。

图 5-116　调整前后的效果对比

习　题　5

1. 打开"第 5 章\素材 5-117a.jpg"文件,属曝光不正常的图像,综合色调调整命令与色彩调整命令对图像进行调整,如图 5-117 所示。

(a) 原图　　　　(b) 效果图

图 5-117　第 1 题

2. 打开"第 5 章\素材 5-118a.jpg"文件,运用"色阶"的重定义黑场与白场吸管工具纠正原片的偏色问题,再执行色彩调整,如图 5-118 所示。

(a) 原图　　　　(b) 效果图

图 5-118　第 2 题

3. 打开“第 5 章\素材 5-119a.jpg”文件，学习使用“曲线”命令提高原图的对比度，如图 5-119 所示。

(a) 原图　　(b) 效果图

图 5-119　第 3 题

4. 打开“第 5 章\素材 5-120a.jpg”文件，这是夏天的九寨沟风景。利用色相饱和度命令进行调色操作，调出秋天的九寨沟美景，如图 5-120 所示。

(a) 原图　　(b) 效果图

图 5-120　第 4 题

5. 打开“第 5 章\素材 5-121a.jpg”文件，使用色彩平衡制作如图 5-121 所示的效果。

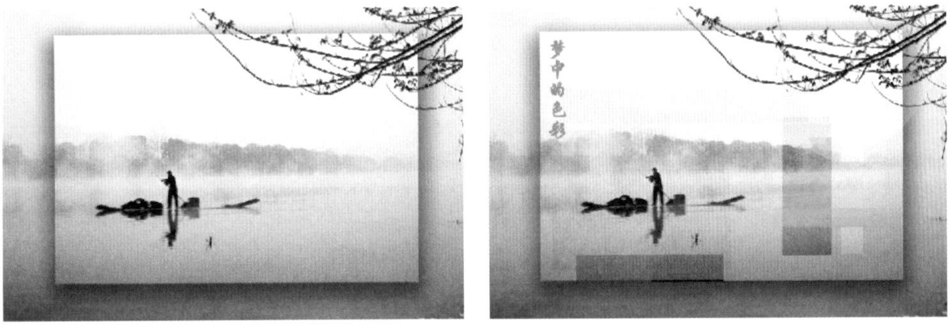

(a) 原图　　(b) 效果图

图 5-121　第 5 题

6. 色调与色彩练习。打开“第 5 章\素材 5-122a.jpg”文件，通过曲线、色相饱和度等调出亮丽的色彩，如图 5-122 所示。

(a) 原图

(b) 效果图

图 5-122　第 6 题

第 6 章　图　　层

图层是 Photoshop 图像处理软件最大的特色之一，所有的图像编辑操作都是通过图层完成的。本章将重点介绍利用图层对图像进行合成与编辑等高级操作技巧。

6.1　图层应用

视频讲解

6.1.1　图层的复制

Photoshop 在“图层”|“新建”菜单项中提供了“通过拷贝的图层”和“通过剪切的图层”命令功能来复制图层，如图 6-1 所示。

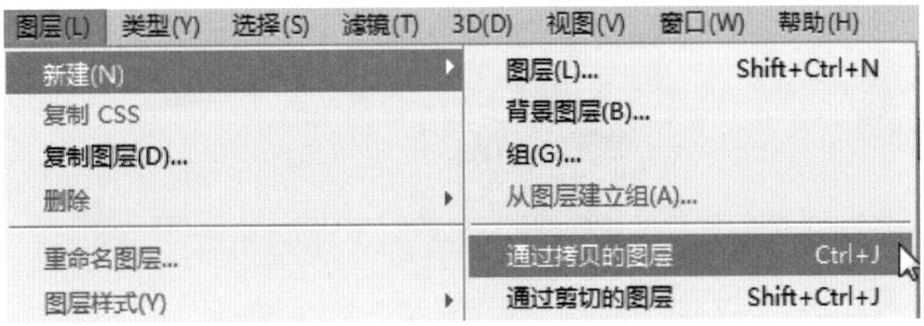

图 6-1　“图层”|“新建”菜单项

使用“通过拷贝的图层”命令，可以将选中范围的图像复制后粘贴到新的图层中，并按新的图层顺序命名。此命令的快捷键为 Ctrl+J。

使用“通过剪切的图层”命令，可以将选中范围的图像剪切后粘贴到新的图层中，并按新的图层顺序命名。此命令的快捷键为 Ctrl+Shift+J。

下面通过一个实例来介绍复制图层的操作。

(1) 打开“第 6 章\素材 6-2.jpg”文件，利用选择工具将人物选中，如图 6-2 所示。

(2) 执行“图层”|“新建”|“通过拷贝的图层”命令，或按 Ctrl+J 快捷键，将选中的人物复制到新的一层，系统自动命名为“图层 1”。

(3) 复制背景层，置入“第 6 章\素材”文件，“图层”面板如图 6-3 所示。

(4) 使用选框工具在“背景拷贝”层的上部绘制矩形选区，按 Delete 键将选取的像素删除。

(5) 继续在图像右侧做矩形选区，按 Delete 键删除选取的图像，如图 6-4 所示。

(6) 按住 Shift 键将“图层 1”与“背景拷贝”层同时选中。

(7) 按 Ctrl+T 快捷键调整方向与大小，如图 6-5 所示。

图 6-2　选取对象

图 6-3　“图层”面板

图 6-4　删除选区内图像

图 6-5 调整图像大小、方向

(8) 载入“背景拷贝”层的选区,执行“编辑”|“描边”命令,在弹出的对话框中设置参数,如图 6-6 所示。

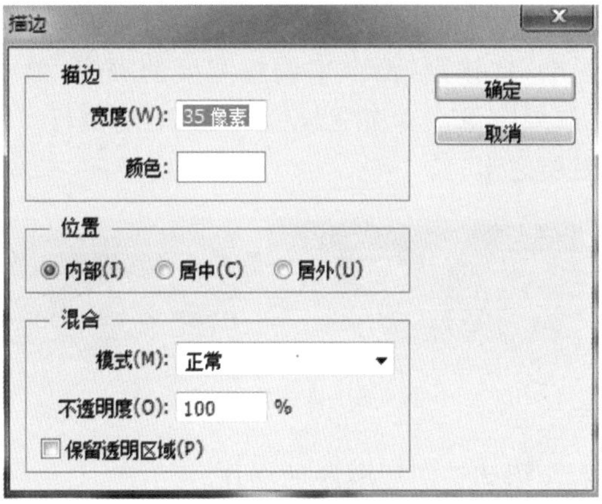

图 6-6 描边选区

(9) 选中“图层 1”,按 Ctrl+E 快捷键向下合并“背景 拷贝”层。

(10) 载入“图层 1”的选区,按住 Ctrl 键单击“创建新图层”按钮 。

(11) 在“图层 1”下方新建“图层 2”,填充黑色制作照片的投影。

(12) 对“图层 2”执行“滤镜”|“模糊”|“高斯模糊”命令,图像合成效果如图 6-7 所示。

图 6-7　图像合成效果

6.1.2　图层的排列顺序

视频讲解

对于一幅图像而言，各个图层有一个从前到后的排列顺序，上一图层中的图像总是会遮盖下一图层中的图像，修改各个图层的顺序，整个图像的效果也会跟着改变。

“图层”面板中从上到下的顺序显示的是从外到里的排列效果，编辑图像时只要将鼠标指针移到要调整次序的图层上，拖动该图层到适当的位置即可。

此外，也可以使用“图层”|“排列”命令来调整图层的顺序，如图 6-8 所示。在执行此命令之前，需先选定图层。如果图像中含有背景图层，则即使执行了“置为底层”命令后，该图层图像仍然只能在背景图层之上。

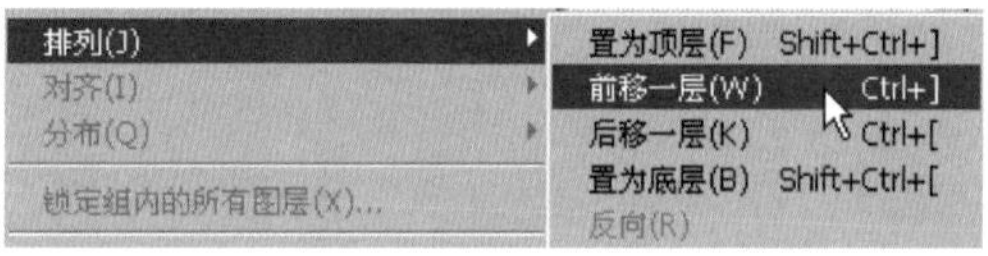

图 6-8　排列图层菜单

下面通过一个实例来介绍调整图层顺序的操作。

(1) 分别打开“第 6 章\素材 6-9. jpg”和“第 6 章\素材 6-10. jpg”两个文件，如图 6-9 和图 6-10 所示。在这个实例中要将“素材 6-9. jpg”的兔子放进“素材 6-10. jpg”的篮子内。

(2) 使用快速选择工具，设置适当的笔尖大小，沿兔子涂抹创建如图 6-11 所示的选区，按 Ctrl+J 快捷键将选取内容复制到新层。

(3) 选择背景橡皮擦，单击“设置前景色”图标，打开拾色器，用吸管在地板边缘的兔子毛发处吸取颜色，然后在工具属性选项栏中勾选“保护前景色”。其他参数设置如图 6-12 所示。

图 6-9 “素材 6-9.jpg”文件

图 6-10 “素材 6-10.jpg”文件

图 6-11 将选出的对象复制到新层

图 6-12 工具选项栏设置

(4) 单击“图层 1”缩略图前的眼睛图标隐藏背景层,用背景橡皮擦擦去地板,再使用橡皮工具把地板缝擦除,如图 6-13 所示。

(5) 打开“第 6 章\素材 6-10.jpg”文件,将抠出的兔子拖入其中,如图 6-14 所示。

(6) 单击“图层 1”缩略图前的眼睛图标将“图层 1”隐藏。使用多边形套索工具将篮子前半边套选出来,如图 6-15 所示。

(7) 按 Ctrl+J 快捷键将选取的图像复制到新层,系统自动命名为“图层 2”。单击“图层 1”缩略图前的眼睛图标显示“图层 1”,如图 6-16 所示。

(8) 用鼠标左键按住“图层 2”向“图层 1”上方拖动,调换两层的上下次序,从而达到把兔子放进篮子内的效果,如图 6-17 所示。

图 6-13 擦除地板像素

图 6-14 将选出的兔子拖入另一图像中

图 6-15 套索工具做篮子前部的选区

图 6-16 复制到新层的“图层 2”

图 6-17　调整图层顺序

6.1.3　制作招贴画

视频讲解

通过本实例学习如何利用图层进行图像合成。

(1) 新建一个尺寸为 1772 像素×886 像素，分辨率为 150ppi 的文档，并命名为“茶文化”。

(2) 新建图层，命名为“纸”，并对“纸”图层填充 10%的黑色。

(3) 执行“滤镜”|“滤镜库”|“纹理”命令，制作一张有纹理的纸张，相关调整参数如图 6-18 所示。

图 6-18　纸纹的制作

(4) 拖入“第 6 章\素材 6-19(a).png”，按 Ctrl+T 快捷键执行自由变换命令，调整茶壶的大小，如图 6-19 所示。

(5) 用同样的方法，把素材 6-19(a)～素材 6-19(h)8 张图片全部拖入“茶文化”文件中。

(6) 依照画面美感的需要，调整各层图片的大小，并使用移动工具把它们摆放到合适的位置上，如图 6-20 所示。

(7) 为了使大雁排列成明显的“人”字形，使用多边形套索工具选取其中一或两只大雁，按 Ctrl+Shift+J 快捷键，将选取的内容剪切到新图层。

(8) 把大雁摆放至合适的位置并调整大雁图层的不透明度。

(9) 新建一个图层，把图层命名为“线条”。选择画笔工具，在选项栏中把画笔大小调整为 2；按下 Shift 键，画出一条直线；执行 Ctrl＋T 自由变换命令，在选项栏中修改 X 轴的数值(原数值＋80)；按 Ctrl＋Shift＋Alt＋T 快捷键，对线条进行等距离复制，如图 6-21 所示。

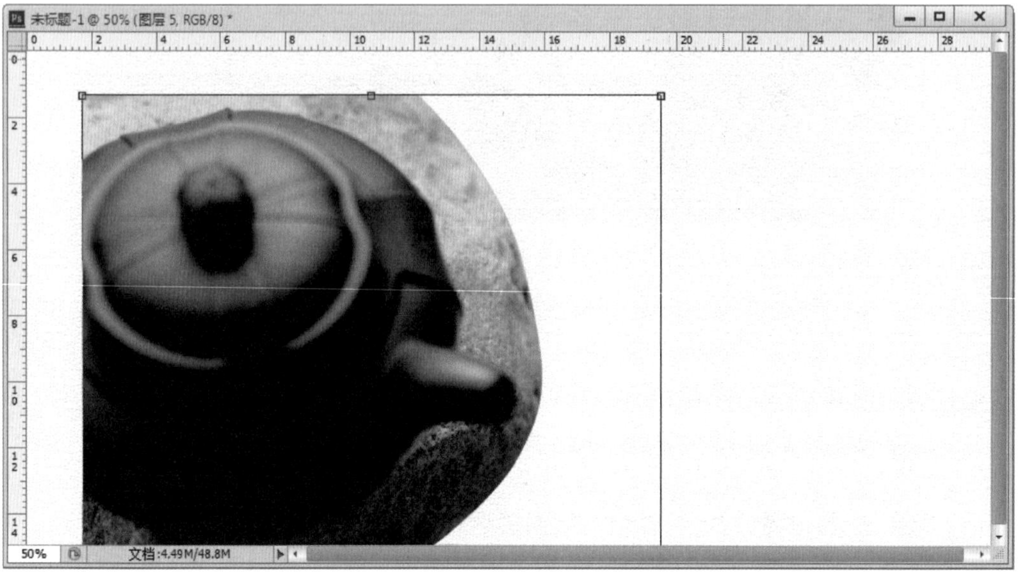

图 6-19　调整素材图片的大小

图 6-20　图片素材的摆放

(10) 使用文字工具 T 输入相关文字内容，并根据画面的意境，调整文字图层与墨迹图层的不透明度，如图 6-22 所示。

(11) 招贴画的最终效果如图 6-23 所示。

图 6-21　等距离复制线条

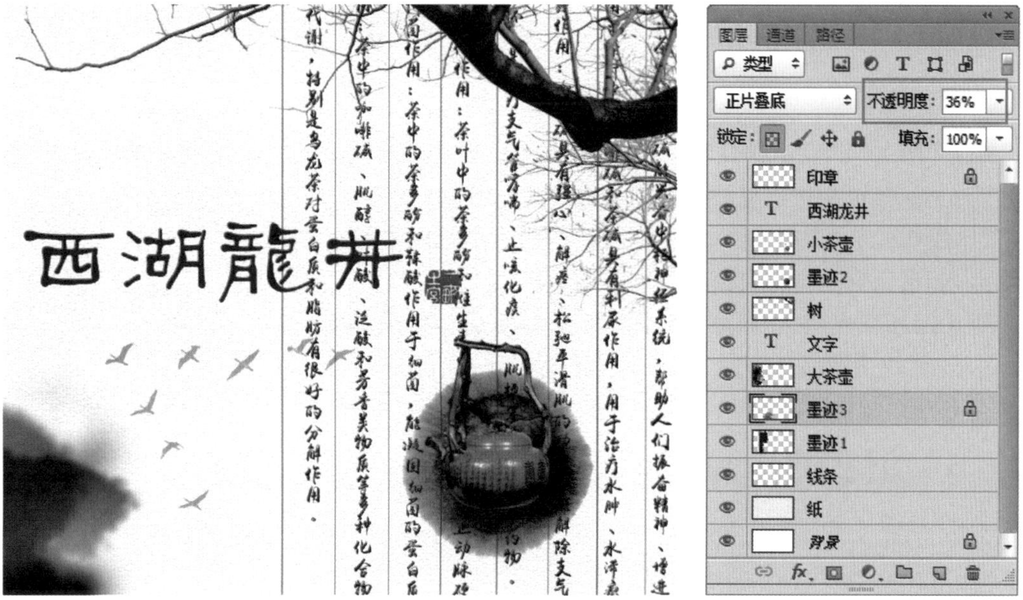

图 6-22　调整各层的不透明度

图 6-23　招贴画的最终效果

6.2　图层样式

图层样式命令能使图层上的图像产生许多特殊的效果，如投影、外发光、内发光、斜面和浮雕、图案叠加等，这些效果在实际图像处理中经常要用到。

图层样式是通过对“图层样式”对话框的设置来使图像产生特殊效果。在“图层样式”对话框中，不同的效果有着不同的参数设置。

图层样式能够应用于普通图层、形状图层、文字图层，但不能应用于背景图层。

6.2.1　添加图层样式

执行“图层”|“图层样式”命令，或单击图层面板下方的 fx 按钮，在弹出的菜单中选择要添加的效果名称，如图 6-24 所示，便可打开“图层样式”对话框，如图 6-25 所示。在对话框中设置图层样式参数，效果满意后单击“确定”按钮退出。

添加图层样式后，在图层面板的图层名称右边会出现 fx 标记，单击标记旁的三角按钮可以展开显示样式名称，如图 6-26 所示；再次单击三角按钮又可将样式名称折叠起来，如图 6-27 所示。

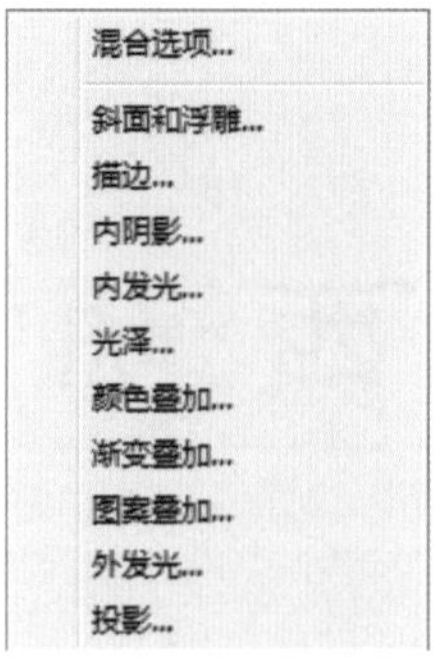

图 6-24　图层样式菜单

6.2.2　“混合选项”面板

默认情况下，打开“图层样式”对话框后就是“混合选项”面板，在这里可以对图层的混合模式、不透明度、混合颜色等参数进行设置。

下面通过一个实例练习“混合选项”面板的操作。

(1) 打开“第 6 章\素材 6-29a.jpg”夜景素材图，

(2) 拖入“素材 6 29b.jpg”“素材 6 29c.jpg”。

(3) 单击图层面板下方的“添加图层样式”按钮 fx 。

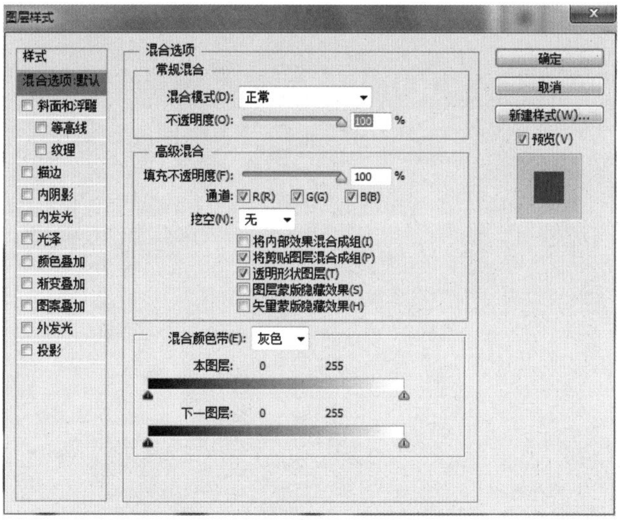

图 6-25 “图层样式”对话框

图 6-26 展开图层样式

图 6-27 折叠图层样式

(4) 在打开的“图层样式”对话框中选择“混合选项”命令,在弹出的“图层样式”面板上设置“混合颜色带”。

(5) 按住 Alt 键拖曳滑块 ,如图 6-28 所示。合成焰火夜景效果如图 6-29 所示。

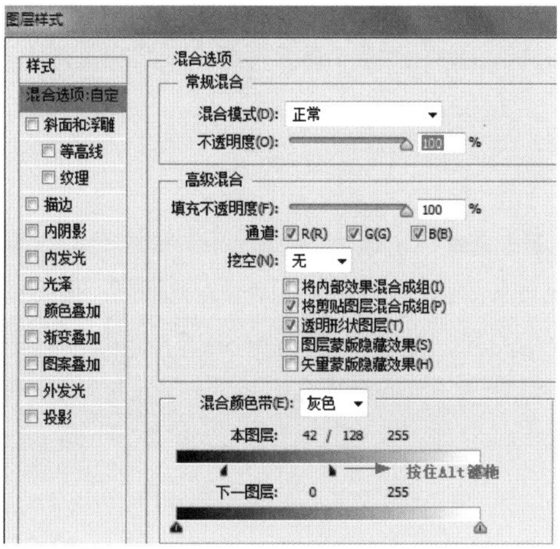

图 6-28 “混合选项”面板

图 6-29　焰火效果

6.2.3 “投影”面板

视频讲解

打开“图层样式”对话框后，选择左侧样式列表中的“投影”复选框，并单击该选项，便可切换到“投影”面板，对当前图层中的对象投影进行设置。主要操作如下。

(1) 打开“第 6 章\素材 6-30.jpg”文件，在“图层”面板上用鼠标按住背景层缩略图拖向面板下方的“创建新图层”按钮 ，复制背景层，将该层设为隐藏。

(2) 将“背景”层用白色填充，用“渲染/云彩”和“纹理/马赛克拼贴”滤镜制作如图 6-30 所示的底纹效果。此过程为衬托层的制作，可随意创作。

图 6-30　制作底纹效果

(3) 显示“背景副本”层,以该层为当前操作层,按 Ctrl+T 快捷键把图像缩小。

(4) 单击“图层”面板底部“添加图层样式”按钮 fx,在弹出的菜单中选择“描边”命令,设置描边颜色为白色,大小为 8 个像素,如图 6-31 所示。

(5) 执行“滤镜”|“扭曲”|“切变”命令,打开对话框进行设置,如图 6-32 所示。

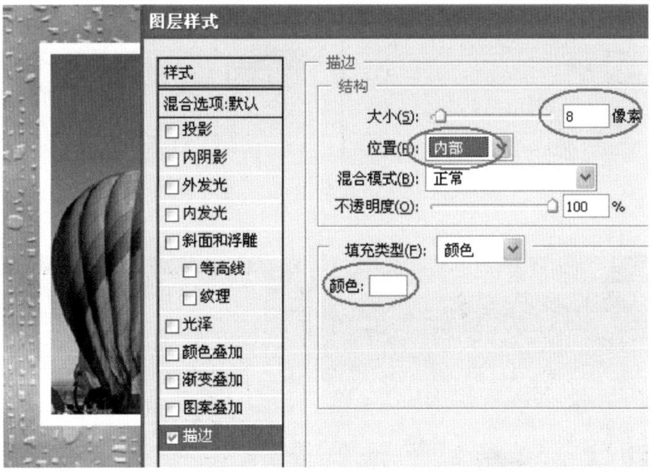

图 6-31 在“图层样式”对话框中设置描边

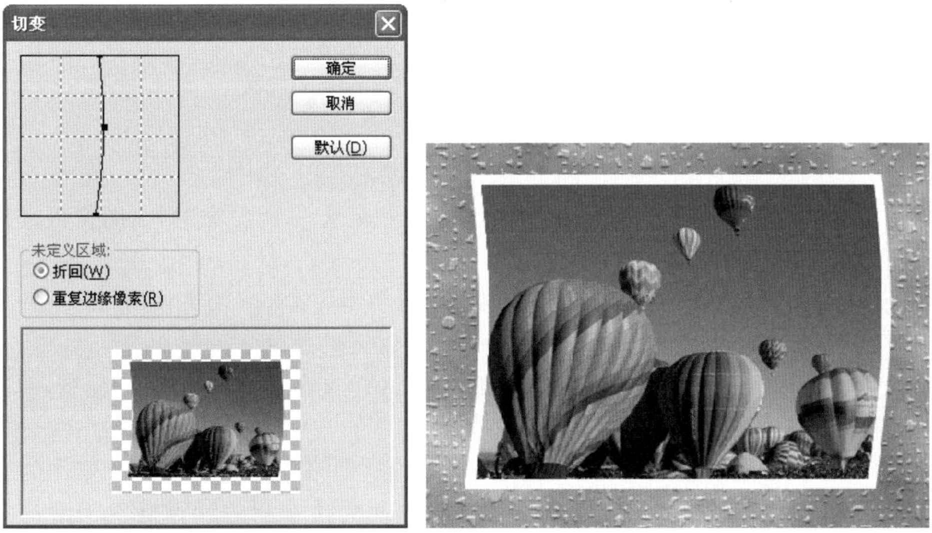

图 6-32 滤镜“切变”操作

(6) 单击“图层”面板底部“添加图层样式”按钮 fx,在弹出的菜单中选择“投影”命令,参数使用默认值。在图层缩略图旁的 fx 图标上右击,在弹出的快捷菜单中选择“创建图层”命令,如图 6-33 所示。将图层样式和图像拆分成 3 个图层。

(7) 将“背景 副本”的内描边层和“背景 副本”图层合并。

(8) 单击“背景 副本”的投影层,使其为当前工作层,按 Ctrl+T 快捷键调出自由变换控制框,右击,在快捷菜单中选择“水平翻转”命令,适当调整好阴影的位置,最终卷角的效果就出来了,如图 6-34 所示。

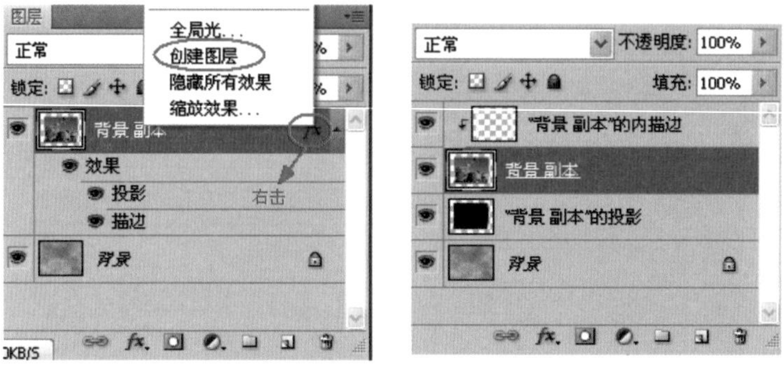

图 6-33　将图层样式拆成 3 个图层

图 6-34　页面卷角效果

6.2.4 "外发光"与"内发光"面板

视频讲解

"外发光"效果可以在图像边缘产生光晕；"内发光"则在图像内部产生光晕效果。具体操作如下。

(1) 新建 1200 像素×800 像素，分辨率为 72ppi 的文档，新建一个图层，命名为"底色"，并对其填充 C：20%，K：80%的颜色。

(2) 用文字工具 T 输入白色的"RAY"文字，对该图层进行复制，并把它们分别命名为 RAY1 与 RAY2。

(3) 在文字图层上右击，在弹出的选项框中选择"栅格化文字"。(这个操作的目的是把文字图层转换为图像图层，避免由于字体的缺失而无法在别的计算机中正常观看设计效果)

(4) 选择 RAY1 层，单击"图层"面板底部的"添加图层样式"按钮 fx，在弹出的菜单中选择"外发光"等多种效果命令，相关参数的设置如图 6-35 所示，文字艺术效果如图 6-36 所示。

(5) 选择"RAY2 层"，单击"图层"面板底部的"添加图层样式"按钮 fx，在弹出的菜单中选择"内发光"等多种效果命令，相关参数的设置如图 6-37 所示，画面效果如图 6-38 所示。

(6) 内外发光的叠加效果如图 6-39 所示。作品分层文件可浏览图 6-39. psd 文件。

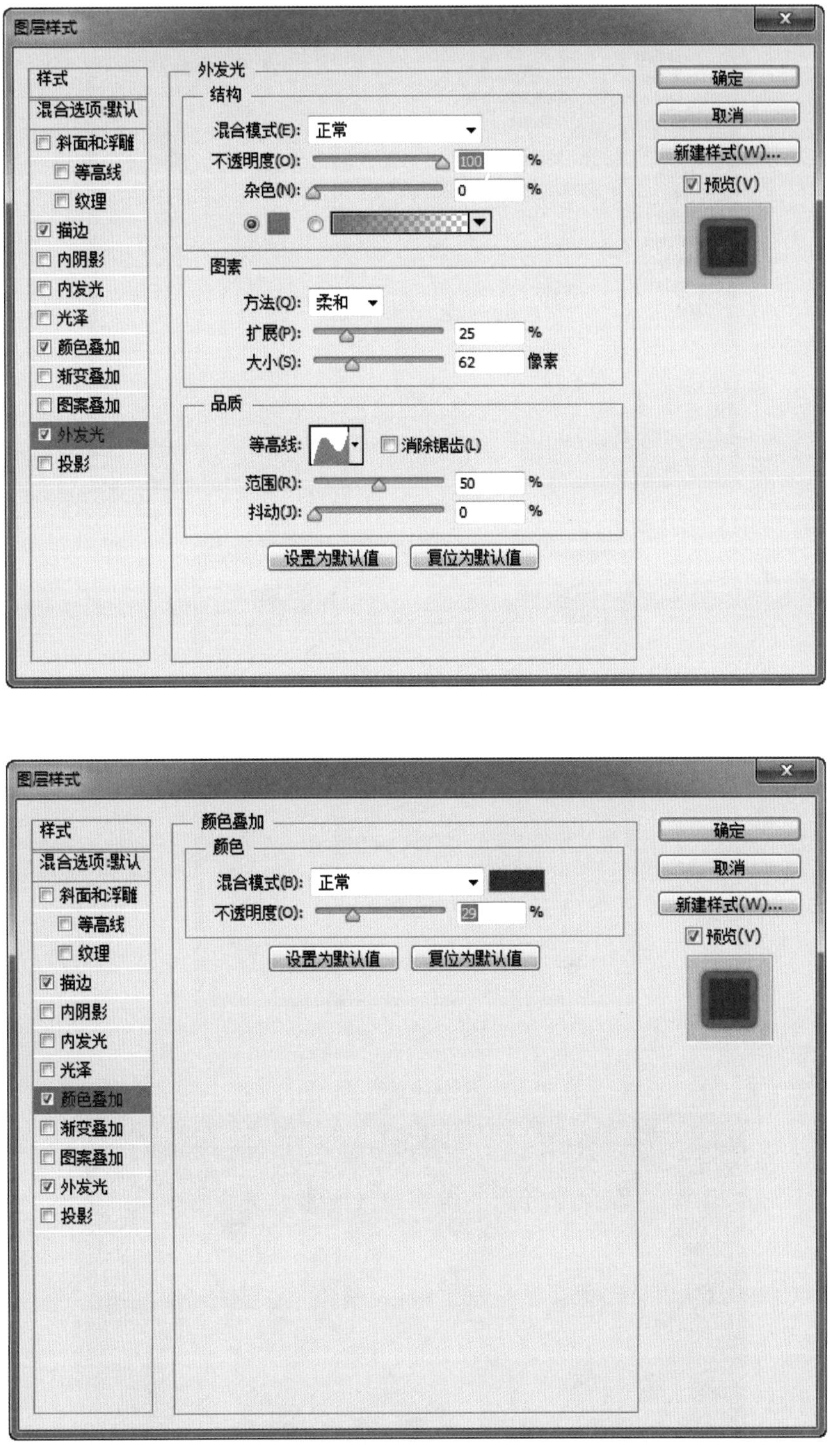

图 6-35 RAY1 图层样式的设置

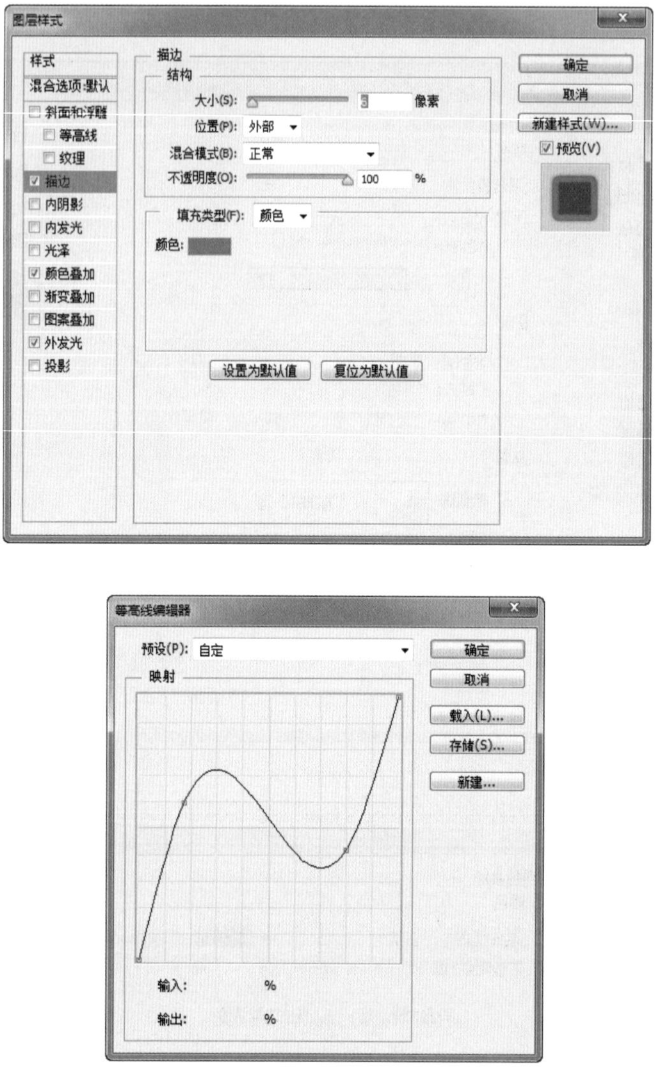

图 6-35 （续）

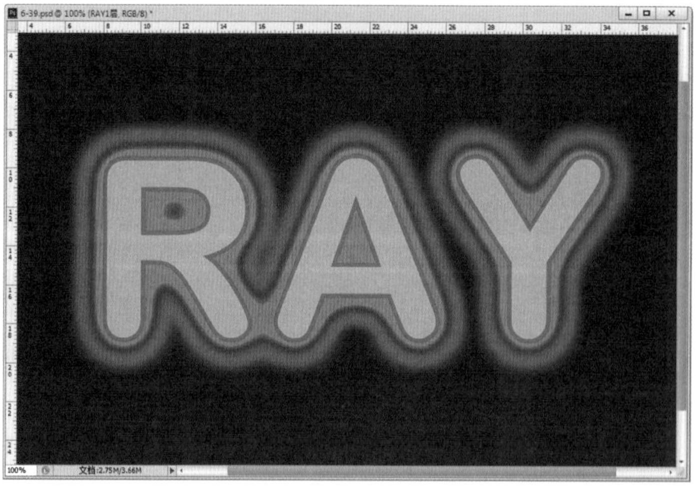

图 6-36 外发光效果

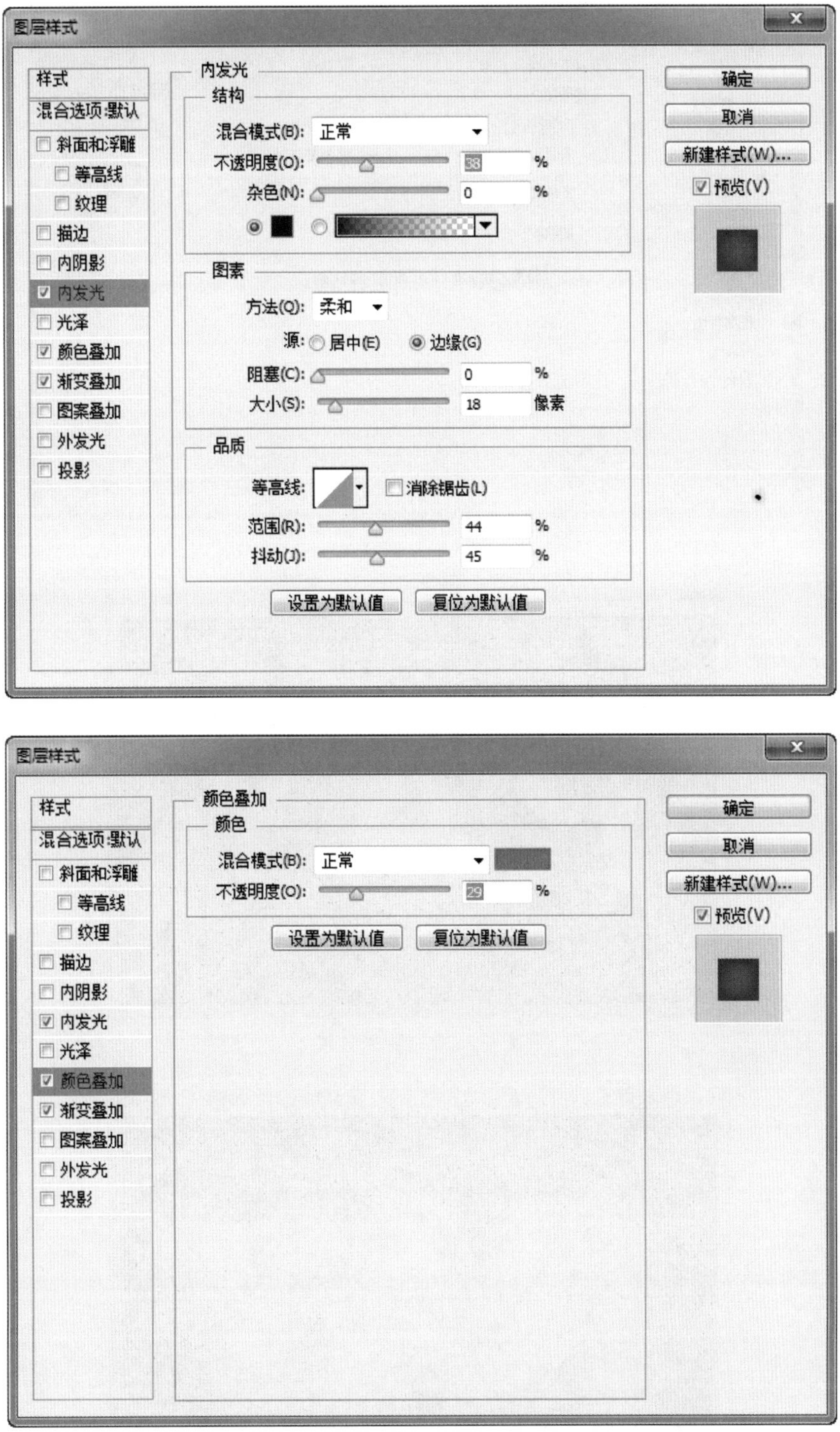

图 6-37 RAY2 图层样式的设置

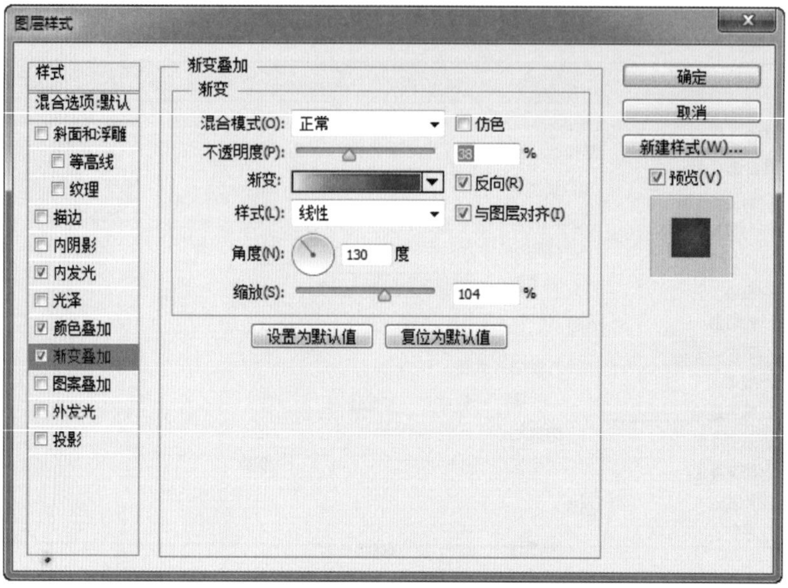

图 6-37 （续）

图 6-38 内发光效果

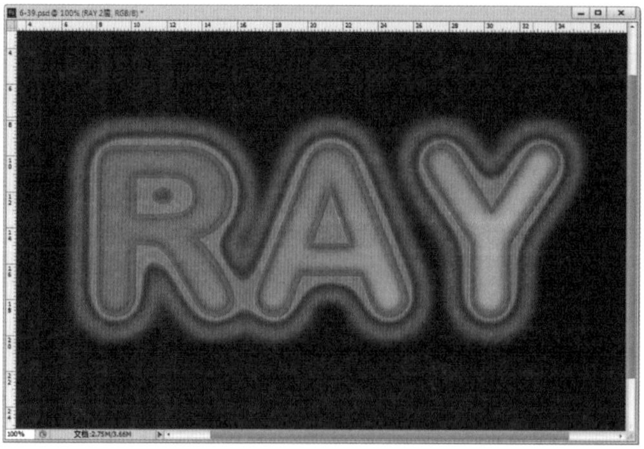

图 6-39 发光字体的最终效果

6.2.5 “斜面和浮雕”面板

视频讲解

“斜面和浮雕”可用于制作各种凸出或凹陷浮雕效果。具体操作如下。

(1) 新建 1200 像素×800 像素，分辨率为 72ppi 的文档，新建一个图层，命名为“底色”，并对其填充 C：10%，K：70%的颜色。

(2) 用文字工具 T 输入白色的“ART”文字，对该图层进行复制，并把它们分别命名为 ART1 与 ART2。

(3) 鼠标放在文字图层上右击，在弹出的选项框中选择“栅格化文字”。(这个操作的目的是把文字图层转换为图像图层，避免由于字体的缺失而无法在别的计算机中正常观看设计效果)

(4) 选择 ART1 图层，单击“图层”面板底部的“添加图层样式”按钮 fx，在弹出的菜单中选择“斜面和浮雕”与“颜色叠加”命令，相关参数的设置如图 6-40(a)所示。

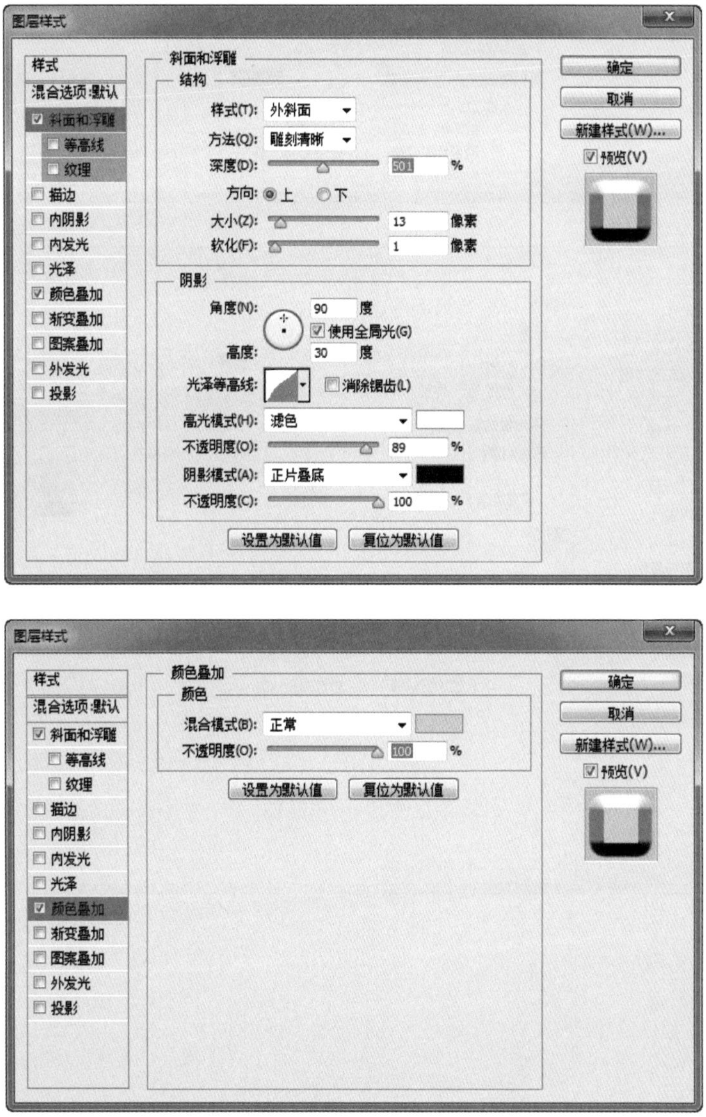

(a) ART1图层样式的设置

图 6-40　浮雕效果的参数设置

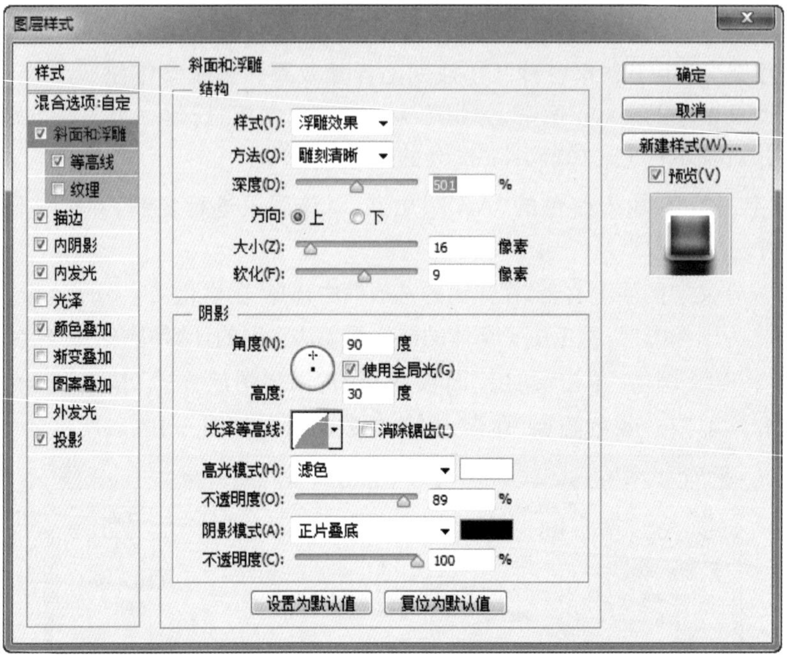
图层样式
样式
混合选项:自定
斜面和浮雕
等高线
纹理
描边
内阴影
内发光
光泽
颜色叠加
渐变叠加
图案叠加
外发光
投影
斜面和浮雕
结构
样式(T): 浮雕效果
方法(Q): 雕刻清晰
深度(D): 501 %
方向: 上 下
大小(Z): 16 像素
软化(F): 9 像素
阴影
角度(N): 90 度
使用全局光(G)
高度: 30 度
光泽等高线: 消除锯齿(L)
高光模式(H): 滤色
不透明度(O): 89 %
阴影模式(A): 正片叠底
不透明度(C): 100 %
设置为默认值
复位为默认值
确定
取消
新建样式(W)...
预览(V)

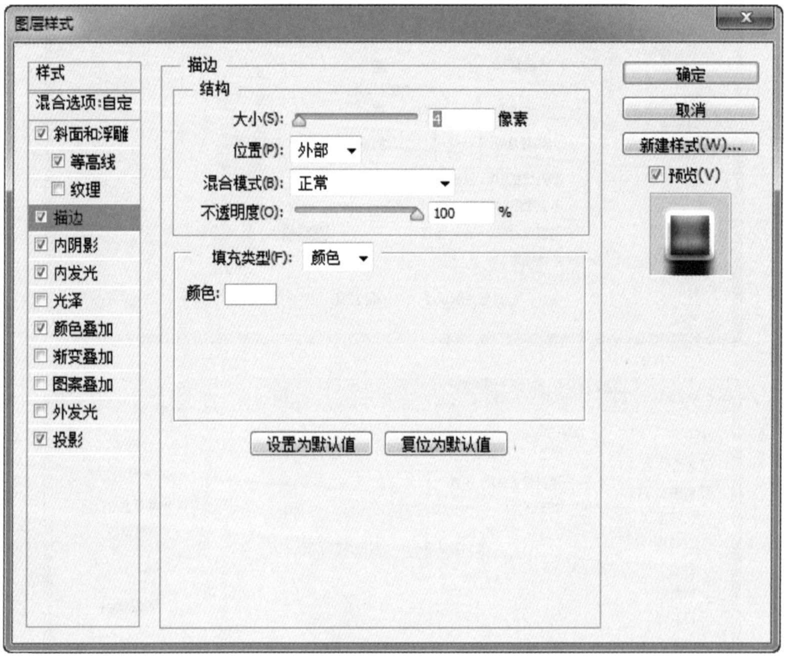
图层样式
样式
混合选项:自定
斜面和浮雕
等高线
纹理
描边
内阴影
内发光
光泽
颜色叠加
渐变叠加
图案叠加
外发光
投影
描边
结构
大小(S): 4 像素
位置(P): 外部
混合模式(B): 正常
不透明度(O): 100 %
填充类型(F): 颜色
颜色:
设置为默认值
复位为默认值
确定
取消
新建样式(W)...
预览(V)

图 6-40 （续）

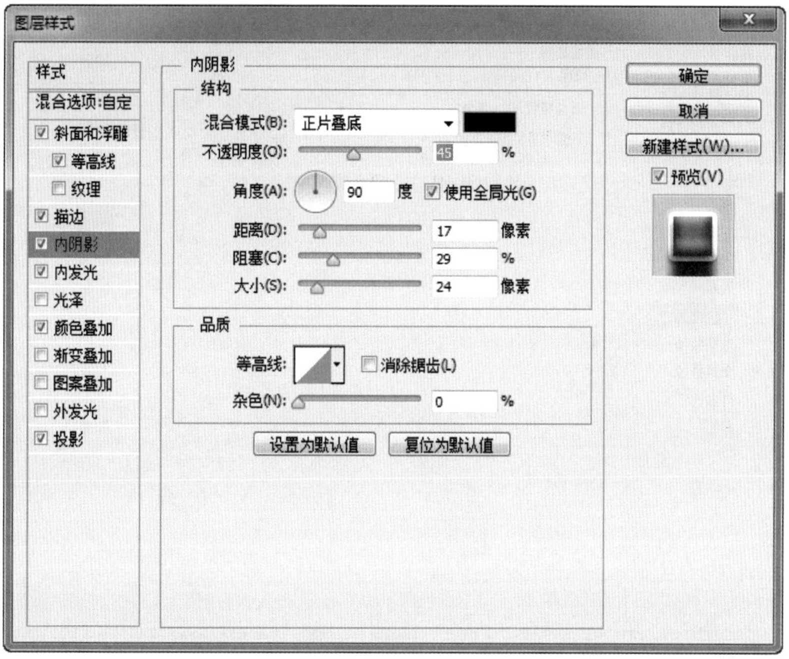
图层样式
样式
混合选项:自定
斜面和浮雕
等高线
纹理
描边
内阴影
内发光
光泽
颜色叠加
渐变叠加
图案叠加
外发光
投影
内阴影
结构
混合模式(B): 正片叠底
不透明度(O): 45 %
角度(A): 90 度 使用全局光(G)
距离(D): 17 像素
阻塞(C): 29 %
大小(S): 24 像素
品质
等高线: 消除锯齿(L)
杂色(N): 0 %
设置为默认值
复位为默认值
确定
取消
新建样式(W)...
预览(V)

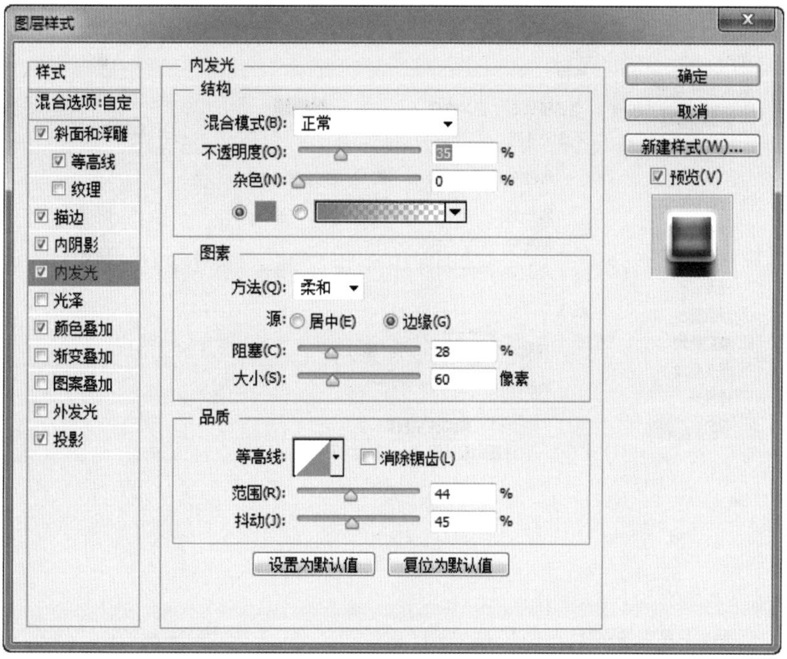
图层样式
样式
混合选项:自定
斜面和浮雕
等高线
纹理
描边
内阴影
内发光
光泽
颜色叠加
渐变叠加
图案叠加
外发光
投影
内发光
结构
混合模式(B): 正常
不透明度(O): 35 %
杂色(N): 0 %
图素
方法(Q): 柔和
源: 居中(E) 边缘(G)
阻塞(C): 28 %
大小(S): 60 像素
品质
等高线: 消除锯齿(L)
范围(R): 44 %
抖动(J): 45 %
设置为默认值
复位为默认值
确定
取消
新建样式(W)...
预览(V)

图 6-40 （续）

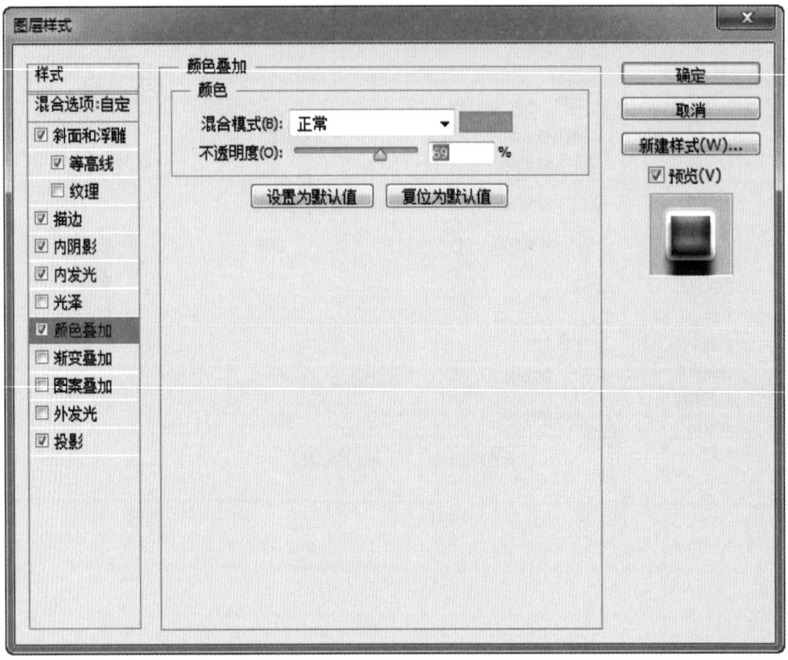

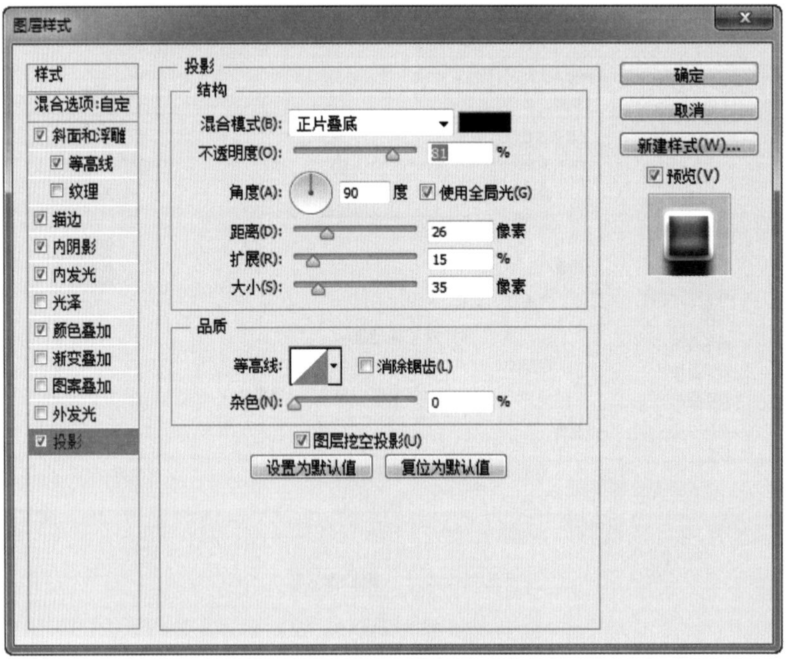

(b) ART2图层样式的设置

图 6-40 （续）

(5) 选择 ART2 图层，单击“图层”面板底部的“添加图层样式”按钮，在弹出的菜单中选择“斜面和浮雕”等多种效果命令，相关参数的设置如图 6-40(b)所示。

(6) 最终效果如图 6-41 所示，作品分层文件可浏览图 6-41. psd 文件。

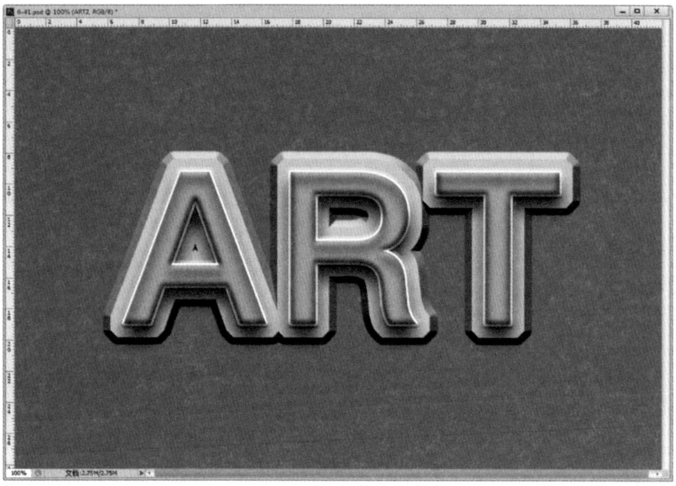

图 6-41　浮雕字体最终效果

6.2.6 “渐变叠加”面板

“渐变叠加”命令使图像产生渐变叠加效果。

(1) 新建 Photoshop 图像文档，新建“图层 1”。

(2) 用“自定形状”工具，设置工具属性 像素 绘制蝴蝶形状。

(3) 单击“图层”面板底部“添加图层样式”按钮，在弹出的菜单中选择“渐变叠加”命令，单击“渐变”，打开“渐变编辑器”，按如图 6-42 所示设置渐变叠加参数。

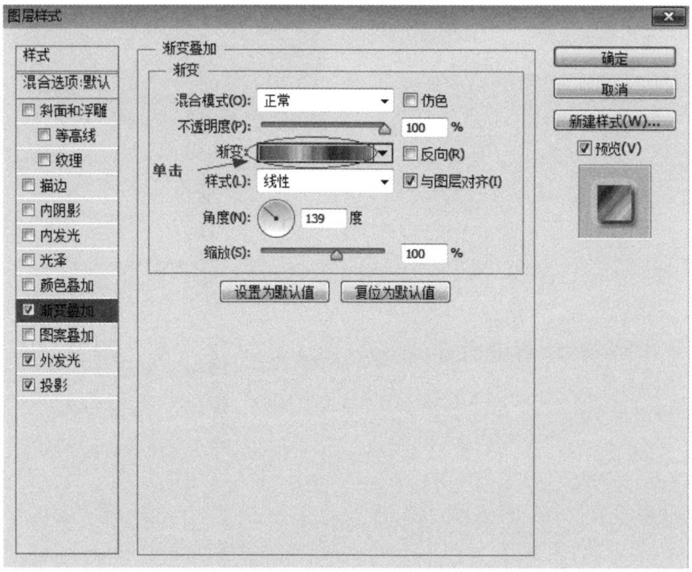

图 6-42　“渐变叠加面板”与“渐变编辑器”面板

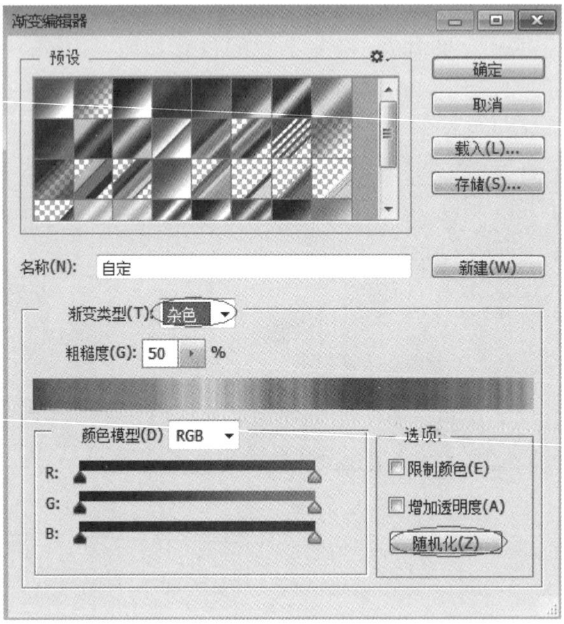

图 6-42 （续）

(4) 继续设置“投影”“外发光”图层样式，最终效果如图 6-43 所示。

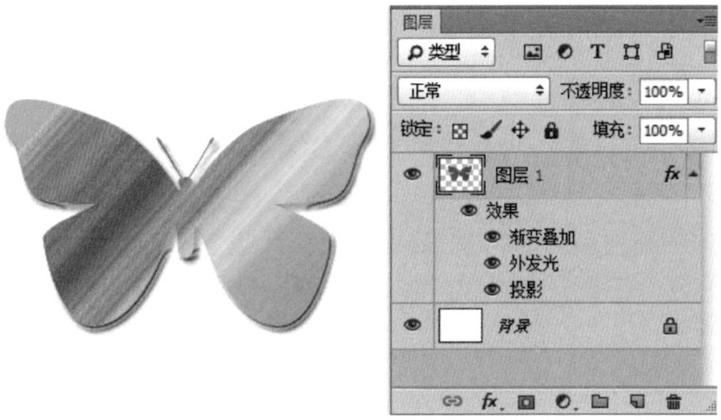

图 6-43 渐变叠加图像效果

6.3 图层样式的编辑

在对图层样式了解后，还有必要掌握图层样式的编辑操作。图层样式可以复制、粘贴，也可以隐藏或清除。

6.3.1 复制、粘贴图层样式

若想在多个图层中应用相同效果，最便捷的方法是复制和粘贴样式。要复制图层样式，可以在“图层”面板中选择包含源图层样式的图层，执行“图层”|“图层样式”|“拷贝图层样式”命令，要粘贴图层样式，可以在“图层”面板中选择目标图层，然后执行“图层”|“图层样

式”|“粘贴图层样式”命令。快速复制图层样式还可按住 Alt 键拖动 fx 图标至另一图层上方，如图 6-44 所示。

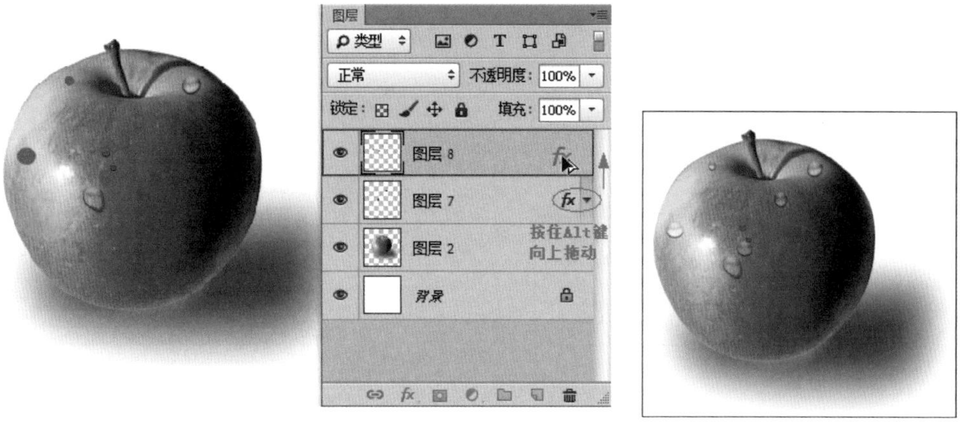

图 6-44　复制图层样式效果

6.3.2　修改、隐藏与清除图层样式

双击“图层”面板的图层样式图标 fx，打开“图层样式”面板便可在相应的选项中更改参数。

要删除某一图层样式，可在该图层上右击，在弹出的菜单中选择“清除图层样式”；或按住图层样式图标 fx 拖到面板下方的垃圾桶 中，如图 6-45 所示。

单击图层样式效果列表前的 图标，可以关闭该效果的显示，如图 6-46 所示。

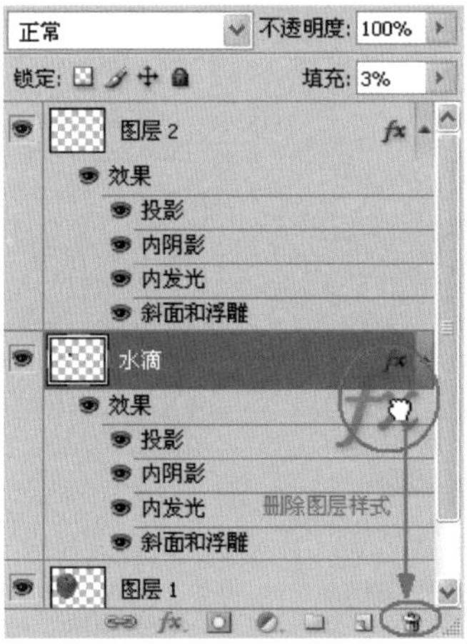

图 6-45　删除图层样式

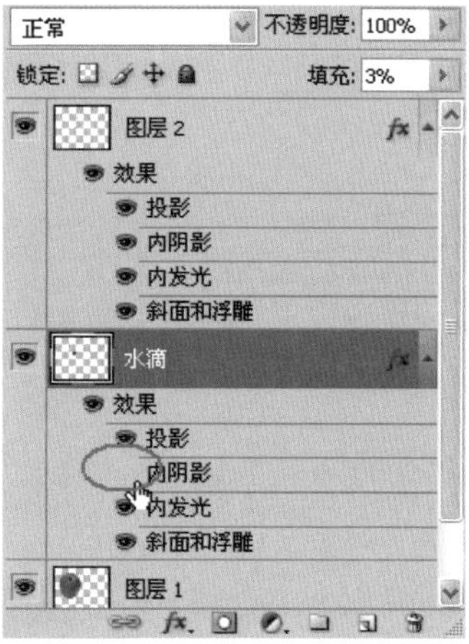

图 6-46　关闭图层样式中的某效果

6.3.3　使用“样式”面板

Photoshop 中提供了图层样式库，可以直接应用这些已经做好的图层样式。如果不满意可以对其进行修改、编辑并保存为新的图层样式。

执行“窗口”|“样式”命令，打开“样式”面板，如图 6-47 所示。单击“样式”面板中的样式图标，即可在图层中应用该样式。要载入 Photoshop 内置的样式，可单击“样式”面板右上方的按钮，在弹出的如图 6-48 菜单中选择需要载入的样式名称，然后在对话框中单击“追加”按钮即可。

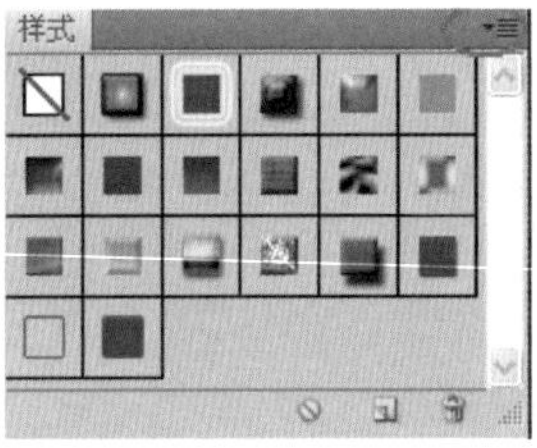

图 6-47 “样式”面板

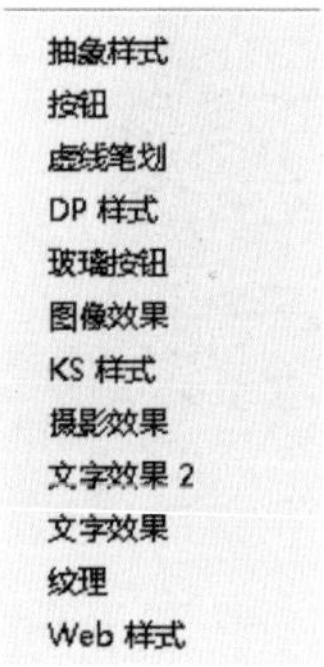

图 6-48 内置的样式菜单

打开“第 6 章\素材 6-49. psd”文件，单击样式调板右上方的按钮，追加 Web 样式。弹出警示框单击“追加”按钮，便在“样式”面板中添加了该组样式，如图 6-49 所示。

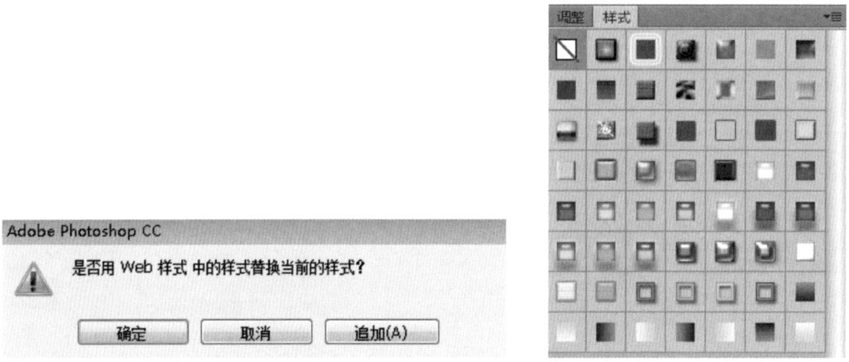

图 6-49 追加 Web 样式

单击“绿色回环”对图层添加该样式，如图 6-50 所示。

图 6-50 应用样式效果

6.4 图层蒙版

图层蒙版主要用于控制图层中各个区域的显示程度。建立图层蒙版可以将图层中图像的某些部分处理成透明和半透明效果，从而产生一种遮盖特效。由于图层蒙版可控制图层区域的显示或隐藏，因而可在不改变图层中图像像素的情况下，将多幅图像自然地融合在一起。图 6-51 即为使用图层蒙版合成的图像实例。

图 6-51　使用图层蒙版合成的图像

6.4.1　创建图层蒙版

视频讲解

图层蒙版是一张 256 级色阶的灰度图像，蒙版中的纯黑色区域可以遮罩当前图层中的图像，从而显示出下方图层中的内容，因此当前图层蒙版黑色区域内的图像将被隐藏，蒙版中的纯白色区域可以显示当前图层中的图像。蒙版中的灰色区域会根据灰度值呈现出不同层次的透明效果，如图 6-52 所示。

图 6-52　不同灰度蒙版产生的效果

1. 直接添加图层蒙版

图像中的每一个图层都可以添加图层蒙版（背景层除外）。图层蒙版的创建很简单，单击“图层”面板底部的“添加图层蒙版”按钮，就可以在图层上建立一个白色蒙版，当前层的内容全部显示，相当于执行“图层”|“图层蒙版”|“显示全部”命令；结合 Alt 键单击该按钮可以创建一个黑色的图层蒙版，显示的是下方图层内容，相当于执行“图层”|“图层蒙版”|“隐藏全部”命令，如图 6-53 所示。

2. 利用选区添加图层蒙版

如果当前图层中存在选区，单击“图层”面板上方的“添加图层蒙版”按钮，可以基于这个选区为图层添加蒙版，选区外的像素将被蒙版隐藏。

下面通过一个实例讲解利用选区添加图层蒙版为图像更换背景的操作。

（1）打开“第 6 章\素材 6-54.jpg”文件，并复制背景层。

图 6-53　创建图层蒙版

（2）打开“通道”面板，观察红通道烟雾透明程度最佳。鼠标按住“红”通道拖向下方的“创建新通道”按钮 ，得到“红 拷贝”Alpha 通道，如图 6-54 所示。

（3）选择加深工具 ，在工具属性选项栏设置范围：“阴影”；曝光度：15%。

（4）在烟雾需要透明的区域内涂抹，将原来的灰色加深。

图 6-54　复制“红”通道

（5）使用快速选择工具 ，按[键与]键更改画笔笔尖大小，将两炷香选取。

（6）按住 Ctrl＋Shift 快捷键在“红 拷贝”通道缩览图上单击，载入选区，如图 6-55 所示。

（7）单击 RGB 复合通道返回“图层”面板，选中“背景 拷贝”层为当前层。

（8）单击“图层”面板下方“添加图层蒙版”按钮 ，选区创建的蒙版可将选区外的像素遮蔽。

（9）打开“第 6 章\素材 6-56.jpg”文件，并拖放到“背景 拷贝”图层下方。

更换背景的效果如图 6-56 所示。

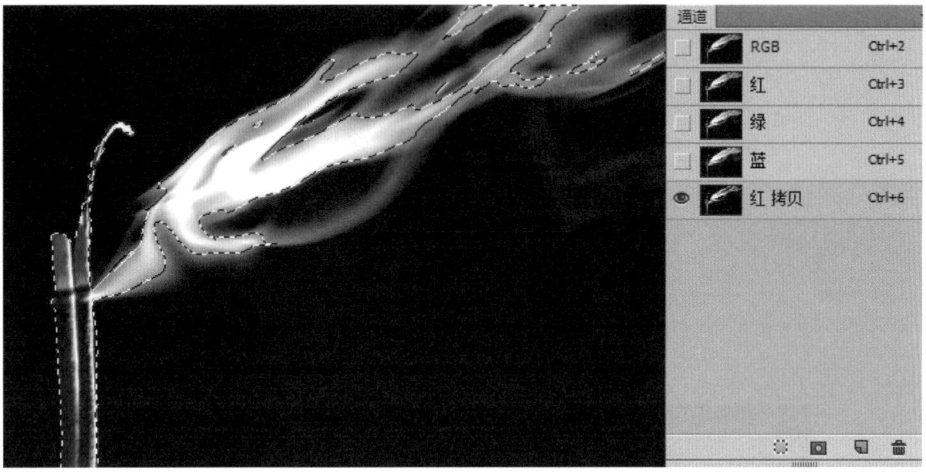

图 6-55　载入选区

图 6-56　更换背景效果

6.4.2　编辑图层蒙版

视频讲解

图层蒙版建立后，该图层上就有两个图像了，一幅是这个图层上的原图，另一幅就是蒙版图像。若要编辑蒙版图像，可单击蒙版缩览图，这时蒙版缩览图有白色边框标志。由于图层蒙版也是一幅图像，因此也可以像编辑图像那样编辑图层蒙版，如绘画、渐变填充、滤镜等。

下面通过一个合成图像实例来学习如何使用渐变填充、画笔绘制编辑图层蒙版。

(1) 打开“第 6 章\素材 6-57.jpg”文件，将它作为背景图层，如图 6-57 所示。

(2) 打开“第 6 章\素材 6-58.jpg”文件，用移动工具将它拖到“素材 6-57.jpg”中，如图 6-58 所示。

(3) 单击“图层”面板底部的“添加图层蒙版”按钮，为当前图层创建一个显示图层的蒙版(即白色蒙版)，如图 6-59 所示。

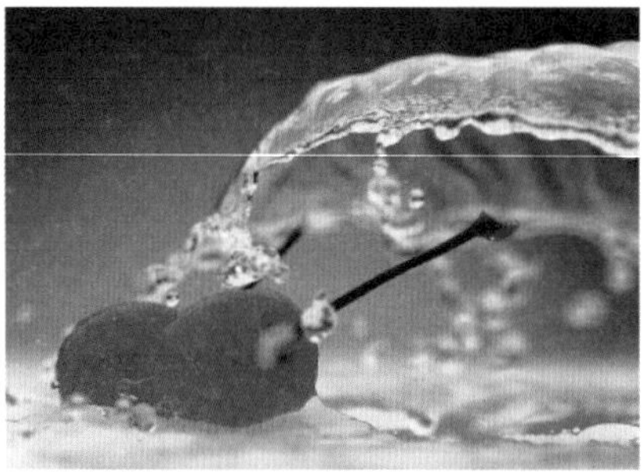

图 6-57　背景图

图 6-58　拖入的图片文件

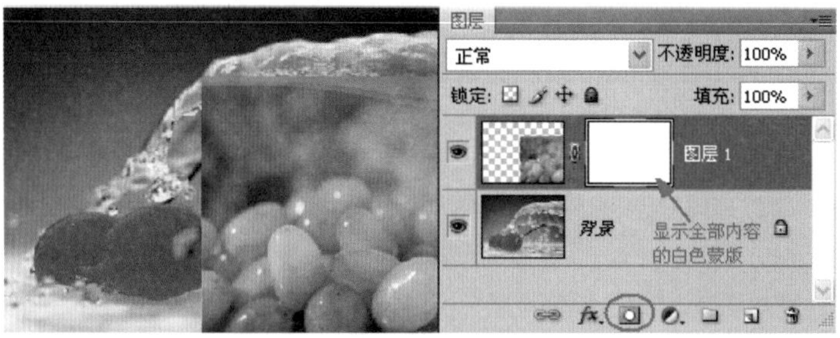

图 6-59　添加图层蒙版

(4) 选择渐变工具，设置前景色为白色，背景色为黑色，在工具栏中单击“径向渐变”选项。从右下角向外拉动鼠标做渐变填充。这时可以观察到白色区域显示当前层图像，黑色区域则蒙蔽了当前层的内容将下层图像显示出来。灰色区域形成羽化了的半透明效果，继续用画笔工具，根据是需要分别用白色或黑色涂抹进行修改，如图 6-60 所示。

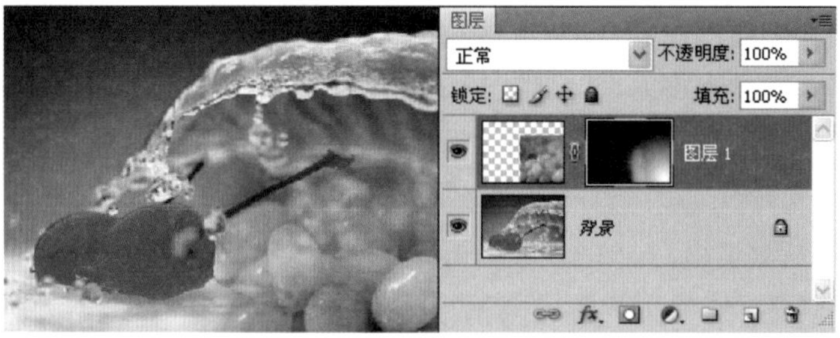

图 6-60　在图层蒙版中做径向渐变

(5) 拖入“素材 6-61.jpg”文件，按住 Alt 键，单击“添加图层蒙版”按钮，为当前图层创建一个隐藏图层的蒙版(即黑色蒙版)，可以看到当前层图像全部被遮蔽，如图 6-61 所示。

(6) 选择画笔工具，用白色画笔在要显示图像的部位涂抹，可按 X 键切换黑白前景色对蒙版进行编辑，并可根据需要适当调节画笔的透明度和流量，效果如图 6-62 所示。

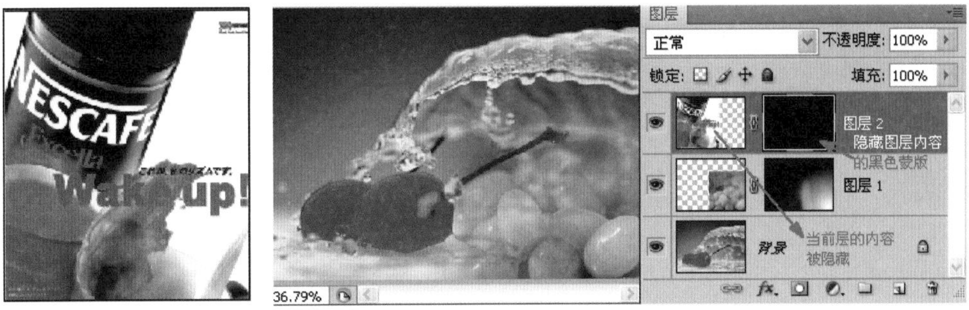

图 6-61　添加隐藏整个图层的蒙版

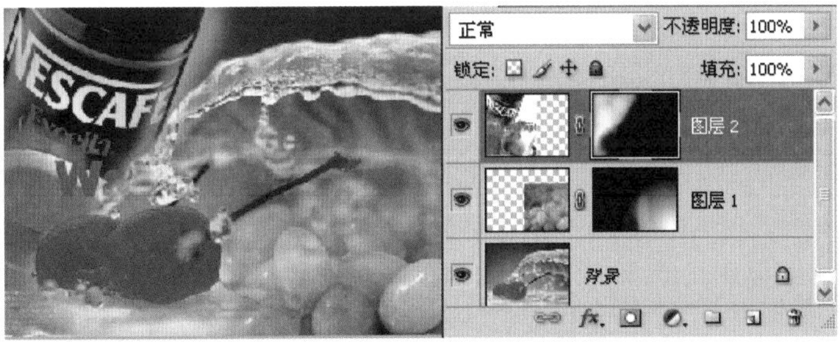

图 6-62　效果图

6.4.3　启用与停用图层蒙版

在图层蒙版缩览图上右击，从弹出的菜单中选择“停用图层蒙版”命令，如图 6-63 所示，停用蒙版后在缩览图上会出现一个红色的交叉线×，这时蒙版失效。也可以按住 Shift 键，单击图层蒙版缩览图停用图层蒙版。

图 6-63　停用图层蒙版

停用的图层蒙版并没有从图层中删除，执行“启用蒙版”命令，或按住 Shift 单击图层蒙版缩览图又能重新启用图层蒙版。

6.4.4 创建剪贴蒙版

视频讲解

剪贴蒙版是特殊的图层，利用下层图像的外轮廓形状对上方图层图像进行剪切，从而控制上方图层的显示区域。

执行“图层”|“创建剪贴蒙版”命令，或按 Ctrl+Alt+G 快捷键即可创建剪贴蒙版。剪贴蒙版可以应用于多个图层，但这些图层必须是连续的。

执行“图层”|“释放剪贴蒙版”命令，或拖动移出剪贴蒙版也可移出释放剪贴蒙版。

剪贴蒙版应用实例：

(1) 打开“第 6 章\素材 6-64.jpg”文件。

(2) 用魔棒工具将阿迪达斯标志选出。

(3) 按 Ctrl+J 快捷键将选中的内容复制到新层，得到“图层 1”。

(4) 背景层填充颜色 #62a5e9，将“第 6 章\素材 6-65.jpg”文件拖入，创建“图层 2”。

(5) 按住 Alt 键，移动鼠标指针至图层面板的“图层 2”与“图层 1”的交界线上，当鼠标指针变成 形状时单击，创建剪贴蒙版，如图 6-64 所示。

(6) 在“图层”面板中剪贴蒙版下方图层为基底层，名称下方带有下画线。上面的图层为像素显示层，它的图层缩览图是缩进的，并有剪贴蒙版标志 ，如图 6-65 所示。

图 6-64 创建剪贴蒙版

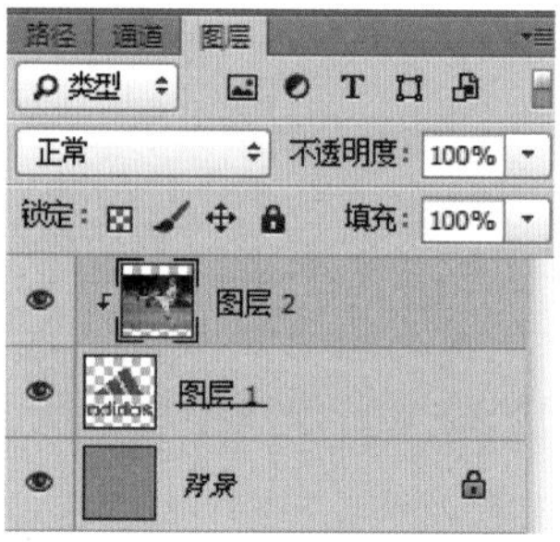

图 6-65 剪贴蒙版图层关系

(7) 移动图层 2 的图像位置，可以改变剪贴蒙版中图像的显示范围。

(8) 选中“图层 1”，单击“图层”面板下方的“添加图层样式”按钮 。

(9) 在弹出的菜单中选择“描边”命令。

(10) 设置参数：描边大小“8 像素”；位置“内部”；颜色“白色”。

(11) 单击图层样式面板左侧“投影”并勾选复选框，添加投影效果。

(12) 打开“第 6 章\素材 6-66.jpg”文件，选出足球置入当前文档。并添加与“图层 1”的参数相同的投影图层样式。

(13) 在背景层执行“滤镜”|“渲染”|“镜头光晕”，最终效果如图 6-66 所示。

6.4.5 创建调整图层

调整图层是以调整命令为基础并与图层功能相结合的特殊图层。

图像的色彩调整都会有损原图的像素，在反复调整中可以用历史记录画笔工具涂抹到历史记录，但任何一个调整操作，其结果都是不可复原的。

图 6-66　剪贴蒙版显示图像效果

为了使调整中图像的像素不被破坏，又能重复更改，建议使用调整层。调整层是集中了图层、蒙版和图像调整三位一体的高级操作，在调整层中可以实现对图像的局部的、反复的、非破坏性的调整，对于不满意的地方可以进入蒙版状态反复修改，因而使得图片的调整更具灵活性。

视频讲解

1. 风光照片层次的调整

(1) 打开"第 6 章\素材 6-67.jpg"文件可以看到黑场、白场信息很丰富，但中间调像素信息极度缺乏，使得整个图片下半部很暗，如图 6-67 所示。

(2) 单击"调整"面板上的"曲线"按钮，创建"色阶"调整层(也可单击"图层"面板底部的"创建调整图层"按钮，在弹出的菜单中选择"色阶"命令)。打开"色阶"调整面板向右推动灰场滑块，让蓝天白云的层次更丰富，如图 6-68 所示。

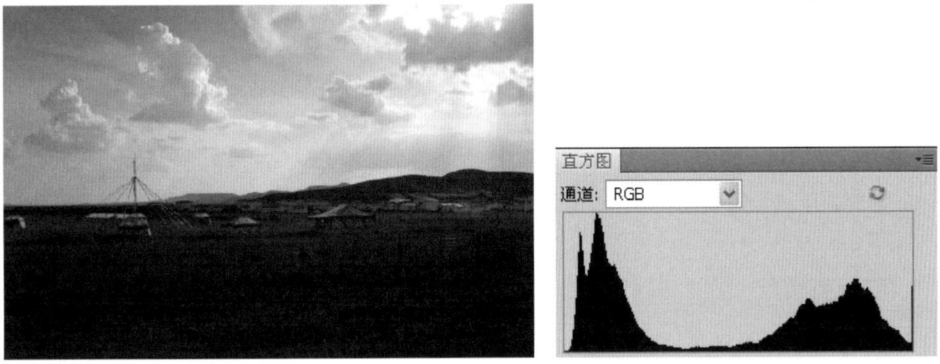

图 6-67　打开需调整的图

(3) 调整后地面色调就更暗了，可以通过蒙版操作恢复地面原来的影调。选择黑色画笔涂抹，在蒙版的遮蔽作用下图像的下半部又回到调整前的状态了，如图 6-69 所示。

(4) 载入色阶调整层的选区后反选，按 Shift+F6 快捷键设置羽化值 30。

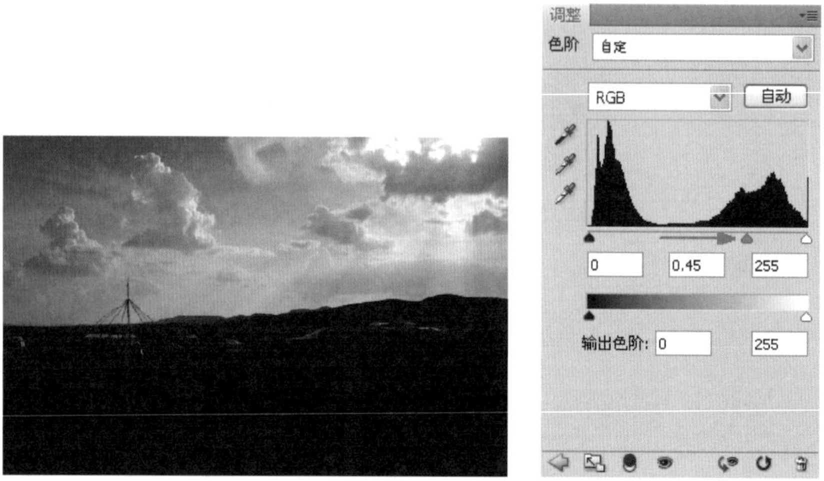

图 6-68　创建“色阶”调整层

图 6-69　使用画笔在蒙版中涂抹

(5) 单击“调整”面板上的“曲线”按钮，创建“曲线”调整层，如图 6-70 所示。曲线调节了地面亮度的同时，图像的天空部位也变亮了，用黑色画笔编辑图层蒙版，如图 6-71 所示。

(6) 载入色阶调整层的选区，单击“图层”面板底部的“创建调整图层”按钮，在弹出的菜单中选择“亮度/对比度”命令，把天空再压暗些，如图 6-72 所示。

(7) 创建“色相/饱和度”调整层提高图像的饱和度。

(8) 接下来还可针对局部的色彩信息添加“曲线”调整层，强化图片的对比度。

(9) 调整结束后按 Ctrl+Alt+Shift+E 快捷键盖印图层，锐化处理。

(10) 如果对操作有不满意的地方，可以隐藏调整层或重新再建调整层反复操作，真正做到了不损坏原图信息而随心所欲地进行调节。最终效果如图 6-73 所示。

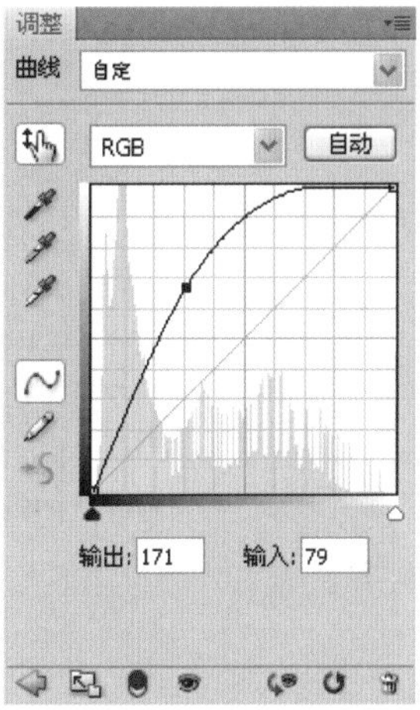

图 6-70　创建“曲线”调整层

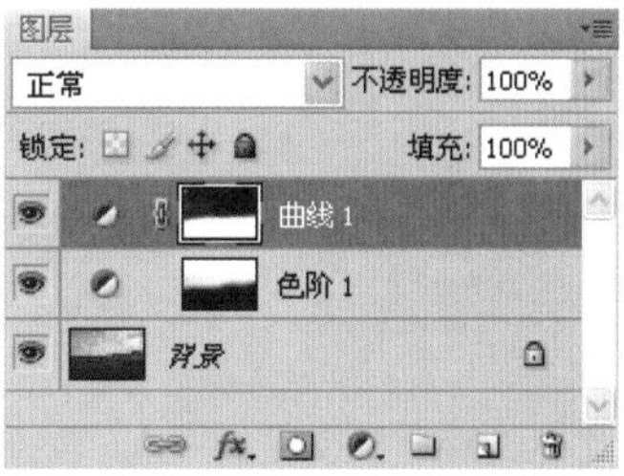

图 6-71　用黑色画笔编辑“曲线”蒙版

图 6-72　添加“亮度/对比度”调整层

图 6-73　调整后的效果

2. 人像照片后期修饰

视频讲解

打开“第 6 章\素材 6-74.jpg”文件。原片的人物皮肤及整个照片的色彩都需要进一步修饰，通过调整前后的效果如图 6-74 所示。

(1) 使用修补工具，套选脸上较大的瑕疵拖到皮肤较好的位置，如图 6-75 所示。

(2) 把问题严重的瑕疵处理好后，利用通道制作选区对皮肤进行磨皮光滑处理。

(a) 原图　　(b) 后期处理效果

图 6-74　人像照片后期修饰

(3) 打开“通道”面板，复制“蓝”通道。对“蓝 拷贝”通道执行“滤镜”|“其他”|“高反差保留”命令，设置参数为 10。

(4) 执行“图像”|“计算”命令，如图 6-76 所示设置相关参数。

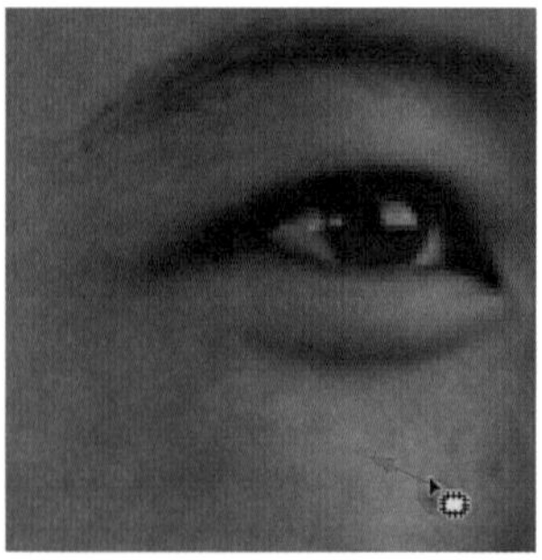

图 6-75　修补瑕疵

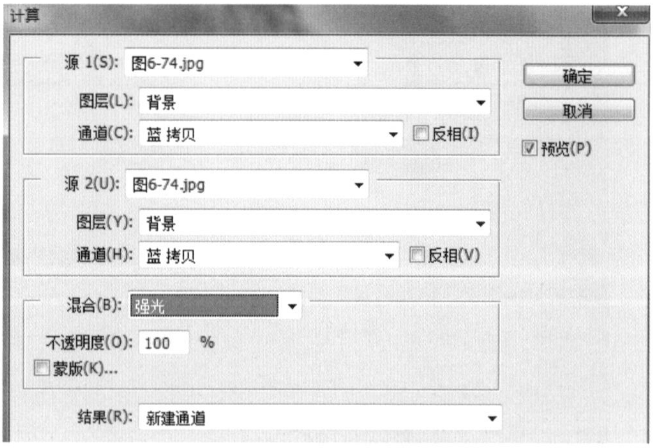

图 6-76　“计算”对话框

(5) 重复执行两至三次“计算”命令，每执行一次都会在“通道”面板中得到一个新的Alpha 通道。按住 Ctrl 键单击 Alpha3 通道缩览图载入选区。

(6) 按 Ctrl+Shift+I 快捷键将选区反向选择后回“图层”面板。单击“调整”面板上的“曲线”按钮，创建“曲线”调整层。向上拉曲线，直到人物皮肤光滑，如图 6-77 所示。

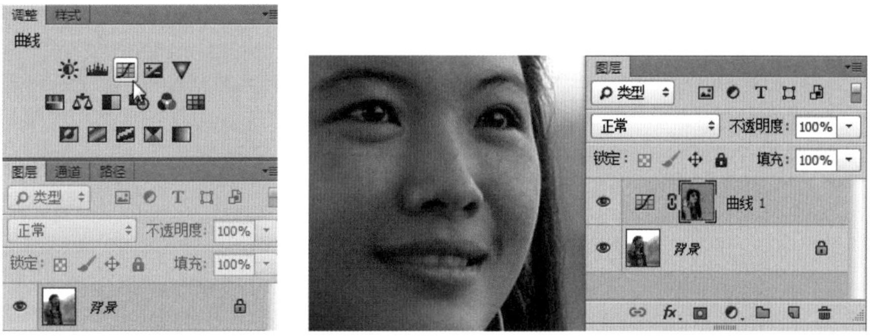

图 6-77　创建“曲线”调整层

(7) 使用黑色画笔编辑蒙版，将五官以及不希望有模糊效果的头发涂抹出来。

(8) 单击“调整”面板上的“色阶”按钮，创建“色阶”调整层，移动黑场与灰场滑块，将图像提亮，如图 6-78 所示。

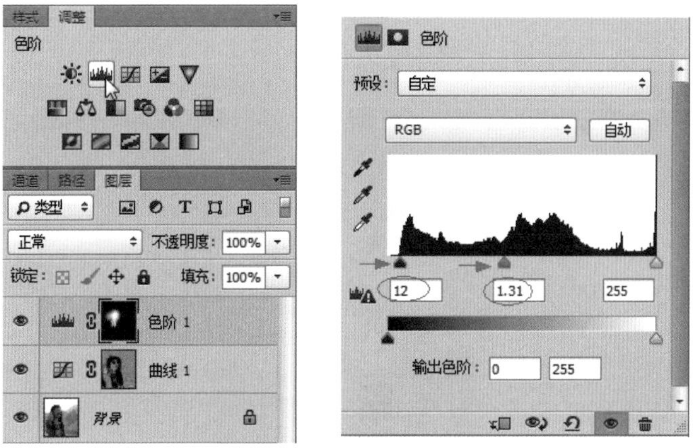

图 6-78　创建“色阶”调整层

(9) 此色阶调整仅希望提亮人物脸部，选中“色阶 1”蒙版层并填充黑色，将色阶的效果全部遮蔽。使用白色画笔，设置合适的不透明度与流量，在人物脸部涂抹。

(10) 单击“调整”面板上的“可选颜色”按钮，创建“可选颜色”调整层。如图 6-79 所示，分别调整绿、黄、青、蓝的颜色比例，让背景颜色更通透清亮。

(11) 用快速选择工具将衣服选出，单击“调整”面板上的“色相/饱和度”按钮，创建“色相/饱和度”调整层，单击图标后在衣服上吸取颜色，拖动“色相与饱和度”滑块更改衣服的颜色，如图 6-80 所示。如果不满意还可再创建“色相/饱和度 2”调整层继续调整。

(12) 用套索工具设置羽化值 20，将嘴唇选出，单击“调整”面板上的“色相/饱和度”按钮，创建“色相/饱和度”调整层，单击图标后在嘴唇上吸取颜色，拖动“饱和度”滑块添加口红效果。

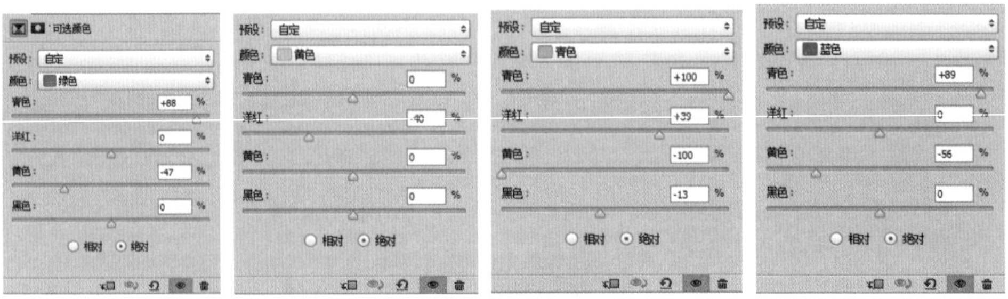

图 6-79 创建“可选颜色”调整层

图 6-80 “色相/饱和度”调整层更改衣服颜色

(13) 新建图层,设置图层混合模式为“颜色”。用画笔在脸颊上刷上腮红,并添加图层蒙版对所绘的腮红进行编辑,如图 6-81 所示。

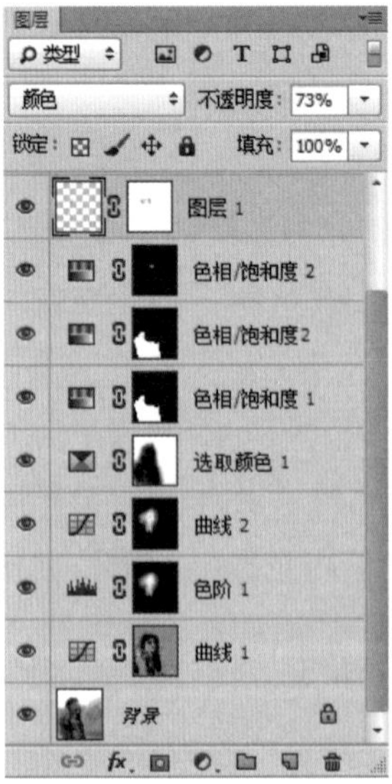

图 6-81 添加腮红

(14) 按 Ctrl+Alt+Shift+E 快捷键盖印图层,执行“滤镜”|“锐化”|“智能锐化”命令,参数设置如图 6-82 所示。最终完成人像照片的修饰。

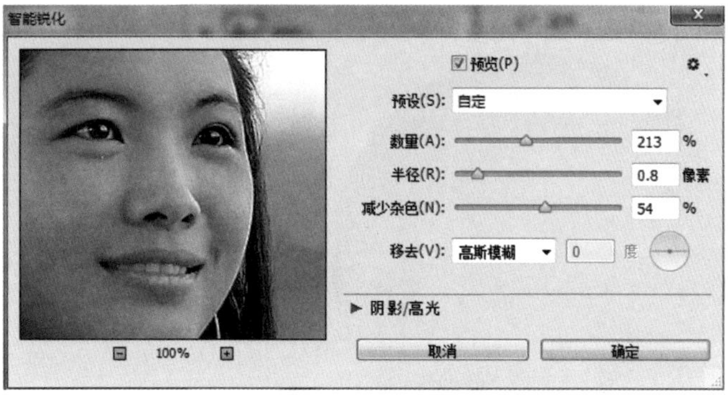

图 6-82 “智能锐化”对话框

6.5 图层混合模式

在 Photoshop 文档中，图像由多个图层叠加在一起，上层图像与下层图像的像素颜色通过混合相互作用得到的效果。不同的色彩混合模式可以产生不同的效果。

6.5.1 混合模式组介绍

1. 正常混合模式

Photoshop 默认的色彩混合模式为“正常”模式，上方图层与下方图层的颜色间不会发生相互作用，上层图像的像素会覆盖下层内容，只有当该层透明度小于 100%时，下层的内容才会显示出来。

2. 加深模式组

加深模式组的混合模式共有 5 种：“变暗”“正片叠底”“颜色加深”“线性加深”“深色”。加深模式组在混合过程中能使图像变暗，当前图层的白色像素会被下层较暗的像素替代。

(1) 打开“第 6 章\素材 6-83. psd”文件，拖入“第 6 章\素材 6-83. jpg”。

(2) 按 Ctrl+Alt+G 快捷键创建剪贴蒙版。

(3) 如图 6-83 所示为“正常”混合模式下的图像，单击“图层”面板 正常 按钮，选择“线性加深”混合模式，图像效果如图 6-84 所示。

图 6-83 “正常”混合模式

图 6-84 “线性加深”混合模式

3. 减淡模式组

减淡模式组的混合模式共有 5 种：“变亮”“滤色”“颜色减淡”“线性减淡”“浅色”。减淡模式组与加深模式组的混合模式产生的效果截然相反，在混合过程中能使图像变亮。使用这组模式时图像中的黑色像素会被下层较亮的像素替换。

(1) 拖入“第 6 章\素材 6-85.jpg”。

(2) 按 Ctrl+Alt+G 快捷键创建剪贴蒙版。

(3) 如图 6-85 所示为“正常”混合模式下的图像，单击“图层”面板 正常 按钮，选择“滤色”混合模式，图像效果如图 6-86 所示。

图 6-85 “正常”混合模式

4. 对比模式组

对比模式组的混合模式共有 7 种：“叠加”“柔光”“强光”“亮光”“线性光”等。对比模式组可以增强图像的反差。在混合时 50%的灰色会完全消失，而高于 50%的像素会加亮下层的图像，亮度低于 50%灰色的像素会使下层图像变暗。

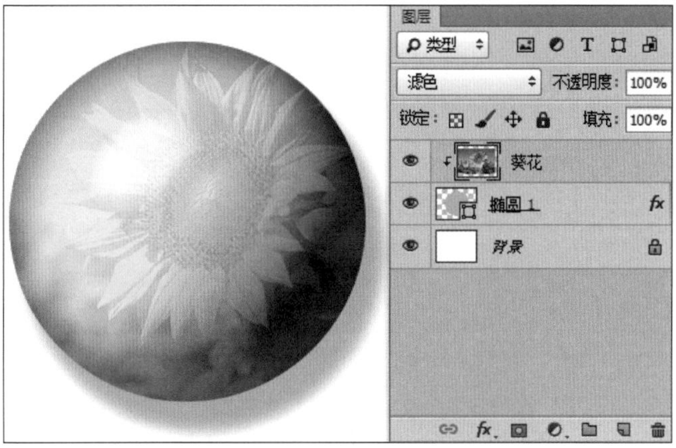

图 6-86 “滤色”混合模式

（1）拖入“第 6 章\素材 6-87.jpg”。

（2）按 Ctrl+Alt+G 快捷键创建剪贴蒙版。

（3）如图 6-87 所示为“正常”混合模式下的图像，单击“图层”面板 正常 按钮，选择“叠加”混合模式，图像效果如图 6-88 所示。

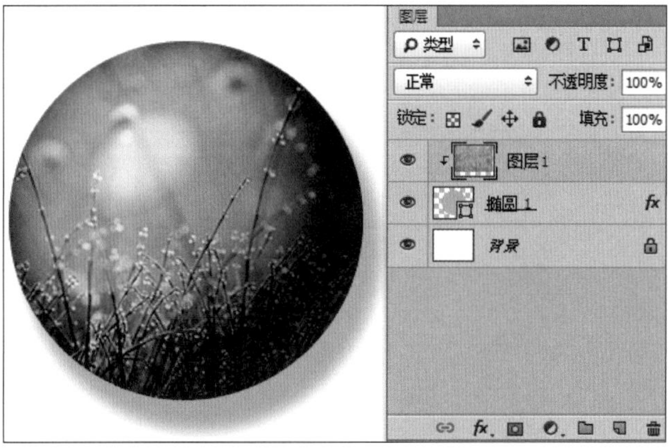

图 6-87 “正常”混合模式

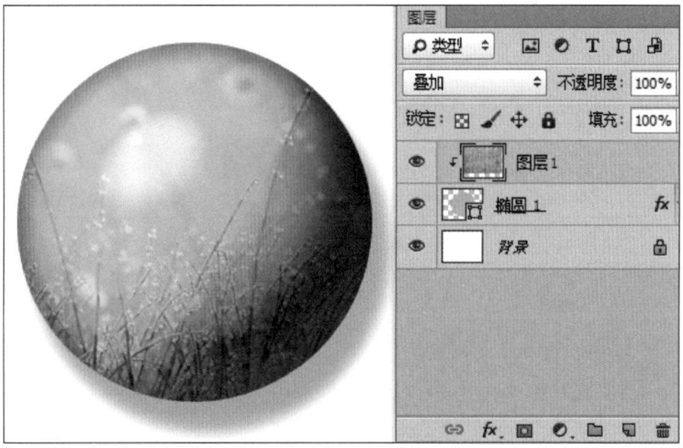

图 6-88 “叠加”混合模式

5. 比较模式组

比较模式组的混合模式最常用的有两种:“差值”和“排除”。

“差值”模式是查看每个通道的颜色信息,上层图像的白色区域使下层图像颜色反相,而黑色则不变。

“排除”与“差值”模式相似,但效果较柔和,混合产生的效果颜色对比度较小。

(1) 打开“第 6 章\素材 6-89.jpg”,新建图层 1 并填充颜色 #071855,如图 6-89 所示。

图 6-89　原图

(2) 单击“图层”面板 正常 按钮,分别选择“排除”“差值”混合模式,观察图像效果如图 6-90 与图 6-91 所示。

图 6-90　“排除”混合模式效果

图 6-91　“差值”混合模式效果

6.5.2　应用混合模式制作海报

视频讲解

应用混合模式制作海报的具体操作如下。

(1) 打开“第 6 章\素材 6-92.jpg”文件,用魔棒工具将人物选出。

(2) 将选中的内容,按 Ctrl+J 快捷键复制到新层,生成“图层 1”。

(3) 单击“图层 1”面板的“锁定图层透明像素”按钮。

(4) 选择渐变工具,打开“渐变编辑器”设置渐变色后填充,如图 6-92 所示。

(5) 拖入“第 6 章\素材 6-93.jpg”,按 Ctrl+Alt+G 快捷键创建剪贴蒙版。

(6) 设置“图层 2”的图层混合模式为“叠加”。

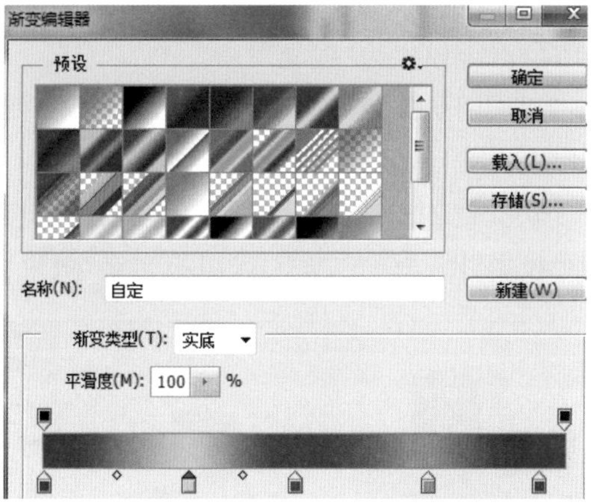

图 6-92　渐变填充“图层 1”

(7) 单击“图层”面板底部的“添加图层蒙版”按钮 ，用黑色画笔涂抹，使图像衔接更柔和。背景层用白色填充，效果如图 6-93 所示。

图 6-93　添加图层蒙版

(8) 拖入"第 6 章\素材 6-94.jpg",按 Ctrl+Alt+G 快捷键创建剪贴蒙版。

(9) 设置"图层 3"的图层混合模式为"强光"。

(10) 为"图层 3"添加"添加图层蒙版",用黑色画笔涂抹,使图像衔接更柔和。

(11) 拖入"第 6 章\素材 6-94a.jpg",生成"图层 4"。

(12) 按 Ctrl+Alt+G 快捷键创建剪贴蒙版。设置图层混合模式"颜色加深"。

(13) 为"图层 1"添加"投影"图层样式,并加入海报文字,效果如图 6-94 所示。

图 6-94　效果图

6.6　图层高级操作应用实例

1. 合成宣传画

(1) 打开"第 6 章\素材 6-95.jpg"文件,拖入"第 6 章\素材 6-96.jpg"文件。

(2) 为"图层 1"添加图层蒙版,选择渐变工具 做黑-白线性渐变填充。

(3) 在"图层"面板单击"创建调整图层"按钮 ,添加"曲线"调整层。

(4) 按 Ctrl+Alt+G 快捷键创建剪贴蒙版,使该曲线调整效果仅作用"图层 1",如图 6-95 所示。

视频讲解

(5) 拖入"第 6 章\素材 6-96.jpg",执行"图像"|"调整"|"匹配颜色"命令。

(6) 为"图层 2"添加图层蒙版,做黑白线性渐变填充,如图 6-96 所示。

图 6-95　曲线调整层创建剪贴蒙版

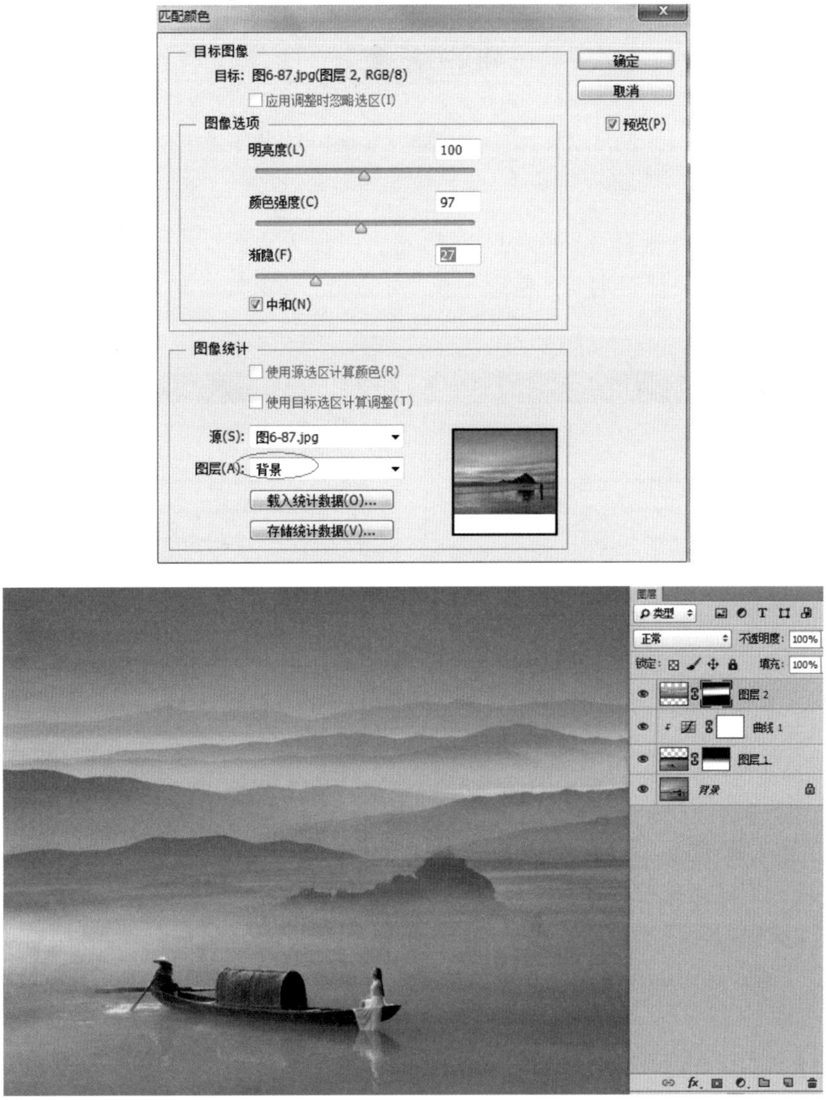

图 6-96　“图层 2”匹配颜色处理

(7) 拖入“素材 6-97.jpg”,创建“图层 3”。

(8) 为“图层 3”添加图层蒙版,选择渐变工具 做黑-透明性渐变填充。

(9) 在“图层”面板单击“创建调整图层”按钮 ,添加“照片滤镜”调整层,增加暖色调,如图 6-97 所示。

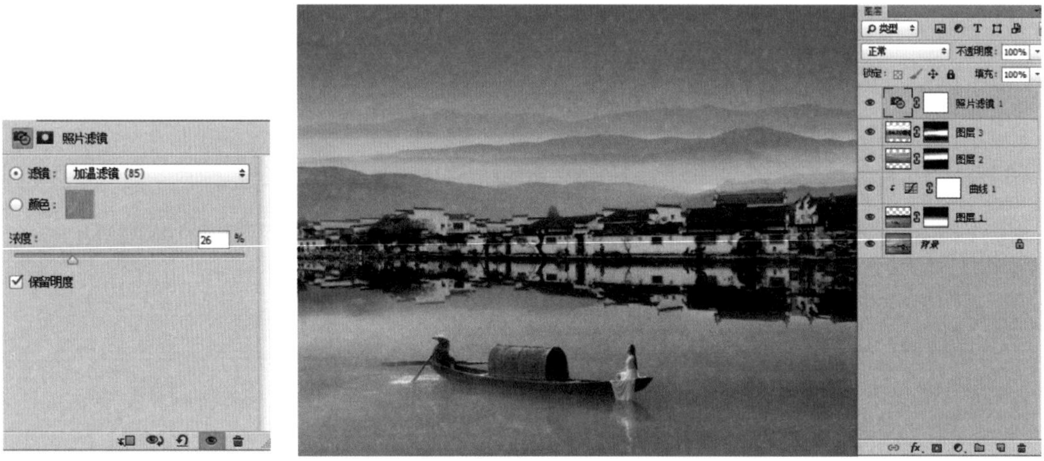

图 6-97 添加“照片滤镜”调整层

(10) 打开“第 6 章\素材 6-98.psd”文件,将竹子拖入。

(11) 按 Ctrl+B 快捷键打开“色彩平衡”对话框,改变竹子的颜色比例以符合当前色温,如图 6-98 所示。

图 6-98 “色彩平衡”对话框

(12) 在“图层”面板单击“创建调整图层”按钮 ,添加“曲线”调整层,调亮整个图片。最后添加文字,完成的效果如图 6-99 所示。

2. 合成唯美意境图

创建调整图层的过程主要是调整相关颜色命令参数,而图层蒙版则是进行图像合成必不可少的,此例利用调整层进行色调的调整,并结合图层蒙版对“第 6 章\素材 6-100a.jpg”和“第 6 章\素材 6-100b.jpg”进行合成,如图 6-100 所示。

视频讲解

(1) 打开“第 6 章\素材 6-100a.jpg”“第 6 章\素材 6-100b.jpg”文件,将后者拖入第一个图像文档中形成“图层 1”。

图 6-99　“曲线”调整后的效果图

(a) 素材6-100a.jpg　　　　(b) 素材6-100b.jpg

图 6-100　素材图

(2) 单击“添加图层蒙版”按钮 创建图层蒙版，选择渐变工具 ，设置前景色为白色，背景色为黑色，在蒙版中做黑-白线性渐变，如图 6-101 所示。

(3) 单击“图层”面板底部的“创建调整图层”按钮 ，在弹出的菜单中选择“通道混合器”命令，如图 6-102 所示设置参数。

图 6-101　添加图层蒙版

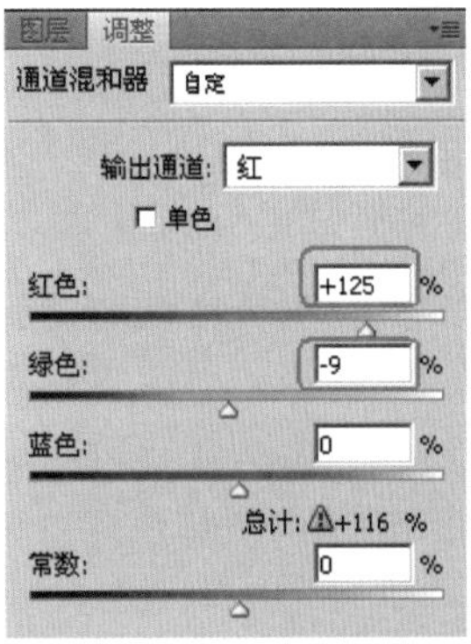

图 6-102　“通道混合器”调整面板

（4）打开“第 6 章\素材 6-100c.jpg”图像文件，拖入后放置到文档下方。按住 Alt 键单击添加“图层蒙版”按钮，为该层添加黑色图层蒙版。选择合适的画笔用白色在蒙版的左下角涂抹，得到如图 6-103 所示效果。

图 6-103　添加图层蒙版后的效果

（5）单击“图层”面板底部的“创建调整图层”按钮，在弹出的菜单中选择“曲线 1”命令，创建“曲线 1”调整层并将曲线稍向上拉做提亮图像处理，为了压低图像四角的亮度，在“曲线 1”调整层的蒙版中做“白－黑”的径向渐变填充，如图 6-104 所示。

（6）单击“创建调整图层”按钮，在弹出的菜单中选择“照片滤镜”命令，创建“照片滤镜”调整层。参数设置如图 6-105 所示。

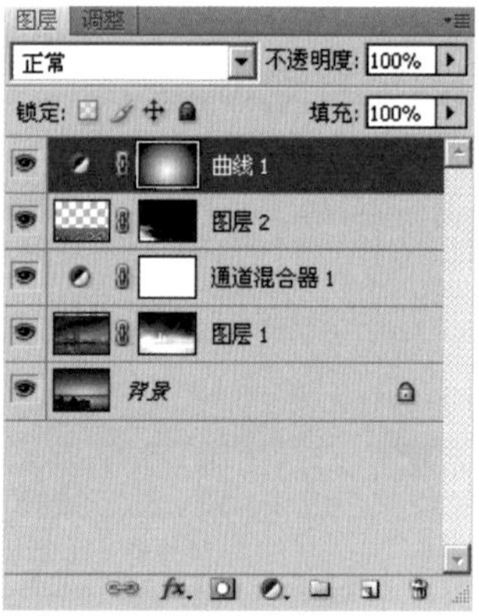

图 6-104　“图层”面板

图 6-105　“照片滤镜”调整层

（7）添加第二个“曲线”调整层，拉出 S 形曲线提高图像的对比度，用黑色画笔在“曲线 2”调整层蒙版涂抹将天空部分遮盖，如图 6-106 所示。

（8）单击“创建新图层”按钮新建“图层 3”，用黄色（＃d5c517）填充该层。

（9）单击“添加图层蒙版”按钮，在蒙版中做“白－黑”径向渐变。再设置图层的混合模式为“颜色加深”，不透明度为 85%。最终合成的效果如图 6-107 所示。

视频讲解

3. 数码照片后期流行色

近些年来数码照片风格在不断更新，出现了青蓝调、暖黄调等具有唯美意境的流行色调，此例原照片色彩平淡，通过调整层的处理将背景的绿树与人物的红相呼应，使画面变得更柔和唯美如图 6-108 所示。

图 6-106 “曲线 2”调整层

图 6-107 效果与“图层”面板

图 6-108 数码照片后期色彩调整

(1) 打开"第 6 章\素材 6-108.jpg"文件,调整此类的照片一般要将原片提亮,饱和度降低。按 Ctrl+J 快捷键复制背景层得到"图层 1",将该层的混合模式设置为"滤色",不透明度设置为 76%。

(2) 单击"图层"面板底部的"图层样式"按钮,选择"渐变叠加"图层样式。

(3) 在"图层样式"面板中设置"渐变叠加"参数,打开"渐变编辑器",追加"蜡笔"样式,如图 6-109 所示。

图 6-109　渐变叠加

(4) 单击"添加图层蒙版"按钮,为"图层 1"添加蒙版,用黑色画笔在人物脸上涂抹,擦除部分渐变叠加效果,如图 6-110 所示。

图 6-110　"图层 1"效果

(5) 新建“图层 2”，设置图层混合模式为“排除”，填充蓝色(#061530)。为该层添加图层蒙版，用黑色画笔对人物进行编辑，如图 6-111 所示。

图 6-111 “图层 2”效果

(6) 在调整面板单击曲线调整按钮，添加曲线调整层，增加图像的对比度。

(7) 用套索工具设置羽化值为“20 像素”，勾选嘴唇创建选区。

(8) 在“调整”面板中单击“色相/饱和度”按钮，创建“色相饱和度”调整层，用吸管工具在嘴唇上单击采样取色，拖动饱和度滑块向右，具体参数如图 6-112 所示。

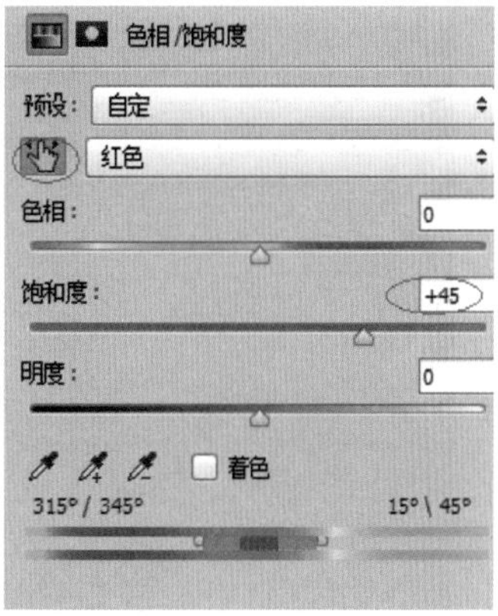

图 6-112 色相饱和度

(9) 新建“图层 3”，设置图层混合模式为“颜色”，用红色画笔，不透明度为 40，流量为 50，在脸颊处单击添加腮红，如图 6-113 所示。

(10) 新建“图层 4”，用白色画笔随意画几根线条。

(11) 执行“滤镜”|“模糊”|“动感模糊”命令，角度设置与线条方向一致，如图 6-114 所示。

(12) 新建“图层 5”用动态画笔绘制散状的点，并添加几个泡泡。

(13) 最后添加“亮度/对比度”调整层，把周围再压暗，如图 6-115 所示。

4. 全景照片的合成

由于单反相机的成像幅面有限，若要获取一张高分辨率的宽屏全景照片，就必须使用多张图片进行数码合成。此例将使用 Photomerge 命令对多张图片进行分层合成。

视频讲解

图 6-113　设置"图层 3"的混合模式

图 6-114　添加光线条

(1) 执行"文件"|"自动"|Photomerge 命令，如图 6-116 所示，打开 Photomerge 面板，单击"浏览"按钮，选择"第 6 章\素材 6-116.jpg～素材 6-118.jpg"3 张图片进行全景照片合成。

(2) 通过无缝衔接的计算后，每个图层都会自动生成一个遮挡蒙版，如图 6-117 所示。

(3) 同时选取 3 个图层，右击，选择"合并图层"命令。

图 6-115　最终效果

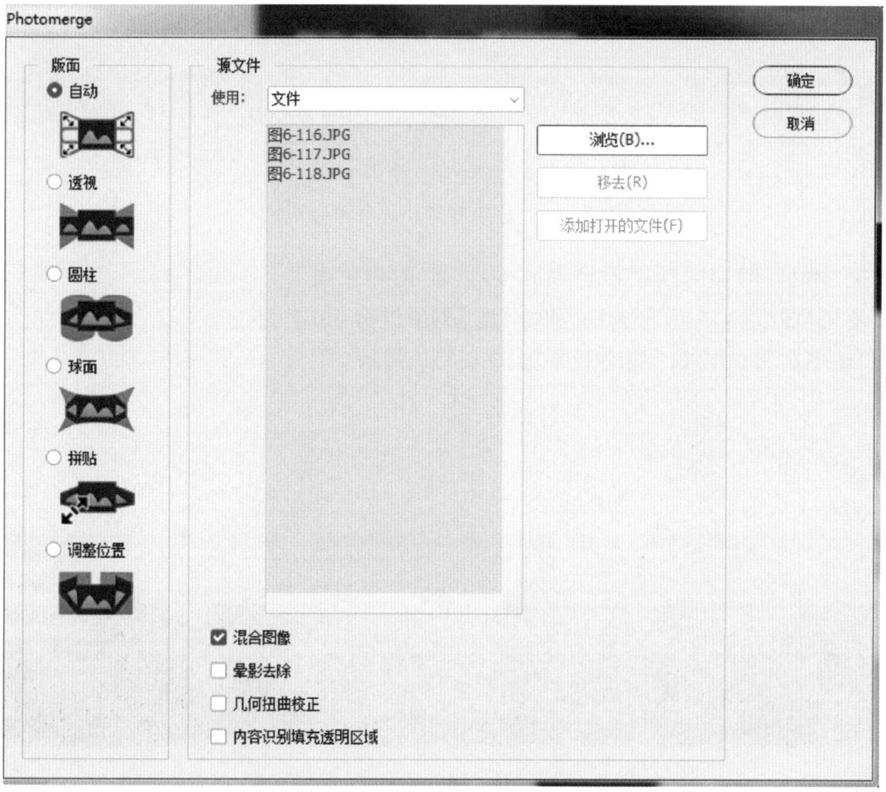

图 6-116　Photomerge 面板

图 6-117　全景图的合成

(4) 执行“编辑”|“变换”|“扭曲”命令，人工修正图片的透视效果。

(5) 打开“第 6 章\素材 6-119.jpg”，并把素材拖入全景照片文件当中。

(6) 按 Ctrl+T 快捷键执行自由变换命令，把素材图片放大并充满整个画面，如图 6-118 所示。

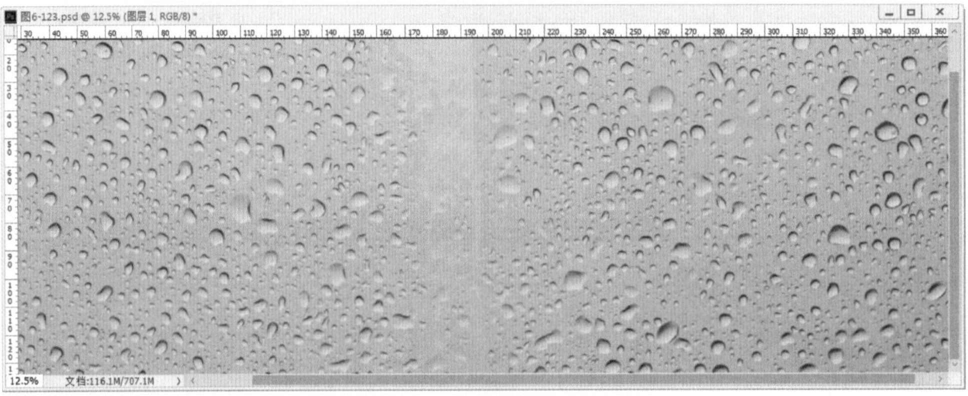

图 6-118　对雨滴图片进行缩放处理

(7) 把“雨滴”图层的图层混合模式更改为“正片叠底”。

(8) 使用“曲线”对“全景”图层和“雨滴”图层进行色彩优化。

(9) “玻璃窗外的雨景”最终效果如图 6-119 所示。

图 6-119　“玻璃窗外的雨景”最终效果

习　题　6

1. 运用图层顺序的关系绘制奥运五环；打开“第 6 章\素材 6-120a.jpg”和“第 6 章\素材 6-120b.jpg”两个文件，如图 6-120(a)和图 6-120(b)所示；利用图层及图层样式操作将它们合成为如图 6-120(c)所示的效果。

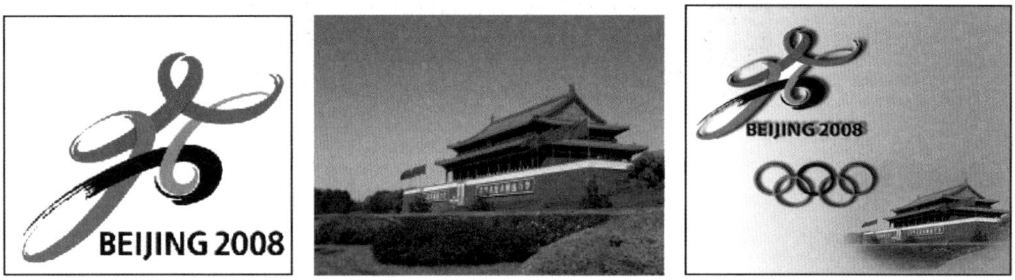

(a)　　(b)　　(c)

图 6-120　绘制奥运五环

2. 打开“第 6 章\素材 6-121.psd”，运用图层、图层蒙版操作制作投影效果，如图 6-121 所示。

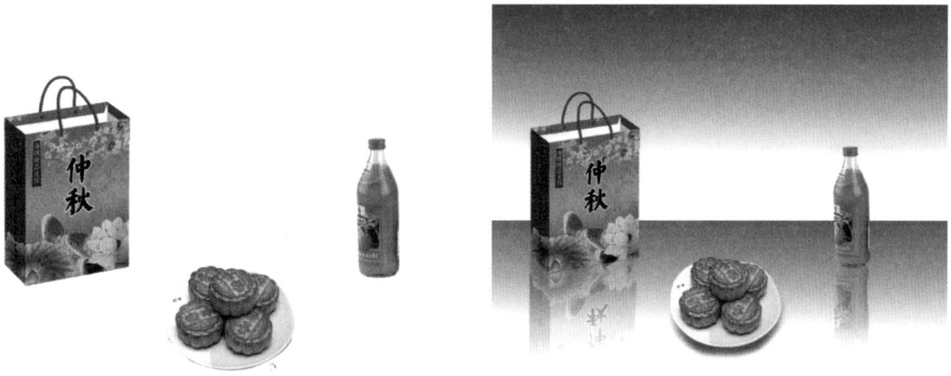

(a) 素材　　(b) 投影效果

图 6-121　制作投影

操作提示：

(1) 用多边形套索分别选出正面与侧面包装袋复制到新图层，做垂直翻转变换后合并图层。

(2) 添加图层蒙版，做黑到白的线性渐变，制作投影效果。

3. 打开“第 6 章\素材 6-122.jpg”文件，如图 6-122 所示。综合运用调整图层及图层蒙版的操作对图像进行色彩及色调的调整，效果如图 6-123 所示。

操作提示：

(1) 分别对天空、地面添加调整图层。

(2) 对天空添加“色相/饱和度”调整层。

图 6-122 原图

图 6-123 效果图

(3) 增加图片的"亮度/对比度"。

4. 打开"第 6 章\素材 6-124.jpg"文件,如图 6-124 所示。将素材复制 3 个副本层,用多边形套索绘制梯形选区,添加图层蒙版;运用图层蒙版的遮盖特效显示部分图像;最终完成图 6-125 效果。

图 6-124 原图

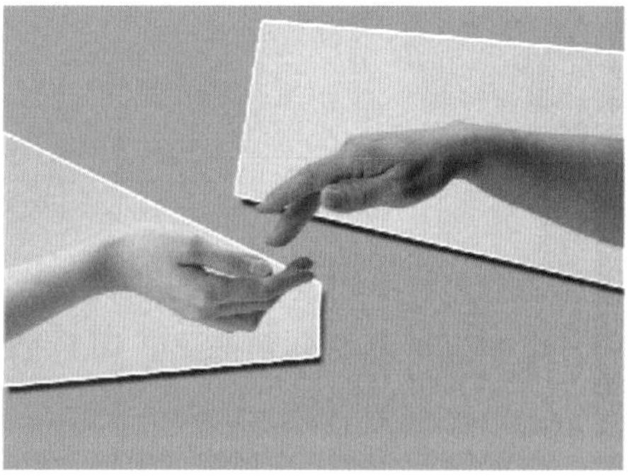

图 6-125 效果图

5. 打开"第 6 章\素材 6-126.jpg"文件,如图 6-126 所示。运用"可选颜色""色彩平衡""色相/饱和度""曲线"调整层与蒙版的编辑,对数码照片的色彩进行后期调整,效果如图 6-127 所示。

图 6-126　原图

图 6-127　效果图

第7章 路径与文字

7.1 矢量绘图基本知识

形状与路径是 Photoshop 可以创建的两种矢量图形。路径是基于贝赛尔曲线建立的矢量图形,它是由一系列点连接起来的线段或曲线。所有使用矢量绘图软件或矢量绘图工具制作的形状和线条,都可以称为路径。

7.1.1 矢量绘图工具

在 Photoshop 中提供了 3 类绘制路径的工具,分别是钢笔工具、文字工具和形状工具,如图 7-1 所示。

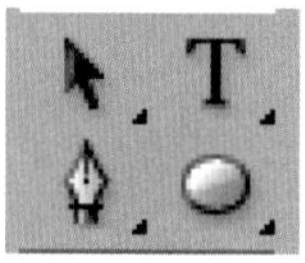

图 7-1 路径工具

7.1.2 绘图模式

使用 Photoshop 提供的矢量工具绘图时,首先要在工具属性选项栏中选择一种绘图模式后再进行绘制。选择"自定形状"工具,在工具属性栏中单击 形状 按钮,会提供 3 个选项,如图 7-2 所示。

图 7-2 工具属性选项栏

◇ 形状:选择该模式可以创建"形状"图层。"形状"图层由形状路径与填充区域两部分构成,填充区域定义了形状的图案、颜色与图层的不透明度等属性;形状则是路径,会被保留在"路径"面板中,如图 7-3 所示。

图 7-3 绘制形状

◇ 路径：选择该模式则仅创建路径，保留在“路径”面板中，不会出现在“图层”面板中，如图 7-4 所示。

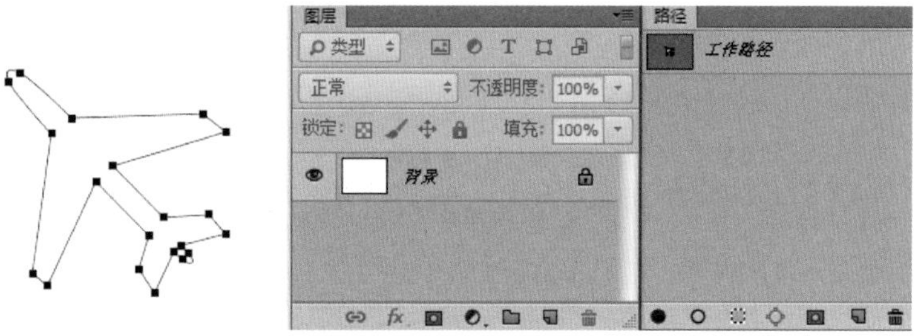

图 7-4　绘制路径

◇ 像素：可以在当前图层创建位图，不会创建路径，如图 7-5 所示。

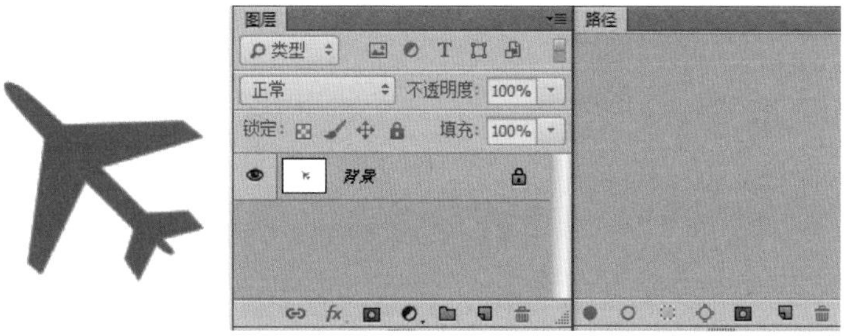

图 7-5　绘制像素

7.2　路径的基本操作

7.2.1　初识路径

路径是一种轮廓，在 Photoshop 中可以用路径作为矢量蒙版来隐藏图层的部分区域；也可以将路径转为选区；路径是矢量对象不含有像素，只能用颜色填充或描边路径。

创建路径主要通过钢笔工具和形状工具来绘制，另外也可以通过将选区转换为路径的方式来实现。钢笔工具创建路径的方法本书在第 4 章已经做了介绍，本章重点介绍形状工具与文字工具创建路径。

7.2.2　变换路径

变换路径与变换图像的方法相同，在“路径”面板中选择路径或者用路径选择工具选择要变换的路径，执行“编辑”|“变换路径”命令，在弹出的菜单项下选择相应的变换命令，如图 7-6 所示。也可以在选择路径后按下 Ctrl+T 快捷键进行缩放、旋转等变换操作。

7.2.3　路径对齐与叠放顺序

使用路径选择工具，将要排列的多个路径选中，单击属性选项栏中“路径对齐方式”按钮，在弹出的菜单中选择一种路径对齐和分布方式，如图 7-7 所示。

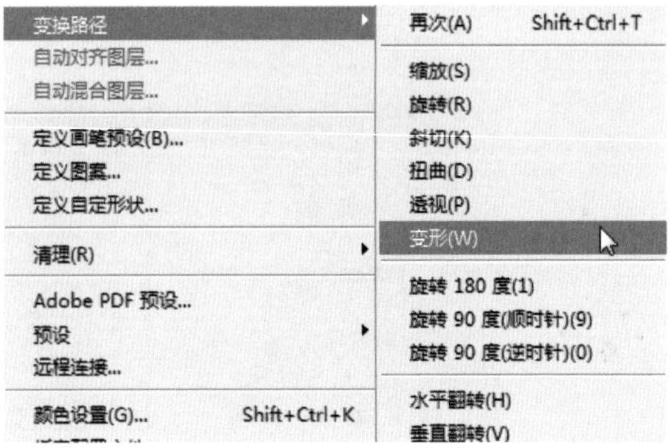

图 7-6 “变换路径”命令

使用路径选择工具选择一个路径，单击属性选项栏中“路径排列方式”按钮，在弹出的菜单中选择路径的叠放顺序，如图 7-8 所示。

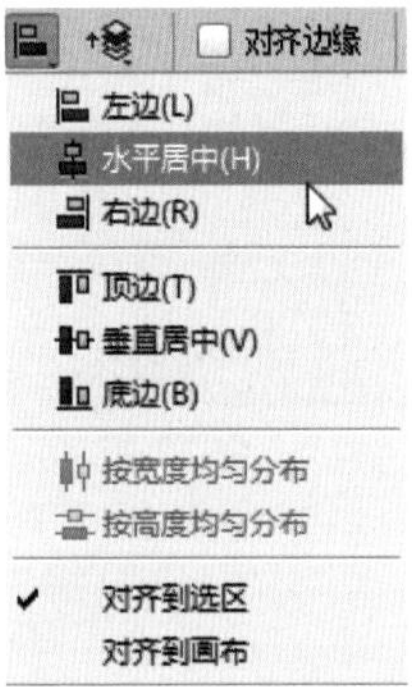

图 7-7 路径对齐与分布

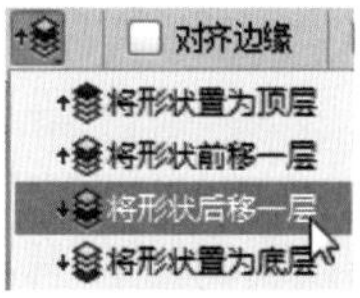

图 7-8 路径叠放顺序

7.2.4 路径的运算

使用钢笔工具和形状工具绘制路径后，还可以在原有的路径上继续进行绘制子路径，在工具属性选项栏中单击路径操作按钮，可在弹出的下拉菜单中选择一个运算方式。

(1) 选择多边形工具，在属性选项栏中如图 7-9 所示设置，绘制一个三角形。

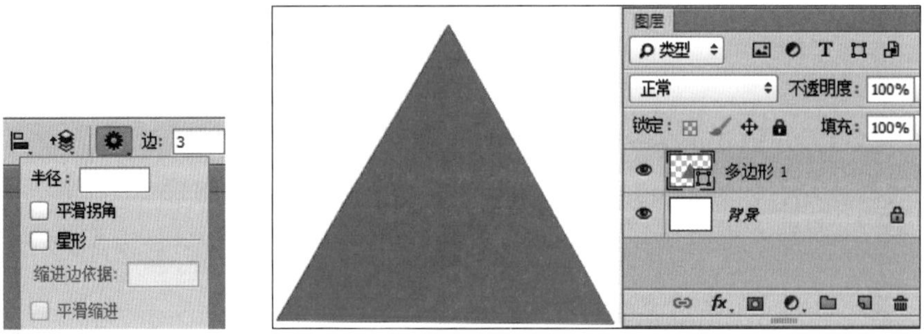

图 7-9 绘制三角形

（2）选择椭圆工具，单击路径操作按钮，勾选“减去顶层形状”命令绘制圆形状，将会从原来的三角形路径中减去所绘制的圆路径，如图 7-10 所示。

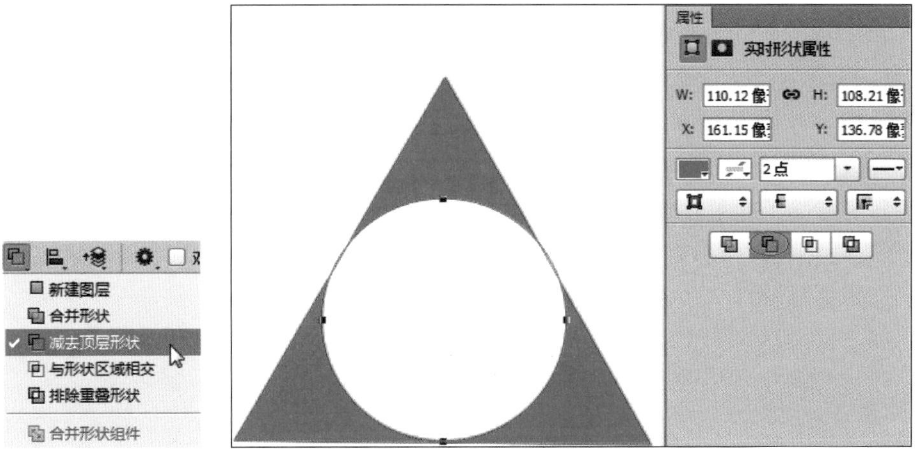

图 7-10　从原有形状中减去新绘制形状

（3）选择椭圆工具，单击路径操作按钮，勾选“与形状区域相交”命令绘制椭圆形状。所绘制的椭圆新路径与原来的三角形路径相交的区域形成新的路径，如图 7-11 所示。

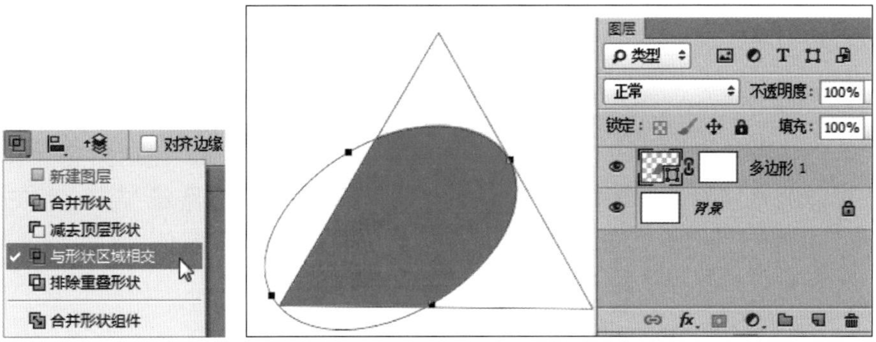

图 7-11　相交区域形成新的路径

（4）选择椭圆工具，单击路径操作按钮，勾选“排除重叠形状”命令绘制圆形状。所绘制的圆新路径与原来的三角形路径重叠区域以外形成新的路径，如图 7-12 所示。

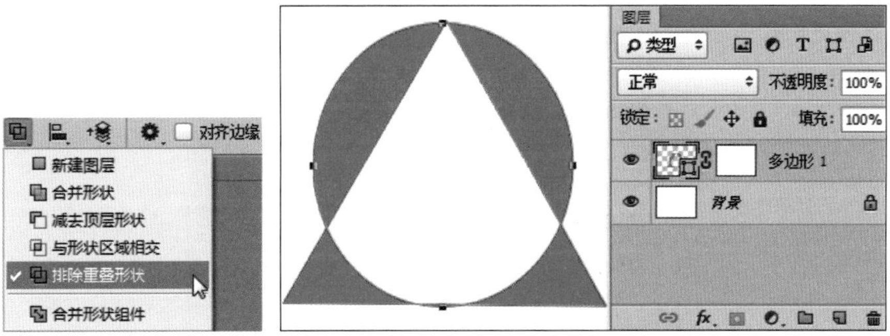

图 7-12　重叠区域以外形成新的路径

(5) 单击合并形状组件按钮 可以合并重叠的形状。

形状工具包括矩形、圆角矩形、椭圆、多边形、直线及自定义形状工具,使用这些工具可以绘制矢量图形或路径。

7.3 填充路径与描边路径

描边路径是非常重要的一个功能,大部分的绘画工具都能用来对路径描边,如画笔、橡皮擦、仿制图章等。在对路径描边前首先要设置描边工具的属性参数。

许多对路径的操作和编辑都要通过"路径"面板来执行,学习描边路径与填充路径前先认识一下"路径"面板。"路径"面板及各个功能按钮如图 7-13 所示。

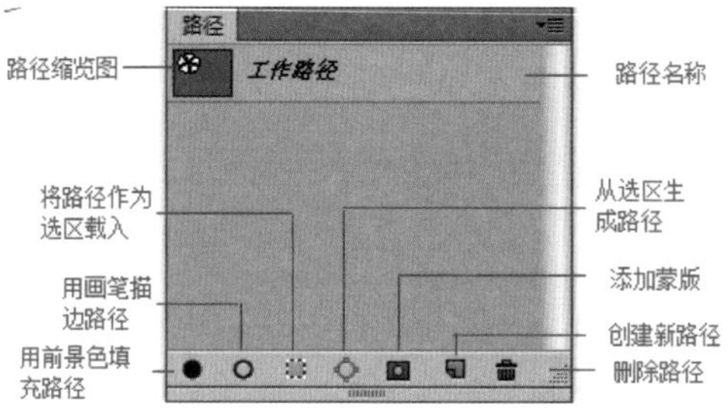

图 7-13 "路径"面板

7.3.1 填充路径

填充路径是指用指定的颜色或图案填充路径所包围的区域。使用路径选择工具,将要进行填充的路径选中右击,在弹出的快捷菜单中选择"填充路径"命令,打开"填充路径"对话框,如图 7-14 所示。在这里可以选择前景色、背景色、颜色、图案等对路径进行填充。

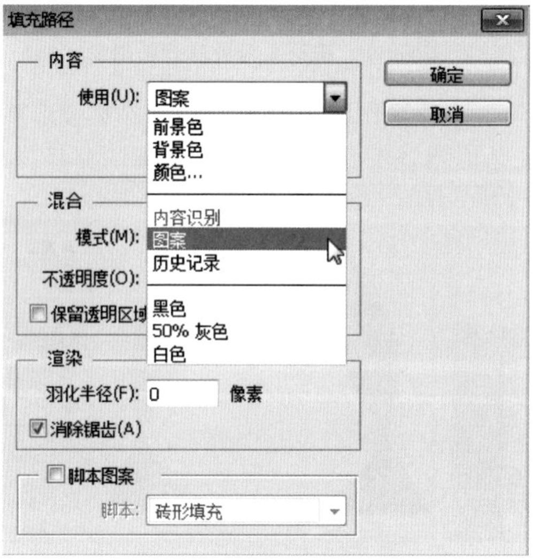

图 7-14 "填充路径"对话框

如果用前景色填充路径，只需在“路径”面板中选中需要填充的路径，然后单击“路径”面板底部的填充路径按钮，则用前景色填充整个路径所围成的区域，如图 7-15 所示。

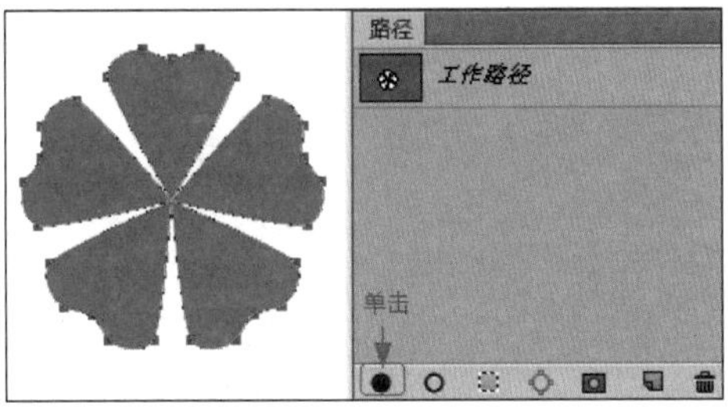

图 7-15　填充路径

7.3.2　描边路径

在 Photoshop 中创建好路径后，可以使用画笔、橡皮擦、图章等工具勾画路径，即对路径描边。具体操作方法如下。

(1) 新建一个透明背景的图像文件；选择“自定形状”工具，在自定形状工具栏的属性栏中单击“路径”按钮，如图 7-16 所示；在“形状”中选择一个心形，用这个形状工具一个心形路径。

图 7-16　绘制心形路径

(2) 在工具箱中选择画笔工具；在工具选项栏单击“画笔预设选取器”按钮，在打开的“画笔预设”面板中单击按钮，选择“混合画笔”；弹出信息框如图 7-17 所示，单击“追加”，将混合画笔添加到画笔面板。

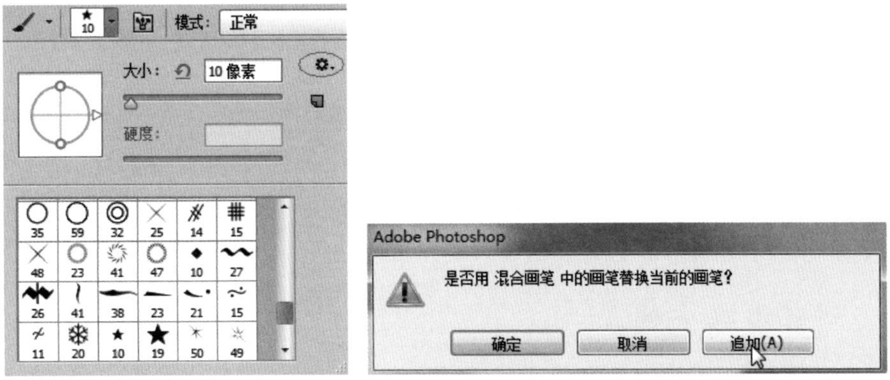

图 7-17　追加“混合画笔”

(3) 按 F5 打开“画笔”面板，选择然后在“画笔”面板中设置画笔笔尖形状、间距与形状动态，具体参数如图 7-18 所示。

(4) 打开“路径”面板，单击面板底部的“用画笔描边路径”按钮，即可完成对路径的描边。在“路径”面板的空白处单击，取消对路径的选择可以看到描边后的效果，如图 7-19 所示。

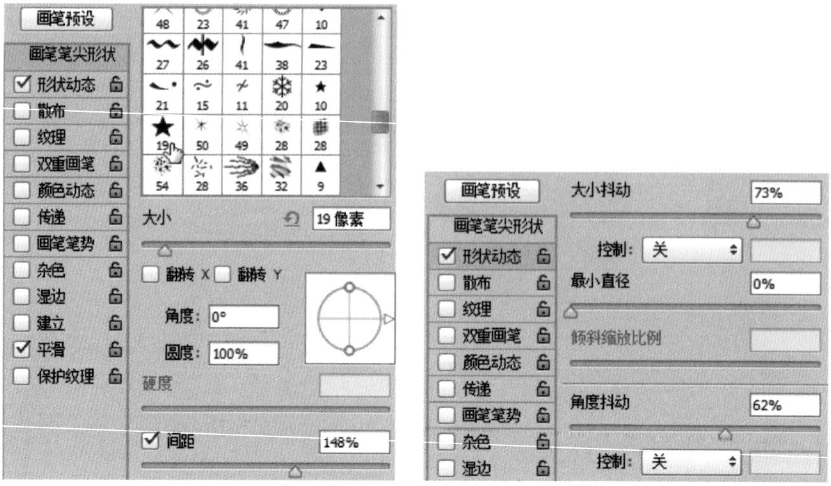

图 7-18　定义画笔

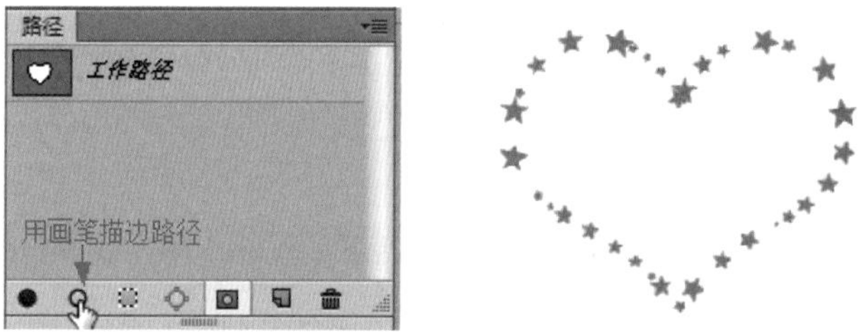

图 7-19　描边路径

描边路径也可以在设置好画笔后，用鼠标左键按住绘制好的路径拖向路径面板底部的“用画笔描边路径”按钮 。

使用任何绘制路径的工具绘制好路径后都可以对路径右击，在弹出的快捷菜单中选择“描边路径”命令，然后在弹出的“描边路径”对话框中选择用于描边的绘图工具。

7.4　建立形状矢量图形

第 3 章中介绍了形状工具，包括矩形、圆角矩形、椭圆、多边形、直线及自定义形状工具的使用，本章重点介绍利用形状工具创建矢量图形或路径。

7.4.1　创建形状路径

以矩形工具 为例绘制形状路径。绘制时按住 Shift 键可以绘制正方形，按住 Alt 键可以单击点为中心绘制矩形或正方形。创建矩形路径的工具属性选项栏如图 7-20 所示。

图 7-20　矩形路径属性选项栏

◇ 建立：单击“选区”按钮可以将当前路径转换为选区；单击“蒙版”按钮可基于当前路径创建矢量蒙版；单击“形状”按钮可将当前路径转为形状。

◇ 矩形选项：单击该按钮可以在弹出的下拉面板中设置矩形的创建方法，如图 7-21 所示。

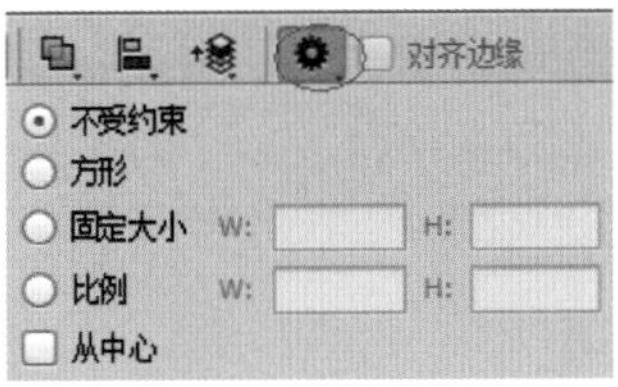

图 7-21　矩形选项

- 不受约束：勾选该项可绘制任何大小的矩形。
- 方形：可绘制任何大小的正方形。
- 固定大小：输入宽与高的值，可单击创建固定大小的矩形。
- 比例：输入宽与高度的比例值，创建的矩形可始终保持这个比例。
- 以此方式创建矩形时，单击点即为矩形的中心。

7.4.2　利用形状路径创建矢量蒙版

视频讲解

矢量蒙版，实质上是路径蒙版，它与图层蒙版一样可以对图像实现部分遮罩。矢量蒙版可以保证原图不受损，即不会因放大或缩小操作而影响图像的清晰度，并且可以用矢量工具对形状进行修改。

（1）新建 Photoshop 文档，新建图层。

（2）选择渐变工具，设置好渐变颜色在“图层 1”上线性渐变，如图 7-22 所示。

（3）选择多边形工具，在选项栏中单击 路径 按钮。

（4）设置边为 3，绘制三角形路径，如图 7-23 所示。

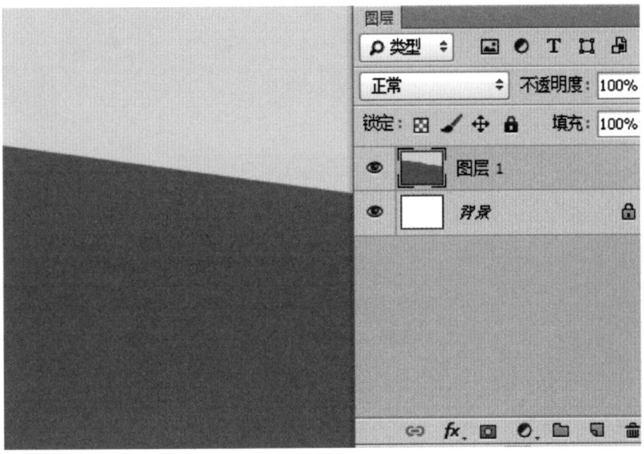

图 7-22　渐变填充

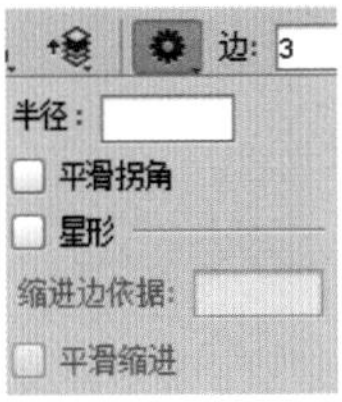

图 7-23　设置三角形

（5）“图层 1”为当前层，单击 蒙版 按钮，将路径转换为矢量蒙版，图 7-24 所示。

（6）选择矩形工具，单击路径操作按钮，勾选“减去顶层形状”命令绘制高为“3 像素”的矩形路径，将会从原来的三角形路径中减去所绘制的矩形路径，如图 7-25 所示。

（7）用路径选择按住 Alt 键，拖动矩形路径进行复制并变换方向，如图 7-26 所示。

（8）选择文字工具 T 输入“YUKOS”，按 Ctrl+J 快捷键复制文字层，并隐藏该拷贝层。

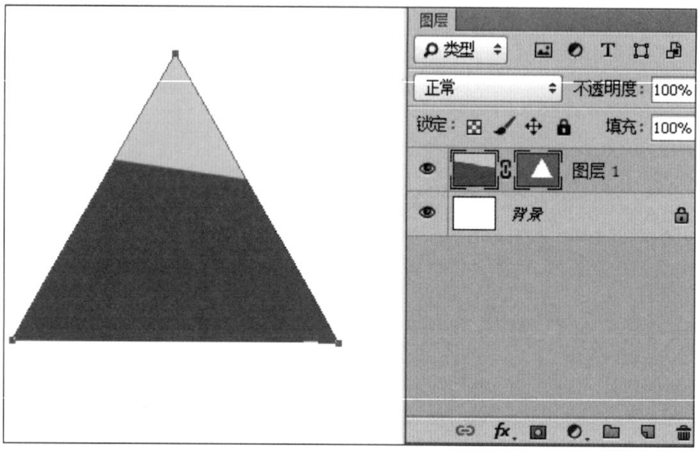

图 7-24　路径转换为矢量蒙版

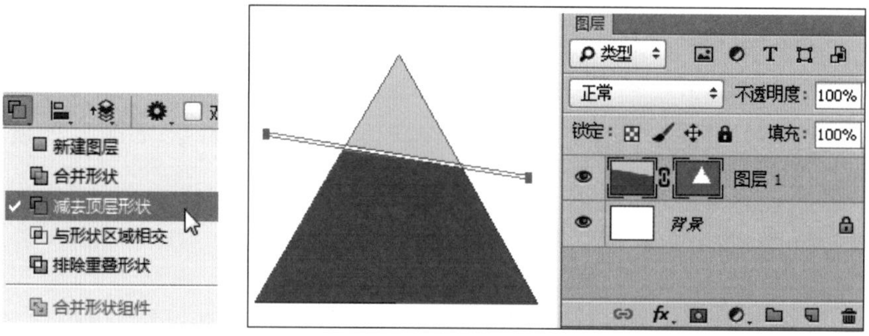

图 7-25　从三角形路径中减去矩形路径

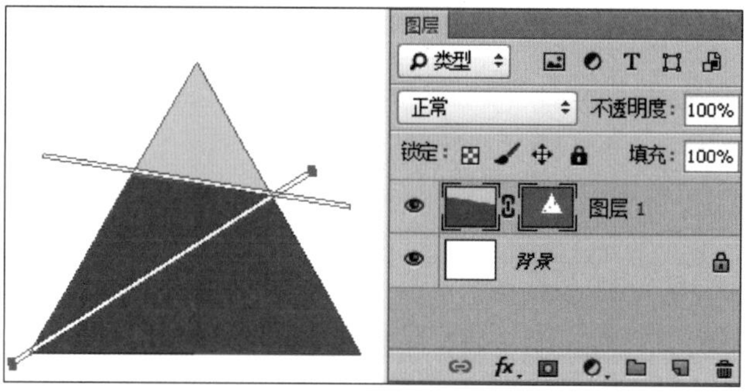

图 7-26　继续减去另一矩形路径

(9) 右击“YUKOS”层，选择“栅格化文字”命令。

(10) 按住 Ctrl 键单击该层缩览图，载入文字选区，填充颜色 #6aab97。

(11) 按 V 键切换到移动工具保留选区，在键盘上点按向右的方向键→，再点按向下的方向键↓，连续点按 4 个方向键，移动文字选区制作立体文字效果。

(12) 显示“YUKOS 拷贝”文字层，矢量蒙版制作的 Logo 标志完成，如图 7-27 所示。

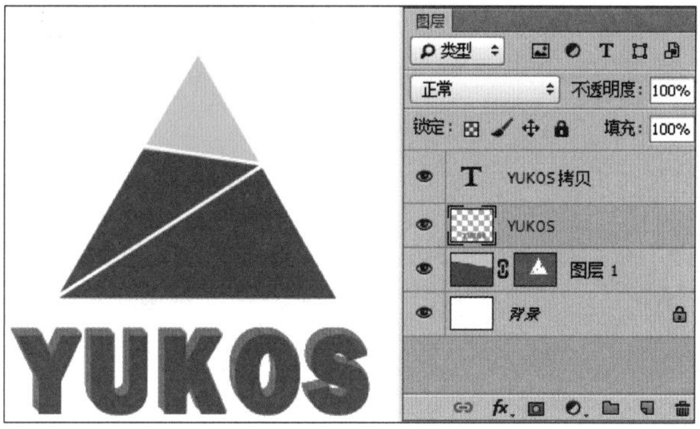

图 7-27 效果图

7.4.3 创建形状图层

视频讲解

形状图层其实质就是用形状工具创建的矢量蒙版，单击工具选项栏的按钮 形状 ，即可以所绘制的形状创建一个形状图层，打开“路径”面板可以看到“工作路径”和“形状路径”如图 7-28 所示。

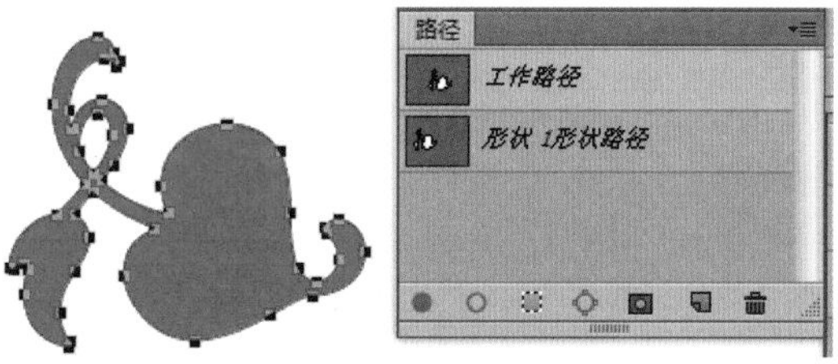

图 7-28 “形状 1”图层的路径面板

下面通过制作百事可乐标志来学习形状图层的运用方法。具体操作如下。

(1) 设置前景色为蓝色，选择椭圆工具，绘制正圆路径。

(2) 在工具属性栏中单击按钮 形状 ，创建形状图层，如图 7-29 所示。

图 7-29 椭圆工具属性栏

(3) 此时“图层”面板上出现了“椭圆 1”形状层，如图 7-30 所示。

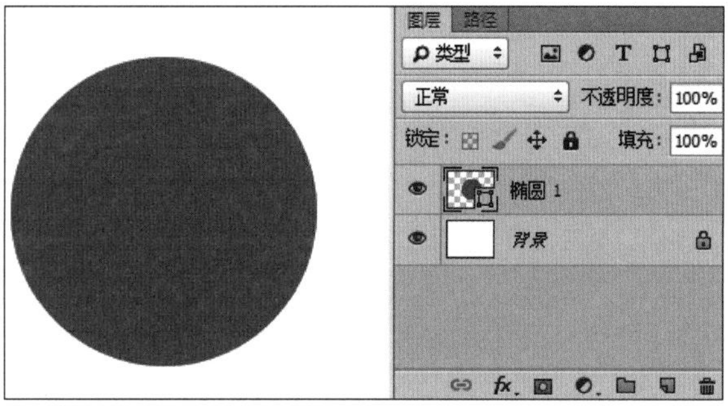

图 7-30 “椭圆 1”形状层

(4) 按住“椭圆 1”形状层拖向面板底部的“创建新图层”按钮 ，复制该形状层。

(5) 双击“椭圆 1 拷贝”层的缩览图，弹出“拾色器”面板，选取红色为该层填充红色，如图 7-31 所示。

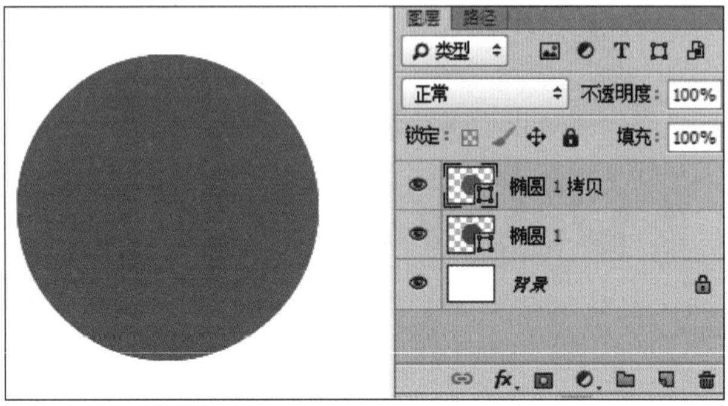

图 7-31 “椭圆 1 拷贝”层

(6) 选择矩形工具 ，在属性栏中选择 形状 ，再单击路径操作按钮 ，选择“与形状区域相交”命令。绘制矩形如图 7-32 所示。

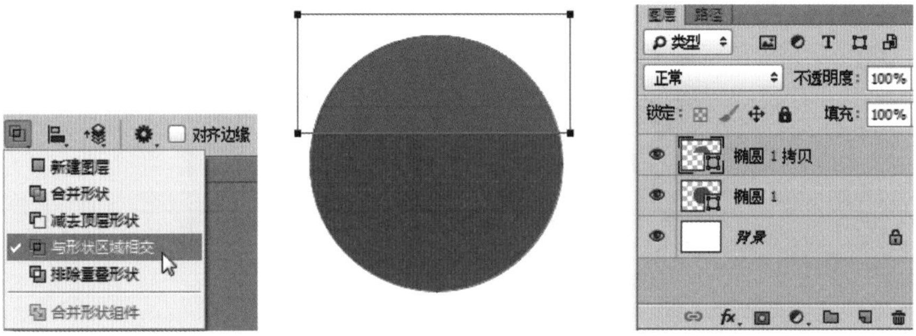

图 7-32 绘制矩形

(7) 选择钢笔工具 移动鼠标指针到矩形下边线上，鼠标指针变成 形状时单击添加锚点。按住 Ctrl 键用鼠标拖住一侧的方向线，将矩形下边线调节为如图 7-33 所示的曲线形状。

(8) 切换到路径选择工具 ，按住 Alt 键，按住鼠标将矩形向下拖动复制矩形，如图 7-34 所示。

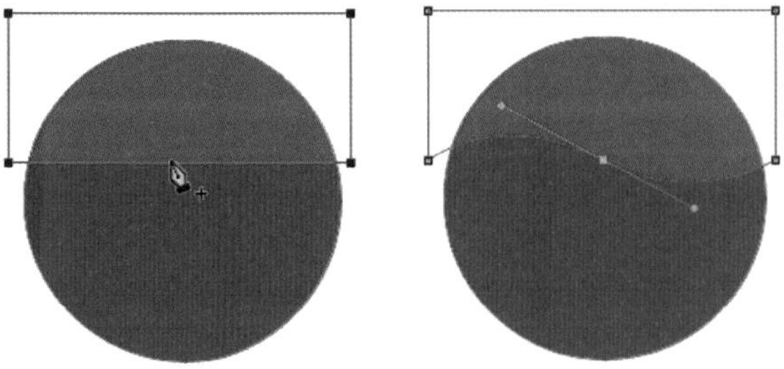

图 7-33 添加锚点变换路径

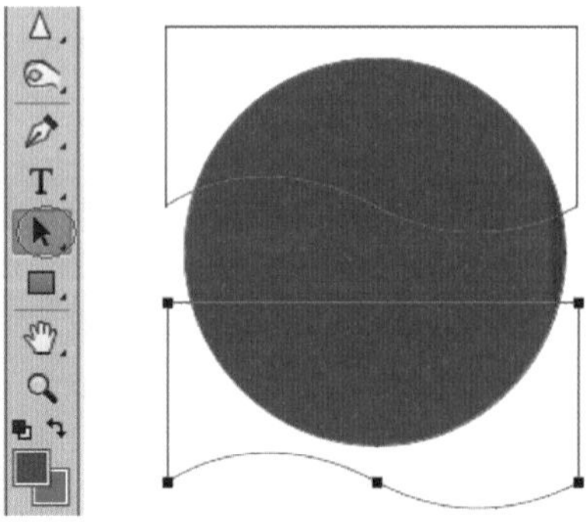

图 7-34 复制一个变形的矩形

(9) 按 Ctrl+X 快捷键，剪切复制好的矩形，在“椭圆 1”形状图层的缩览图上单击，按 Ctrl+V 快捷键，将其粘贴到该层，如图 7-35 所示。

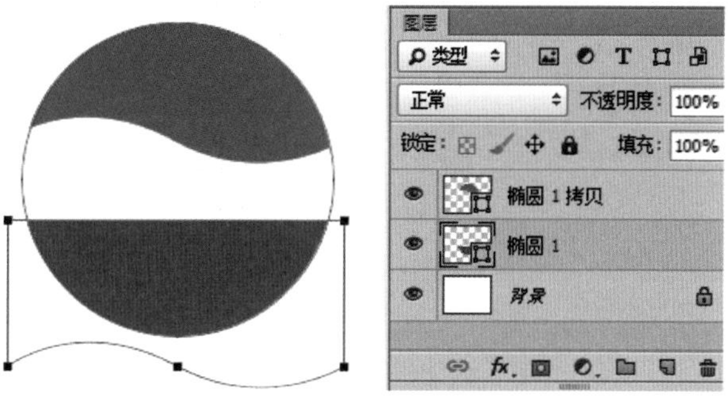

图 7-35　粘贴到“椭圆 1”形状层

(10) 按 Ctrl+T 快捷键后，右击，在弹出的快捷菜单中执行“水平翻转”命令，再执行“垂直翻转”命令，对路径进行变形操作，如图 7-36 所示。按 Enter 键确认变形后，一个百事可乐标志就基本完成了。

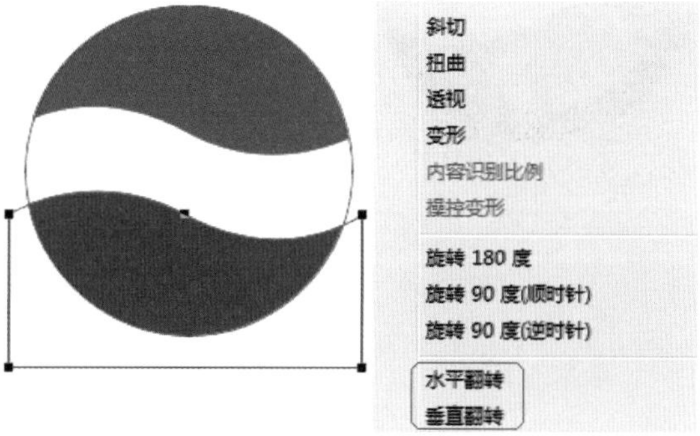

图 7-36　变换路径

(11) 设置前景色为白色，在背景层上方新建“图层 1”选择椭圆形状工具，在属性栏上单击 像素 按钮，绘制一个正圆形状，如图 7-37 所示。

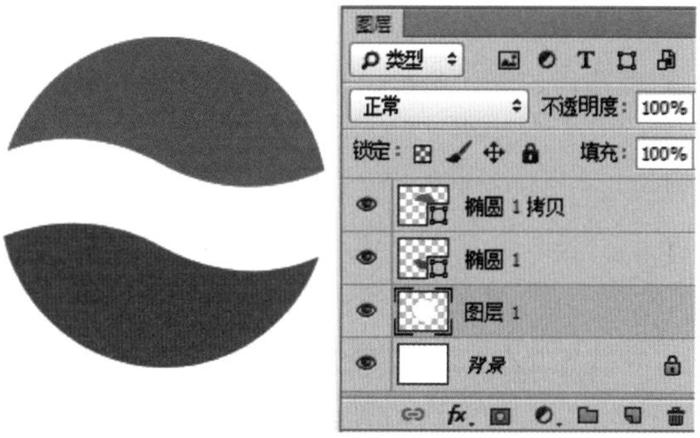

图 7-37　新建图层绘制正圆形状

(12) 将上面 3 个图层链接好后，按 Ctrl+E 快捷键合并图层。单击“图层”面板底部的“添加图层样式”图标 fx，为百事可乐标志做“斜面和浮雕”“投影”图层样式，如图 7-38 所示。

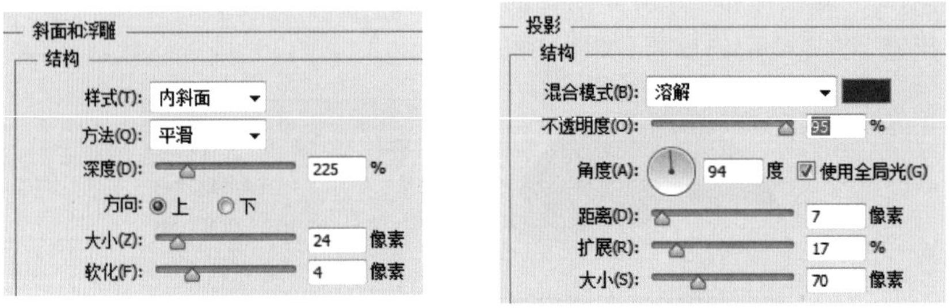

图 7-38　图层样式

(13) 完成后的最终效果如图 7-39 所示。

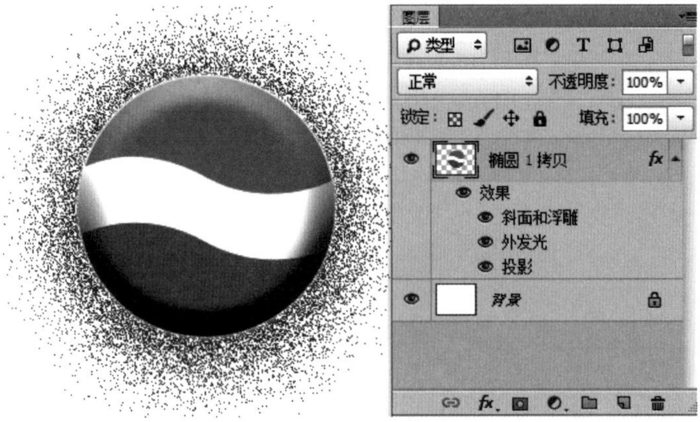

图 7-39　最终效果图

7.5　文　　字

在处理图像时，文字往往是精美画面不可缺少的元素，近年来各种计算机艺术字、特效文字成为视觉传达设计的重要组成部分。

7.5.1　输入文字

工具栏中有一组文字工具，专门用来向图像中输入文字，该组工具如图 7-40 所示。

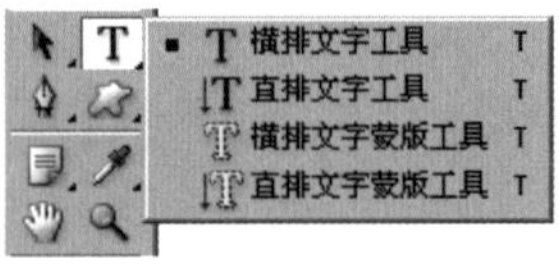

图 7-40　文字工具

1. 横排文字

选择横排文字工具 T，在文字工具属性栏中设置好文字的字体、大小，对齐、颜色等参数，如图 7-41 所示。输入完毕后，单击工具属性栏中的提交命令按钮 ✔，确认已输入的文字。如果单击“取消当前编辑命令”按钮 ⊘，则可取消输入操作。

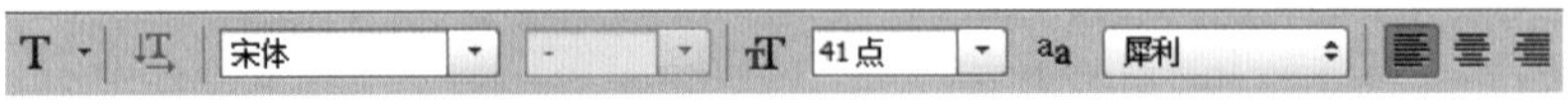

图 7 41　文字工具属性栏

图 7-42　直排文字效果

2. 直排文字

选择直排文字工具可为设计作品添加垂直排列的文字，操作方法与横排文字的相同。对于已输入的文字可以在文字间单击再按 Enter 键，将一行文字进行换行处理，效果如图 7-42 所示。

3. 创建文字选区

文字选区是一类特别的选区，此类选区具有文字的外形。打开“第 7 章\素材 7-43.psd”文件，在工具箱中选择文字蒙版工具，在图像中单击插入文本光标，此时图像背景呈现淡红色蒙版状态，输入“茶叶”单击提交按钮，即可得到如图 7-43 所示的文字选区。单击“图层”面板“添加图层蒙版”按钮，利用文字选区创建蒙版，添加图层样式后效果如图 7-43 所示。

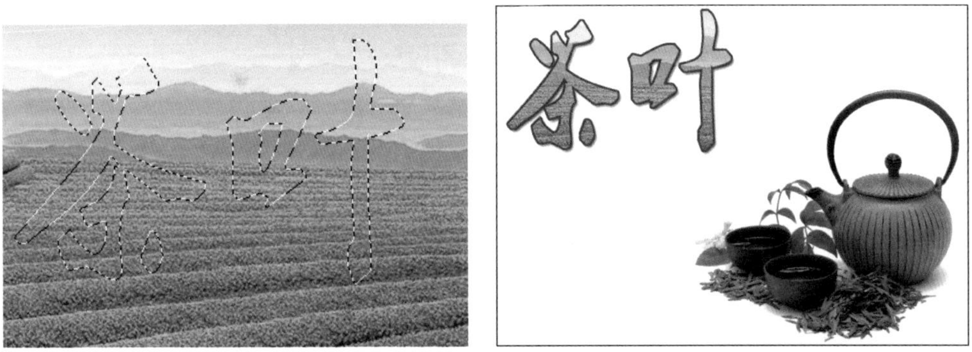

图 7-43　用文字选区创建图层蒙版

4. 创建变形文字

Photoshop 具有使文字变形的功能，输入文字后在文字工具属性栏中单击“创建文字变形”按钮，即可打开“变形文字”对话框，如图 7-44 所示。

系统中自带 15 种变形文字效果供用户直接使用，其中的 4 种变形效果如图 7-45 所示。

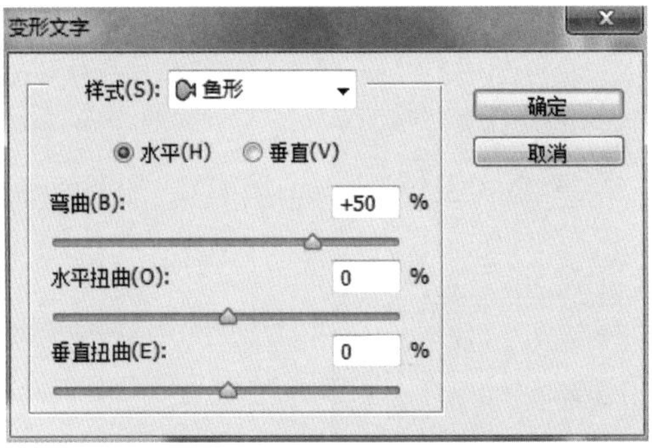

图 7-44　“变形文字”对话框

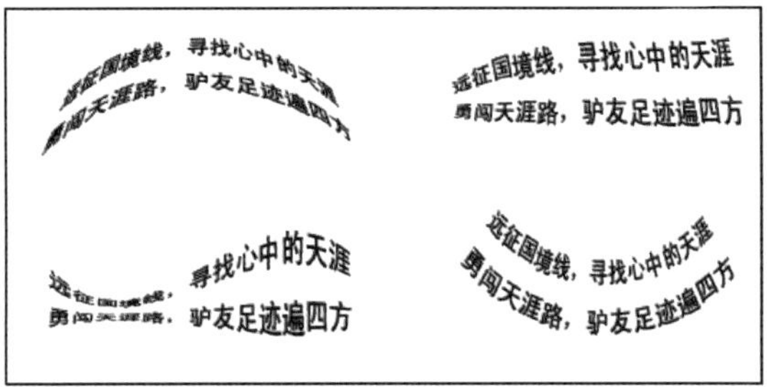

图 7-45　4 种文字变形效果

7.5.2 文字转换为路径

视频讲解

在 Photoshop 中可以将文字转换为工作路径，通过对路径的编辑可以设计出与众不同的艺术字体。

(1) 选择横排文字工具 T，在文字工具属性栏中设置好文字的字体和大小，输入文字“福”(方正大黑体)，形成文字图层，如图 7-46 所示。

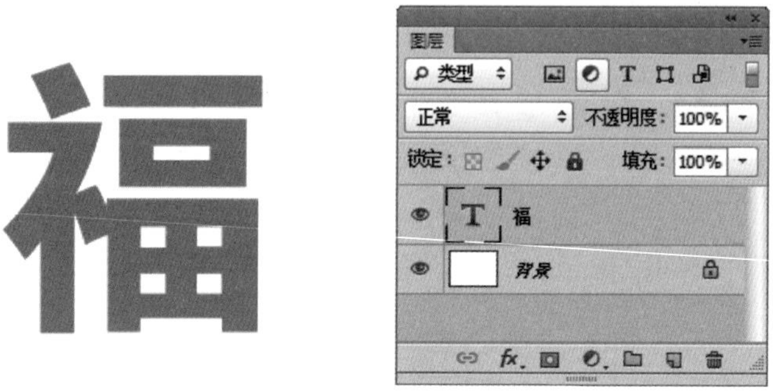

图 7-46 文字图层

(2) 右击“福”字图层，并在弹出的快捷菜单中选择“创建工作路径”命令，这时在“路径”面板中可看到创建了一个文字路径，如图 7-47 所示。

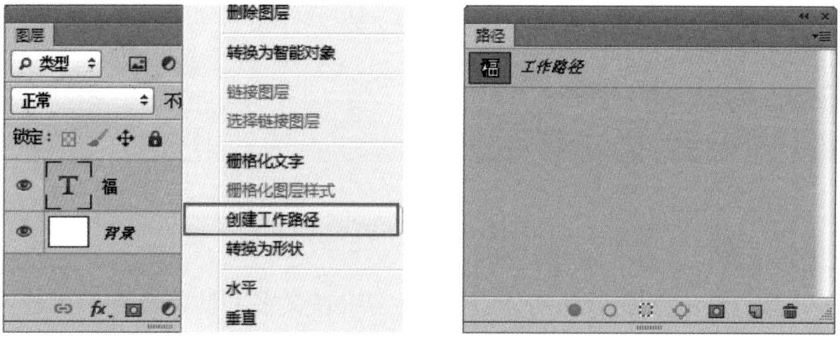

图 7-47 创建文字工作路径

(3) 将文字层隐藏后便可清楚地看到文字形状路径。将文字转换为工作路径后，文字图层仍然存在，如图 7-48 所示。

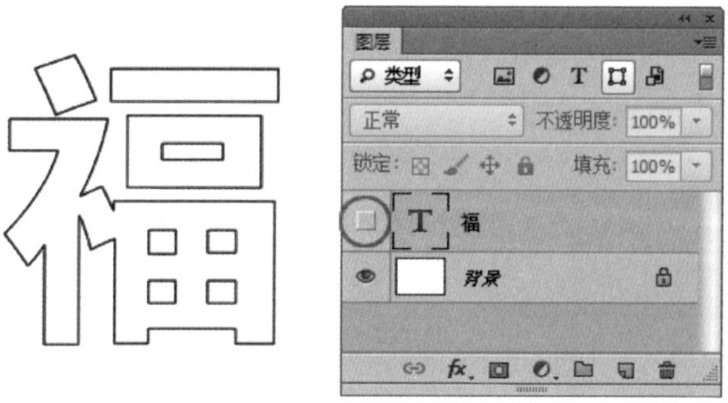

图 7-48 隐藏文字层

(4) 使用直接选择工具和转换点工具，对文字路径进行修改编辑，操作中注意将图像进行放大，同时还可配合增加、删除锚点工具的使用，如图 7-49 所示。

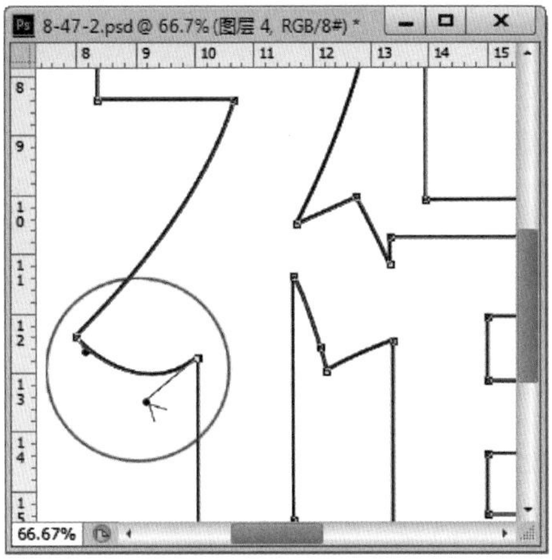

图 7-49　编辑锚点

(5) 在字体设计中，为了追求字体的造型统一，会使用参考线来辅助编辑。当遇到字体中的某部分需要拆开移动时，可先用路径选择工具将这个文字的路径选中，再按 Ctrl 键将工具切换到直接选择工具，将其中一部分路径框选后移开，如图 7-50 所示，将“福”字的部分笔画拆开进行编辑。

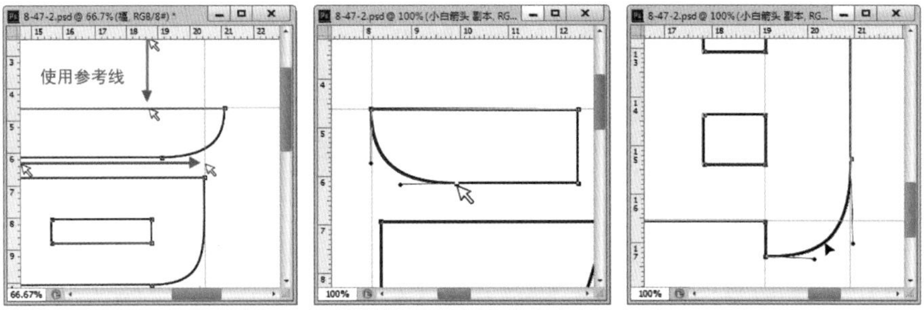

图 7-50　编辑“福”字的笔画

(6) 路径编辑完成后的文字路径如图 7-51 所示。

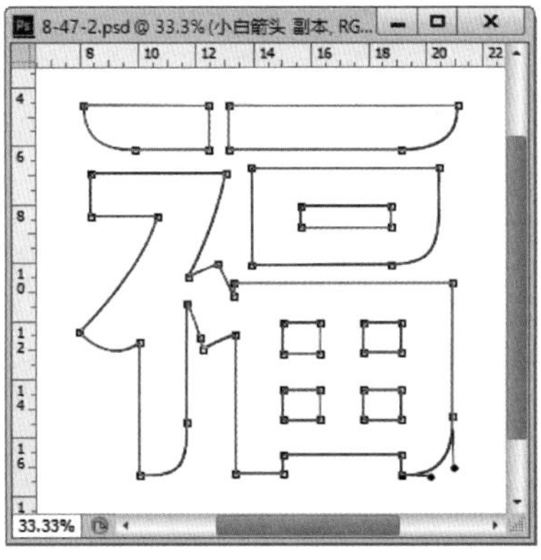

图 7-51　变形文字路径

(7) 修改好路径后按 Ctrl+Enter 快捷键将路径转为选区，并在新建的图层中进行红色填充与白色描边，接着对图层添加图层样式，文字设计效果如图 7-52 所示。

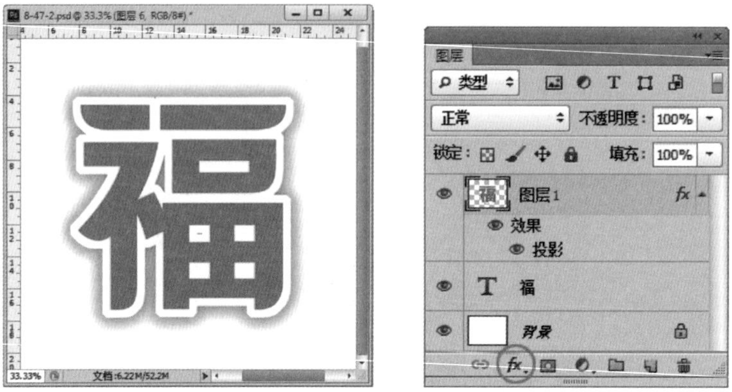

图 7-52 文字设计效果

7.5.3 文字转换为形状

执行“图层”|“文字”|“转换为形状”命令，可以将文字转换为与其轮廓相同的形状，此时文字图层也变成相应的形状图层。

视频讲解

(1) 选择文字工具 T，输入文字，将 H 的字号调节成较大字号，如图 7-53 所示。

(2) 在“图层”面板中，用鼠标按住文字层拖向下方的“创建新图层”按钮，复制文字层，生成“Happy 拷贝”文字层。

图 7-53 输入文字

(3) 在“图层”面板的“Happy 拷贝”文字层上右击，在弹出的快捷菜单中选择“转换为形状”命令，将文字层转换为形状层，如图 7-54 所示。

(4) 在“图层”面板的“Happy 拷贝”文字层上双击图层缩略图，打开“拾色器”面板，将颜色换成白色。

(5) 在工具箱中选择椭圆工具，并在工具属性栏中单击形状图层按钮，绘制一个椭圆，将该形状层拖到“Happy 拷贝”文字层的下方。按 Ctrl+T 快捷键调整它的大小，并旋转到合适位置，如图 7-55 所示。

(6) 用路径选择工具将椭圆形状选中，按 Ctrl+C 快捷键复制该形状。

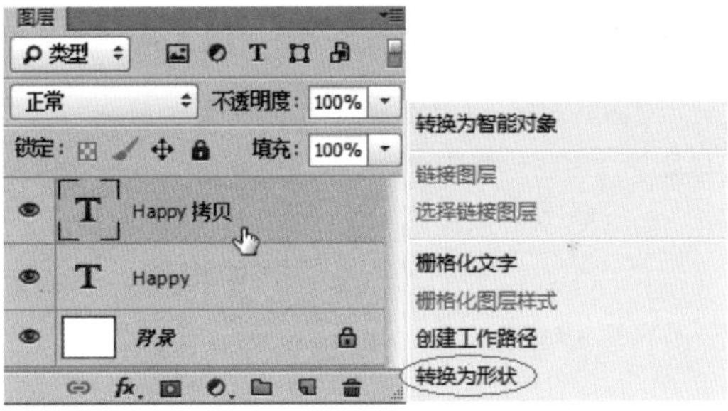

图 7-54　文字层转换为形状层

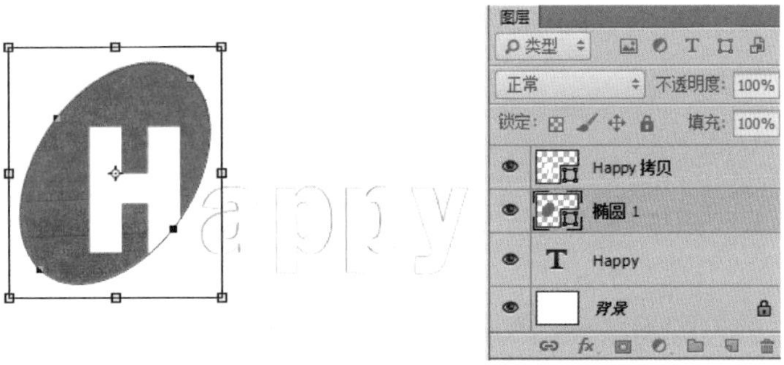

图 7-55　调整椭圆形状层的位置

(7) 选中“Happy 拷贝”文字层，按 Ctrl+V 快捷键粘贴路径到此层。

(8) 在工具属性栏中单击“路径操作”按钮，选择“与形状区域相交”命令，得到文字形状和椭圆形状的交叉区域，如图 7-56 所示。

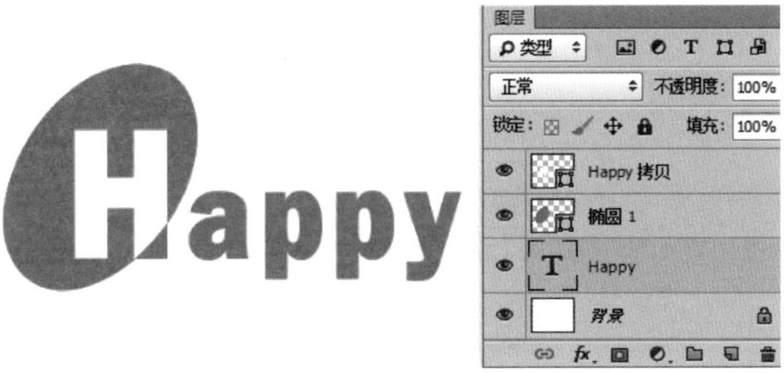

图 7-56　文字与形状的组合

7.5.4　沿路径绕排文字

在路径上输入文字可以使文字沿路径的走向排列。

(1) 利用自定义形状工具创建一个心形路径。工具属性栏设置如图 7-57 所示。

(2) 选择文字工具 T，将鼠标指针移动到路径上，当鼠标指针变成指示符时，在路径上单击产生一个文字插入点，即可输入文字，如图 7-58 所示。

视频讲解

图 7-57 用自定义形状创建心形路径

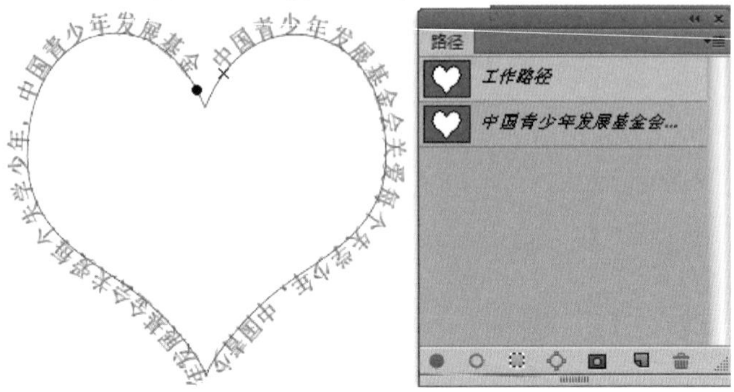

图 7-58 沿路径方向排列的文字

(3) 选取全部文字,在“字符”面板中设置“基线偏移”,可控制文字与路径的垂直距离,如图 7-59 所示为基线偏移 10 点的情况。

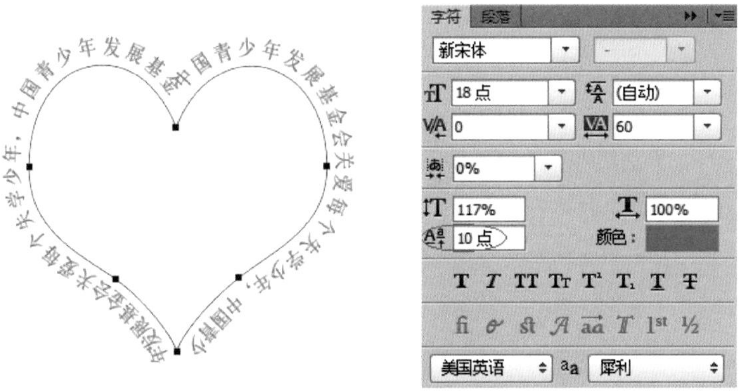

图 7-59 设置“基线偏移”

(4) 当鼠标指针变成 时,文字将在路径内排列,再配合“段落”面板设置好“左缩进”“右缩进”等参数,将文字全部落在路径内,如图 7-60 所示。

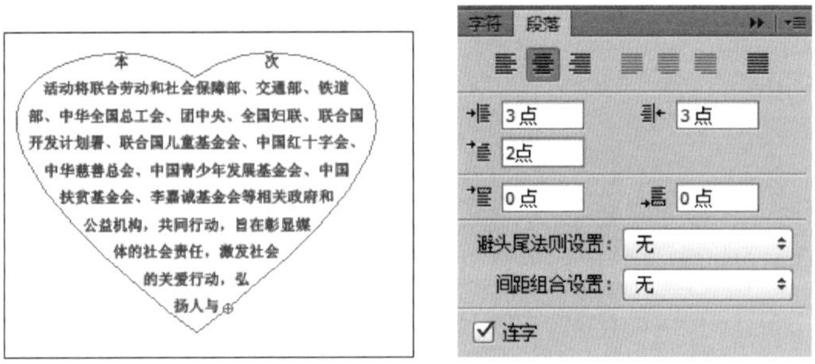

图 7-60 心形绕排文字

7.6 矢量综合应用实例

视频讲解

7.6.1 应用矢量工具制作邮票

应用矢量工具知识点制作一枚邮票。

(1) 打开“第 7 章\素材 7-61.jpg”文件，按 Ctrl＋J 快捷键复制背景层，创建“图层 1”层。

(2) 用白色填充背景层，按 Ctrl＋T 快捷键变换“图层 1”的大小。

(3) 隐藏背景层，按 Ctrl 键单击“图层 1”图层缩览图，载入选区。

(4) 执行“编辑”|“描边”命令，在描边对话框中设置宽度“16 像素”，颜色“白色”，如图 7-61 所示。

图 7-61 对“图层 1”描边

图 7-62 选区生成路径

(5) 打开“路径”面板，单击面板下方的“从选区生成路径”按钮 创建矩形工作路径，如图 7-62 所示。

(6) 选择橡皮工具 ，按 F5 键打开“画笔”面板，设置画笔直径为 16 像素，硬度为 100%，间距为 144%，设置参数如图 7-63 所示。

(7) 在“路径”面板下部单击“用画笔描边路径”按钮 ，如图 7-64 所示。使用橡皮工具对路径描边，即用橡皮沿路径将图片像素擦去。

(8) 单击“图层”面板底部的“添加图层样式”图标 ，勾选“描边”“投影”图层样式，得到邮票锯齿效果，如图 7-65 所示。

(9) 新建“图层 2”，将背景层隐藏，开始制作邮戳。

(10) 使用椭圆工具 ，在工具属性栏中选择 路径 ，单击设置按钮 ，如图 7-66 所示，勾选“从中心”复选框，创建正圆路径。

(11) 选择文字工具 ，将鼠标指针移动到路径上，当鼠标指针变成 指示符时，沿路径输入邮戳上的文字内容，如图 7-67 所示。

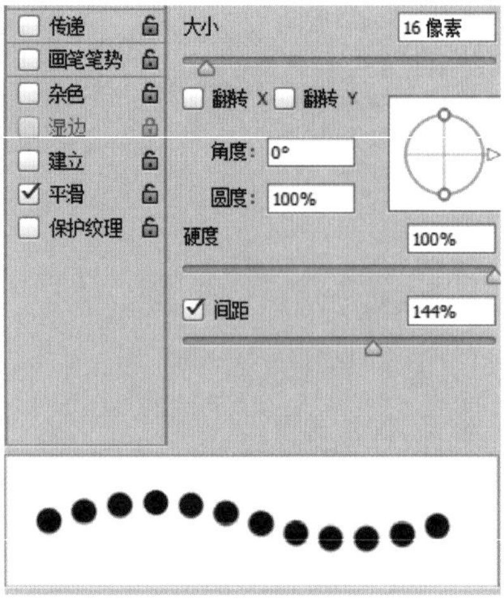

图 7-63　设置画笔

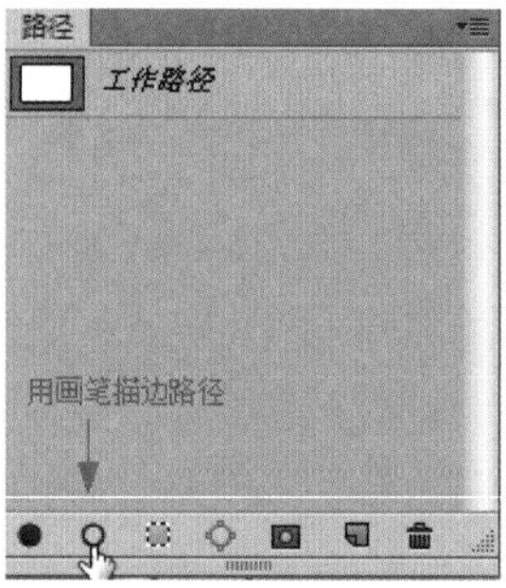

图 7-64　描边路径

图 7-65　对邮票锯齿描边

图 7-66　圆路径设置

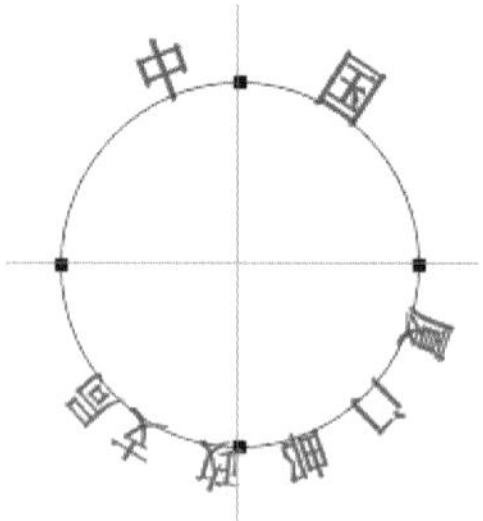

图 7-67　沿路径绕排文字

(12) 使用椭圆工具，在工具属性栏中选择 形状，绘制圆形状，并在弹出的“属性”面板中设置参数，填充类型为“无颜色”，描边大小为“5 点”，如图 7-68 所示。

(13) 选择文字工具输入日期，再添加个矩形框，邮戳制作完成，如图 7-69 所示。

(14) 将制作邮戳的图层(上面 4 个层)选中，按 Ctrl+E 快捷键合并图层。

(15) 用移动工具将邮戳摆放到邮票的右下角，按 Ctrl 键单击“图层 1”的缩览图，载入“图层 1”选区，为邮戳层添加图层蒙版。

(16) 输入“中国邮政”文字，邮票制作完成，效果如图 7-70 所示。

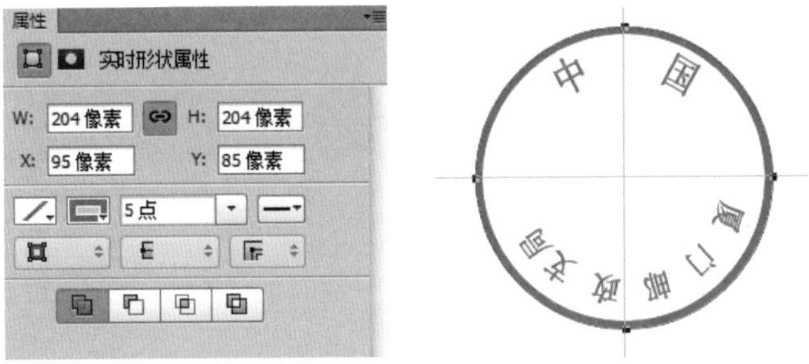

图 7-68 “属性”对话框设置与形状描边效果

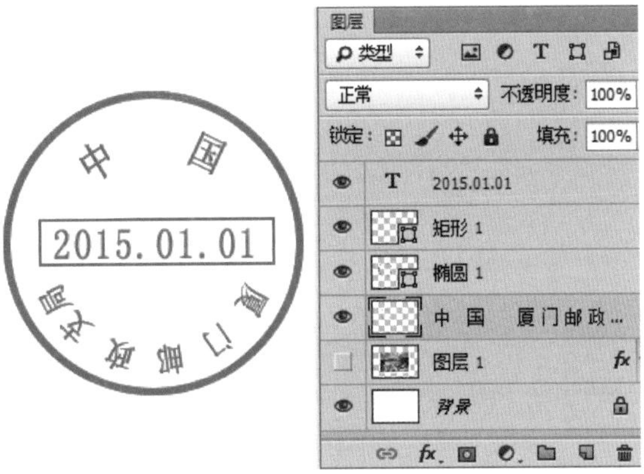

图 7-69 邮戳效果

图 7-70 邮票效果

7.6.2 炫彩青春宣传画

视频讲解

本例通过路径描边与渐变叠加等图层样式制作绚丽的光线。

(1) 打开“第 7 章\素材 7-71.psd”文件，按住 Ctrl 键单击“创建新图层”按钮，在“图层 1”下方新建“图层 2”。

(2) 选择渐变工具，在属性栏中单击按钮，打开“渐变编辑器”对话框。

(3) 单击“预设”按钮 ，在展开的菜单中追加“蜡笔”渐变样式，选择“蓝色、黄色、粉色”，如图 7-71 所示。

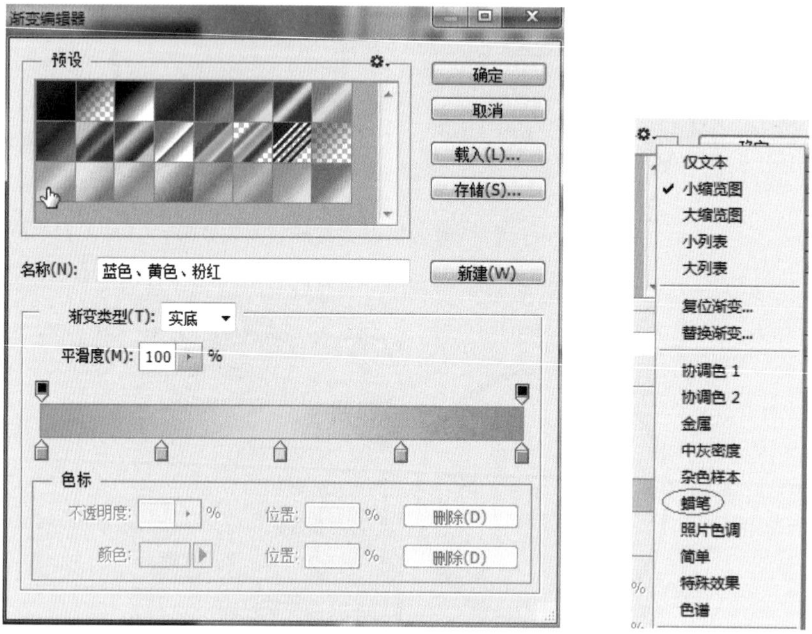

图 7-71　设置渐变预设

(4) 在“图层 2”中做径向渐变，并设置“图层 2”的混合模式为“颜色”，如图 7-72 所示。

图 7-72　填充“图层 2”

(5) 在“图层 1”上方新建“图层 3”，选择钢笔工具 绘制曲线路径，如图 7-73 所示。

(6) 选择画笔工具 ，按 F5 键打开“画笔”面板，设置笔尖大小为“3 像素”，硬度：“100%”，形状动态栏的控制为“钢笔压力”，如图 7-74 所示。

图 7-73　绘制曲线路径

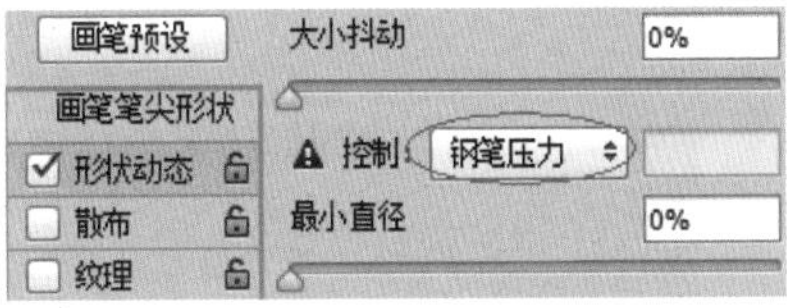

图 7-74　画笔设置

(7) 打开"路径"面板,设置前景色为黄色。

(8) 按住 Alt 键,单击"用画笔描边路径"按钮,在弹出的"描边路径"对话框中勾选"模拟压力"复选框,对曲线路径进行描边,如图 7-75 所示。并添加"外发光"图层样式,参数采用默认。

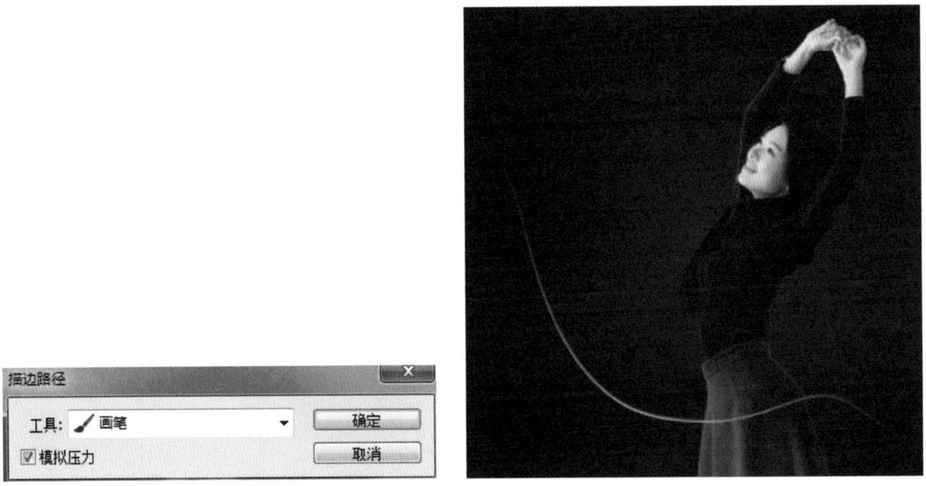

图 7-75　描边路径

(9) 在"路径"面板上单击"新建路径"按钮,继续添加曲线路径,设置画笔笔尖大小"4 像素",硬度为"100%",描边路径。

(10) 单击"图层"面板底部的"添加图层样式"图标 *fx*,勾选"渐变叠加"复选框,具体参数设置如图 7-76 所示。

(11) 单击"图层"面板下方的"添加图层蒙版"按钮,为"图层 4"添加蒙版,用黑色画笔将人物身上的部分彩线遮盖,形成彩线环绕的效果,如图 7-77 所示。

(12) 按上述步骤继续绘制多条曲线路径,并进行描边、添加图层样式。

(13) 修饰背景,单击背景层,执行"滤镜"|"渲染"|"镜头光晕"命令,弹出"镜头光晕"对话框,如图 7-78 所示。

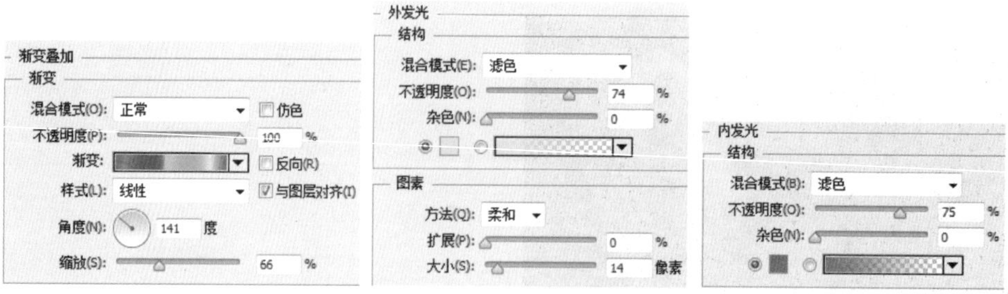

图 7-76　添加图层样式

图 7-77　彩线环绕

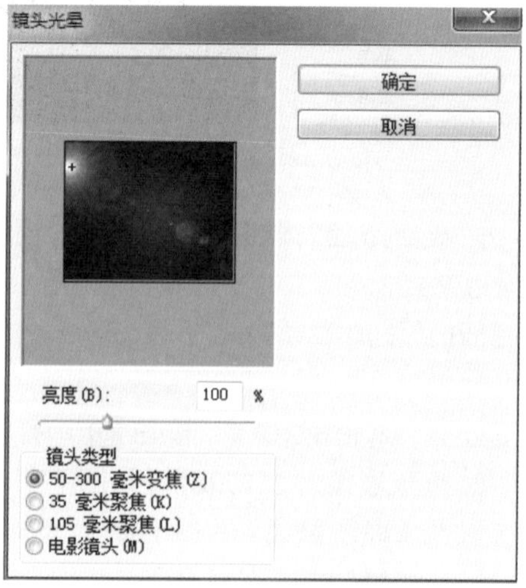

图 7-78　镜头光晕

(14) 选择画笔工具，按 F5 键打开画笔面板设置动态画笔，添加星光效果，最终完成效果如图 7-79 所示。

图 7-79　炫彩青春

习　题　7

1. 打开“第 7 章\素材 7-80. psd”文件，通过绘制路径对文字进行排版，如图 7-80 所示。

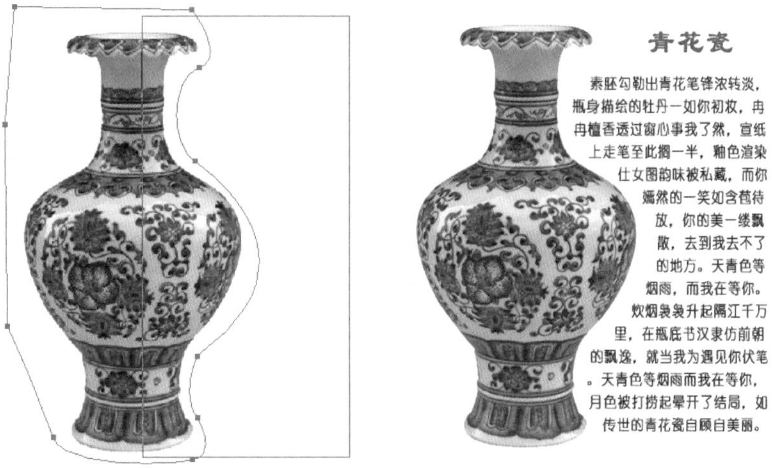

图 7-80　通过路径对文字排版

操作提示：

绘制矩形路径，减去钢笔沿花瓶绘制的另一路径。使用文字工具在路径中输入文字。

2. 利用形状运算绘制作花朵图案，如图 7-81 所示。

操作提示：绘制八角形用钢笔修改路径，减去圆形状或减去一个缩小的花形状。

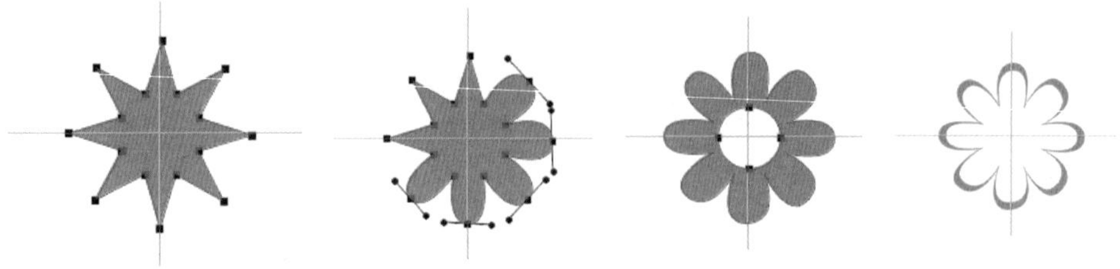

3. 试用自定义画笔描边路径，制作广告艺术效果字，如图 7-82 所示。

图 7-81　填充图案

图 7-82　广告艺术效果字

操作提示：

(1) 输入文字后用矩形选框工具将文字选中，定义为画笔，如图 7-83 所示。

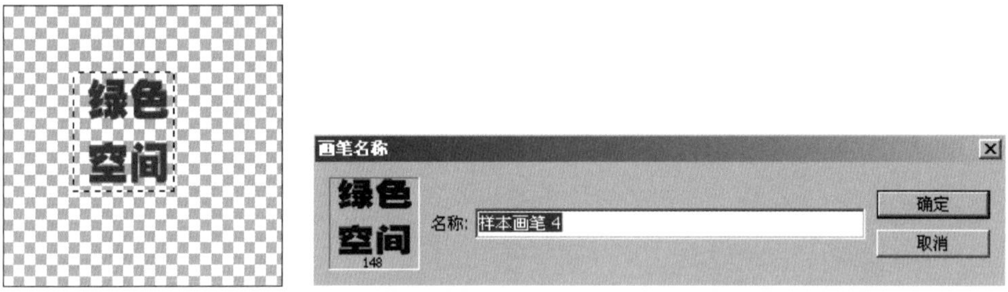

图 7-83　定义画笔

(2) 用钢笔工具在画面中自上而下地创建一条直线路径，如图 7-84 所示。

(3) 打开"画笔"面板，选择第(2)步设置好的画笔笔尖，并按图 7-85 设置画笔动态。

(4) 新建一个图层，用设置好的画笔描边路径。

4. 用形状路径，制作白加黑波浪效果字，如图 7-86 所示。

操作提示：

(1) 新建黑色背景的 ps 文档。

(2) 新建矩形形状层，用钢笔添加两个锚点，编辑形状路径成波浪线。

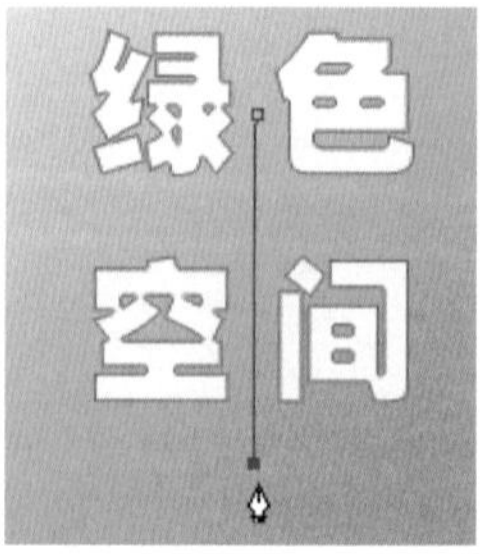

图 7-84　创建直线路径

(3) 新建文字层，并将其图层的混合模式设置为"差值"。

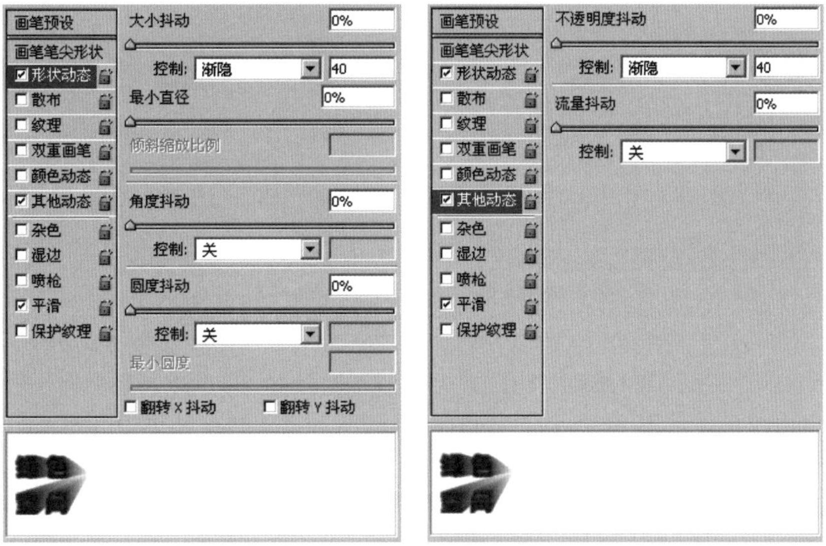

图 7-85　设置画笔

图 7-86　波浪效果字

第 8 章　动态图形设计

8.1　动态图形的基本原理

医学研究告诉我们，人的眼睛具有“视觉暂留”的特性。人在观察事物的过程中，当影像消失后，视觉系统仍能保留 0.1～0.4 秒的影像，形成所谓的“视觉残留后像”。如果前后两个影像之间的时间间隔不超过 0.4 秒，那么在视知觉上前后两个图形就会融合在一起，形成连续的动画效果。

Photoshop 的动态图形制作正是利用“视觉暂留”的这一特性，把一系列的静态图形进行编排播放，从而形成流畅的动画效果。动态图形的制作总体上由两部分组成：一是静态画面的绘制与处理；二是图形运动的编排与控制。

8.1.1　动态图形的工作面板——时间轴

对于动态图形的制作，Photoshop 的时间轴面板为用户提供了两种操作模式，它们分别为“帧动画”与“视频时间轴”。这两种模式在实际操作过程中可以互换。对于初学者来说，由始至终选定一种模式进行操作更为容易上手，也更容易理解动态图形的运动规律与原理。调出“时间轴”的方法如下。

(1) 单击“窗口”菜单，在下拉式菜单的中部选择“时间轴”，随后在软件工作界面的底部会弹出“时间轴”面板，如图 8-1 所示。

图 8-1　“时间轴”面板

(2) 单击面板中间的“创建视频时间轴”按钮，进入“视频时间轴”编辑模式，如图 8-2 所示。

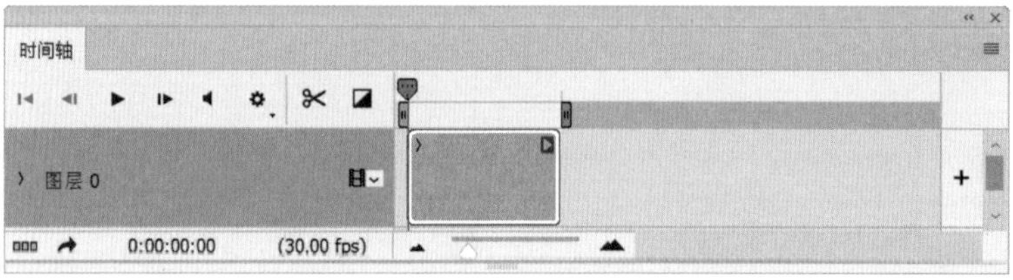

图 8-2　“视频时间轴”编辑面板

(3) 在视频时间轴面板的左下方，单击帧动画转换按钮 ，转换为“帧动画”模式，如图 8-3 所示。

图 8-3 “帧动画”面板

8.1.2 利用“帧动画”面板制作动态图形

视频讲解

动画的本质是系列静态图形的连续播放。可以这么理解，每一幅静态图形都被放置于一个图层上，并以“帧”的方式存在于“帧动画”面板当中。因此，时间轴面板中的每一帧图像都与图层中的内容一一相对应。在使用“帧动画”面板前，先了解一下“帧动画”面板的结构与内容，如图 8-4 所示。

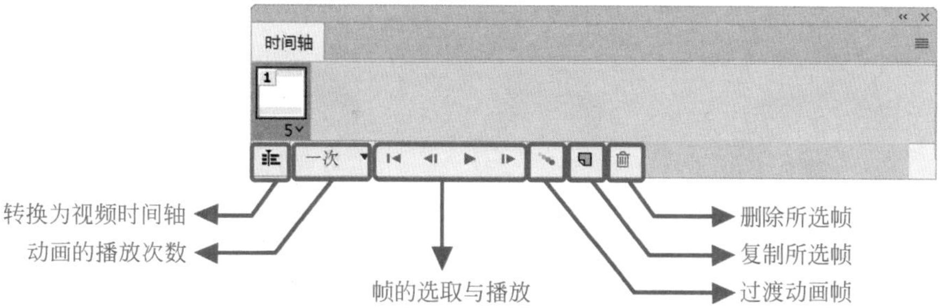

图 8-4 “帧动画”面板讲解图

◇ 动画帧：动画中的单幅静态画面，一般情况下，它与单个图层的内容相对应。

◇ 转换为视频时间轴：两种动画制作模式之间的转换。

◇ 动画的播放次数：动态图形播放次数的选择，如图 8-5 所示。

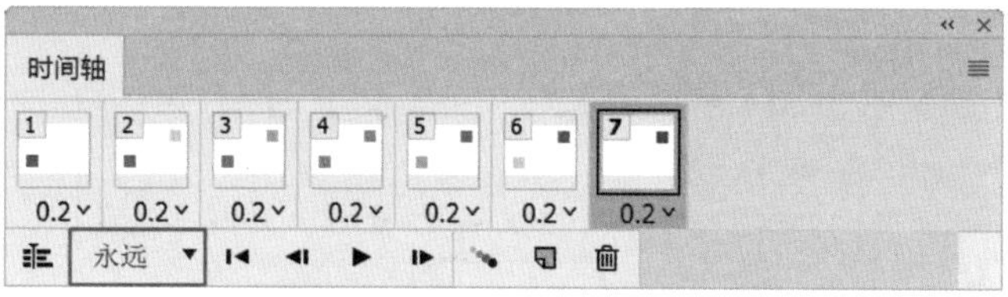

图 8-5 动画的播放次数

◇ 帧的选取与播放：对单个帧进行独立编辑，对多个帧进行连续播放/终止播放。

◇ 过渡动画帧：软件对两帧中的具体内容进行分析与计算，并在两帧之间自动生成指定数量的过渡帧，以求达到流畅的动画效果。（注意：只能生成单一的、较为简单的过渡帧。）

◇ 复制所选帧：复制前面出现过的帧，多用于图形变化较小的前后帧复制。

◇ 删除所选帧：对多余的或错误的帧进行删除。

实例介绍：

打开“第 8 章\素材 8-6. psd”，如图 8-6 所示。本例将使用“帧动画”面板，通过控制小怪兽的眼珠运动来制造动画效果。

图 8-6　素材原图

（1）选择椭圆选框工具 ，选取小怪兽的眼珠，并按 Ctrl＋Shift＋J 快捷键剪切到新图层。如图 8-7 所示，眼珠被独立放置于透明“图层 1”当中。

图 8-7　剪切与粘贴图像

（2）在“图层 1”上按住鼠标左键往下拖动到新建图层 上，对“图层 1”进行复制。用同样的方法，复制 4 个“图层 1”，如图 8-8 所示。此时，已经获取了 5 个眼睛，每个眼睛都被放置于一个图层当中，以便于对眼睛的移动轨迹进行编辑。

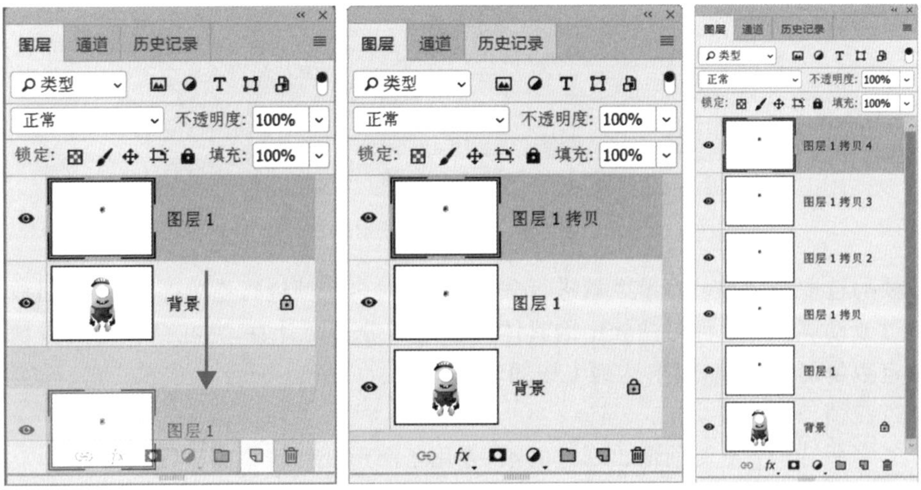

图 8-8　复制图层

(3) 关闭所有眼睛图层的可见性，并把所有眼睛图层分别命名为“眼睛 1”～“眼睛 5”，如图 8-9 所示。

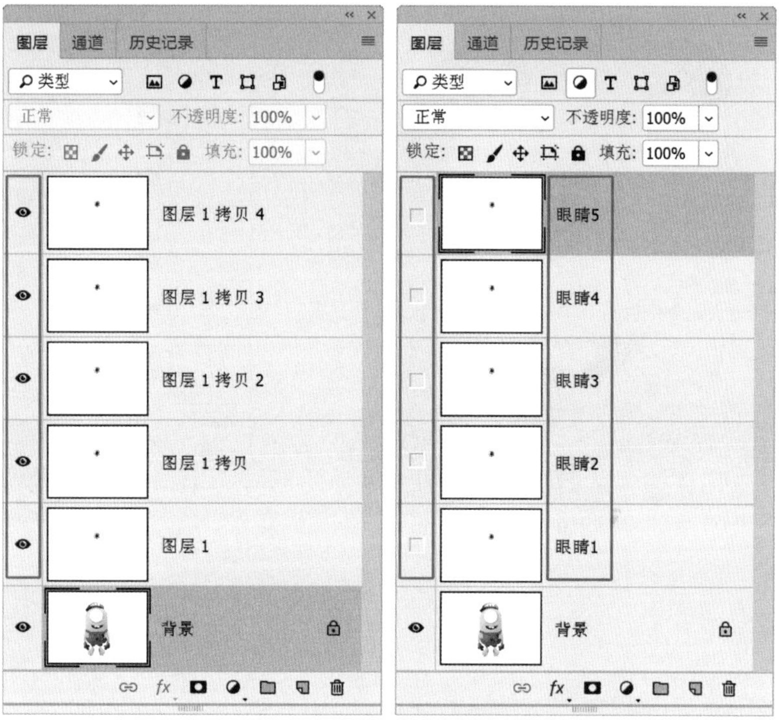

图 8-9　关闭图层可见性

(4) 选择窗口菜单，打开“时间轴”面板，单击“创建视频时间轴”旁边的按钮，选择“创建帧动画”，进入帧动画编辑模式，如图 8-10 所示。

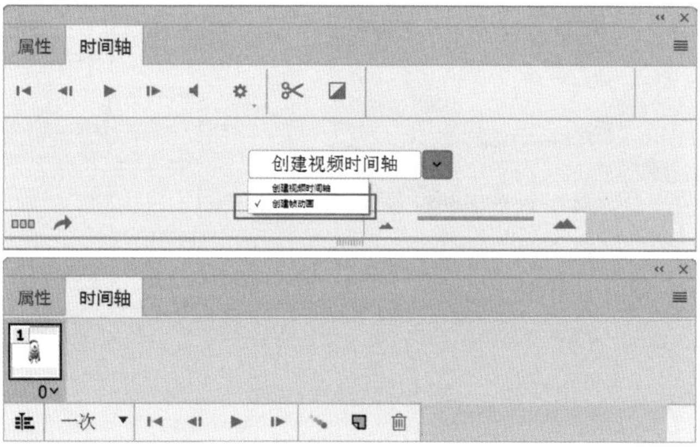

图 8-10　选择“帧动画”编辑模式

(5) 选择时间轴的第一帧，打开“眼睛 1”图层的可见性，并调整眼睛的位置，让其居中，如图 8-11 所示。

(6) 单击“时间轴”面板下面的复制帧按钮，关闭“眼睛 1”图层的可见性，选择并打开“眼睛 2”图层的可见性，然后把“眼睛 2”图形移动到左边的位置，如图 8-12 所示。

图 8-11　在帧的状态下移动图像

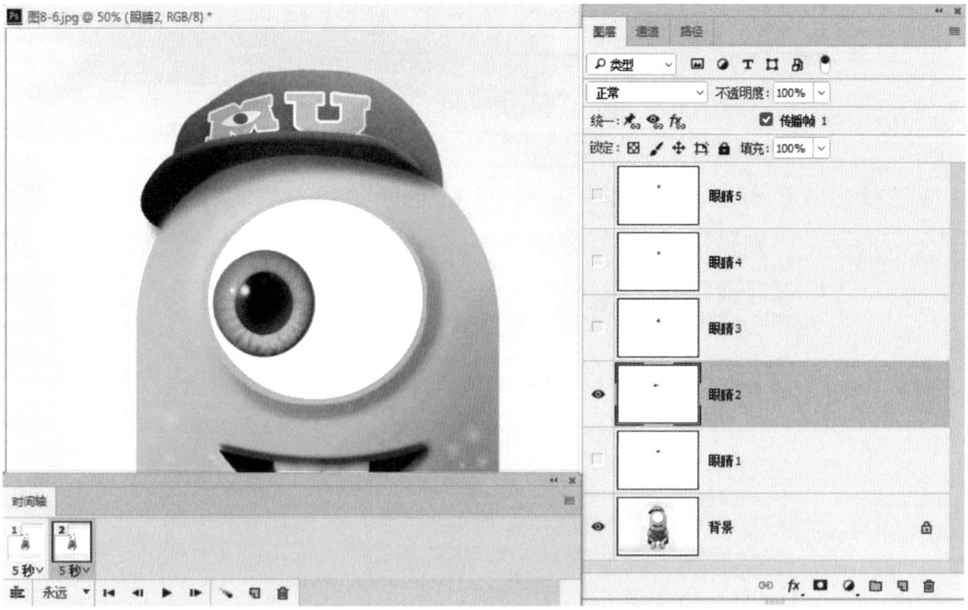

图 8-12　帧的编辑

(7) 以此类推，先在时间轴面板中复制新的一帧，然后关闭原眼睛图层的可见性，再选择上面新的眼睛图层并打开其可见性，接着把眼睛移动到眼球的不同位置上。最后完成 5 帧的图像制作，如图 8-13 所示。

(8) 每一帧的下面都有时间控制选项，单击时间秒数，把所有帧都设定为 0.1 秒，如图 8-14 所示。

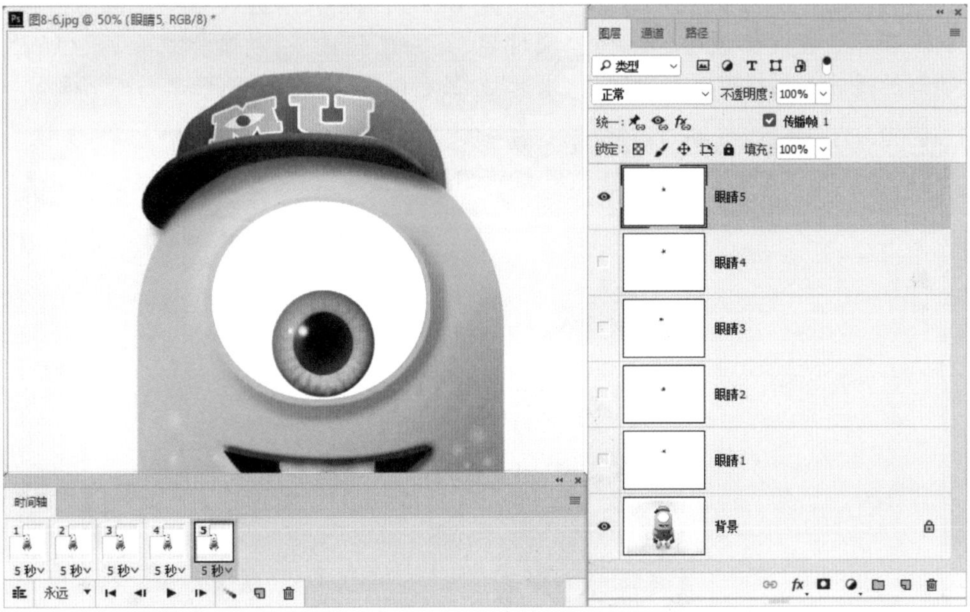

图 8-13　多帧的编辑

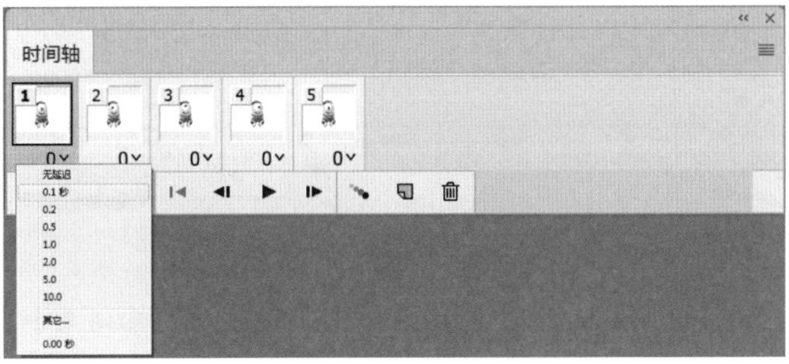

图 8-14　帧动画的时间控制图

(9) 在帧动画面板下选择播放次数,如果需要连续播放,请选择“永远”选项。然后单击播放按钮观看动画效果,如图 8-15 所示。

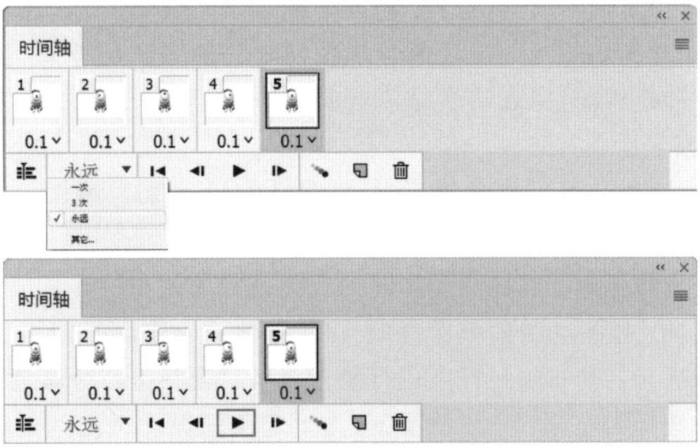

图 8-15　帧动画的播放控制

（10）在“文件”菜单下选择“导出→存储为 Web 所用格式”，进入 GIF 动画的存储面板，如图 8-16 所示。在此面板中，要注意“文件名”是否已经输入、动画格式是否已经设定为 GIF、动画的播放次数是否已经设定为“永远”。最后单击“存储”按钮导出 GIF 动画。

图 8-16　GIF 动画的存储

（11）最终效果请浏览图 8-16 动画效果.gif，案例原文件可参考素材 8-16.psd 文件。

8.1.3　利用“视频时间轴”面板制作动态图形

视频讲解

视频时间轴模式是功能更为全面的动态图像编辑模式。一般情况下，对于时间较短、运动较为单一的动画，采用“帧动画”模式来完成；对于时间较长、运动较为复杂的动画，选择“视频时间轴”模式来完成。尤其是制作多个运动轨迹同时出现的复合式动画时，“视频时间轴”的“层叠式”界面更有利于设计师应对同一时间节点的多重动画控制。接下来，了解一下“视频时间轴”的操作界面，如图 8-17 所示。

◇ 帧的选择与播放：用于对单帧的画面内容进行选取与编辑，并对多帧动画进行播放。
◇ 关闭与打开音频播放：对播放动画时的音频进行关闭与打开。
◇ 设置回放选项：控制动画的单次播放、多次播放或者连续播放。
◇ 视频剪切与拆分：对视频的长度进行修剪或者对视频进行分段处理。
◇ 过渡效果的选择与应用：一般情况下，为了避免两段动画之间的衔接出现生硬的转场，会在两段动画之间插入渐隐的过渡效果，从而让动画的视觉效果更加自然流畅。

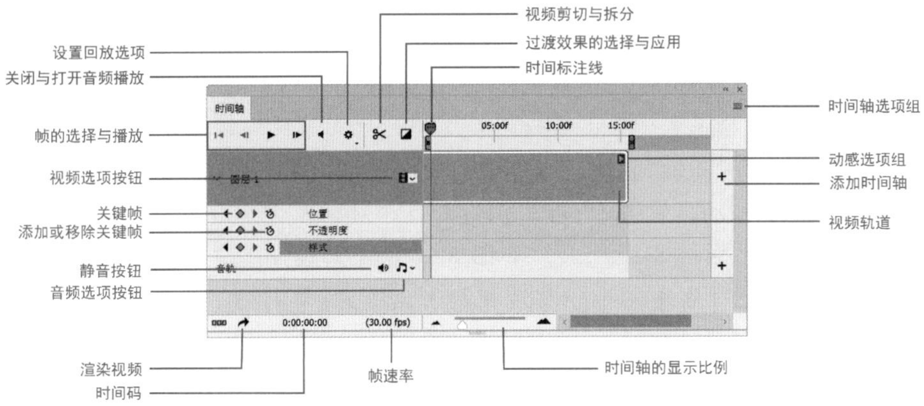

图 8-17 “视频时间轴”界面图

Photoshop 视频时间轴准备了 5 种简单的过渡效果，即渐隐、交叉渐隐、黑色渐隐、白色渐隐、彩色渐隐，如图 8-18 所示。

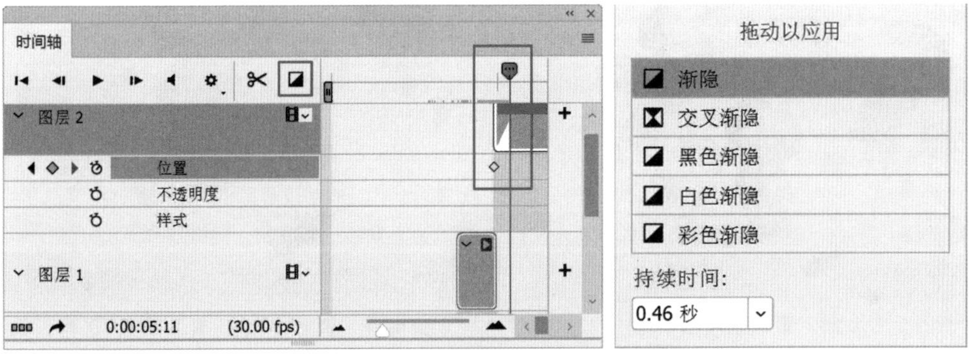

图 8-18 过渡效果的选择与应用

◇ 时间标注线：简称“时间线”。它清晰地标注出动画的时间节点，为控制动画的长度提供精确的时间提示。此外，它还是设置关键帧的辅助工具之一，通过它可以精准地设置动画的运动转折点。
◇ 视频选项按钮：用作添加视频组文件或者删除动画轨道。
◇ 关键帧：用来记录动作变化的起始帧，往往出现在动画轨迹的转折点或者不同动画之间的转场点。
◇ 添加或移除关键帧：关键帧的设置开关。
◇ 静音按钮：动画编辑过程中的静音开关。
◇ 音频选项按钮：用作添加音频组文件或者删除音频轨道。
◇ 渲染视频：导出视频动画的按钮，可以从弹出的面板中设置动画的类型与大小。
◇ 时间码：视频动画编辑中的时间显示框。
◇ 帧速率：每秒 30 帧的动画设置。
◇ 时间轴的显示比例：由于计算机屏幕的尺寸有限，对于时间较长的视频编辑，一般都会通过时间轴的缩放来精准地编辑每个视频轨道。
◇ 时间轴选项组：时间轴的特殊编辑选项。

◇ 动感选项组：对视频轨道上的图形进行平移、缩放、旋转以及组合式的动画设置，如图 8-19 所示。

◇ 添加时间轴：在视频轨道上添加另一个时间轴。

实例介绍：

本例将使用“视频时间轴”面板，通过“缩放”与“位移”动画来制作小朋友吹泡泡的动画效果。

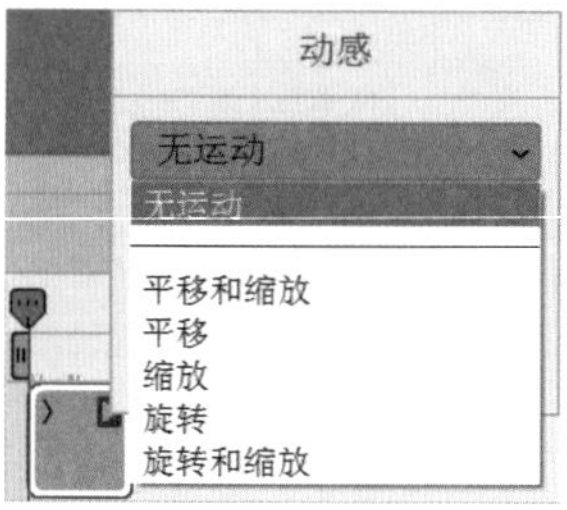

图 8-19　动感效果选项

(1) 打开“第 8 章\素材 8-20. jpg”，如图 8-20 所示。使用多边形套索工具把绿衣服的小朋友选取起来。注意，只对人物进行选取，不包括泡泡图形，如图 8-21 所示。待虚线选区出现后，按 Ctrl+Shift+J 快捷键，将所选图形粘贴到新图层，此时，“图层”面板上会自动生成“图层 1”，刚才剪切出来的小朋友会被独立存放于“图层 1”当中。

图 8-20　素材图片图

图 8-21　使用“多边形套索工具”选取人物

(2) 采用上述方法，分别将 3 个人物与两个泡泡剪切出来并放置于 5 个不同的图层当中，如图 8-22 所示。注意，图像剪切粘贴后会出现小范围的位移现象，可通过移动工具进行修正。

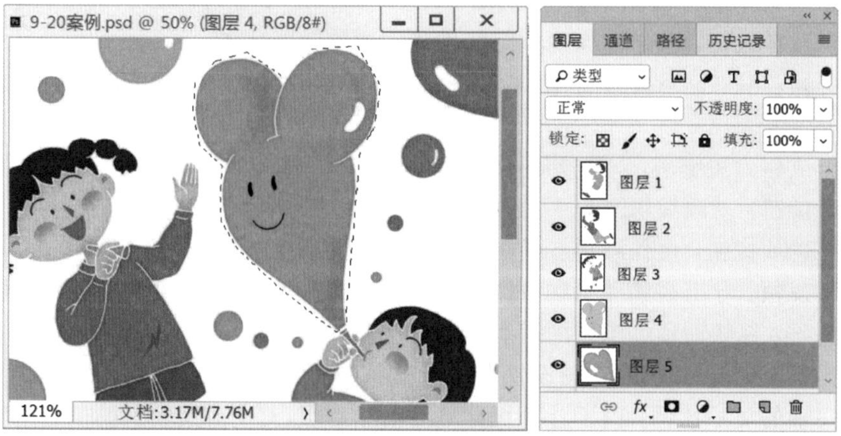

图 8-22　剪切与粘贴图像

(3) 打开“时间轴”面板，单击面板中间的“创建视频时间轴”按钮，如图 8-23 所示。此时，“时间轴面板”会把每个图层转换为单个的视频轨道，这有利于对每个图层的内容进行动画设计。

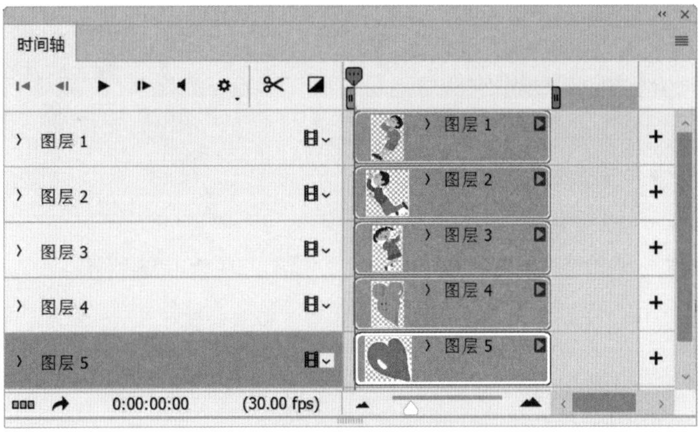

图 8-23　创建视频时间轴

(4) 在“时间轴”面板中找到“图层 1”轨道，单击“图层 1”前面的箭头，如图 8-24 所示。然后单击“关键帧”开关 ，分别在图层轨道的始点与终点置入两个关键帧，以此定义图形运动的始末状态，如图 8-25 所示。

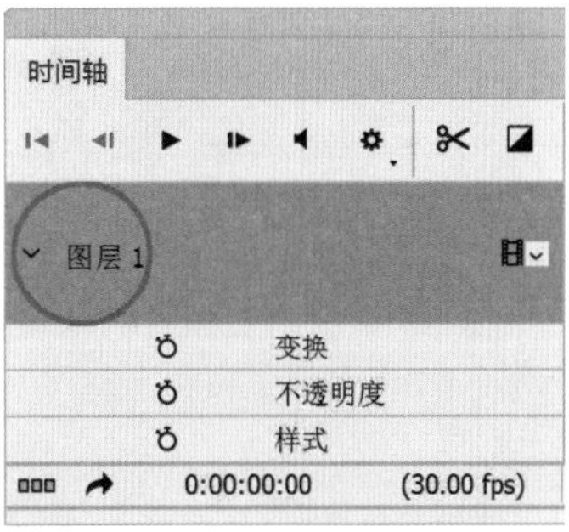

图 8-24　打开图层轨道编辑选项

(5) 选择“图层 1”视频轨道的终点关键帧，单击轨道右上方的三角箭头按钮(动感选项)，并在下拉式选项中选择“旋转”与“顺时针”，如图 8-26 所示。注意，动感选框的底部有一个“调整大小以填充画布”选项，这是一个预设固定值的选项，一般情况下可以不选，具体的动画运动轨迹，可根据实际情况做精准调整。

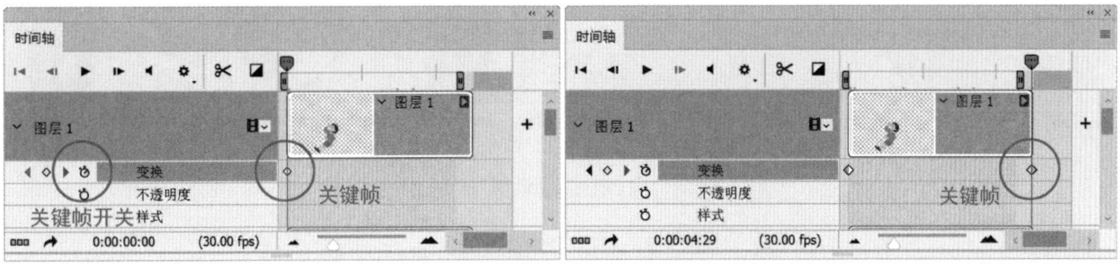

图 8-25　在图层轨道上设置关键帧

(6) 使用上述方法，对其他人物进行“旋转”的动画设置，对泡泡进行“旋转”和“缩放”的动画设置。注意，依据软件默认的旋转与缩放数值，人物与泡泡之间的动作吻合度会出现偏差，此时就需要手动纠正泡泡的旋转角度与缩放比例。如图 8-27 所示，选择“图层 4”(蓝色泡泡)轨道，单击始点关键帧，然后按 Ctrl+T 快捷键，旋转并缩小泡泡的尺寸。接着单击终点关键帧并按 Ctrl+T 快捷键，旋转并放大泡泡的尺寸，如图 8-28 所示。这一操作过程需要注意人物与泡泡之间的动作吻合度。

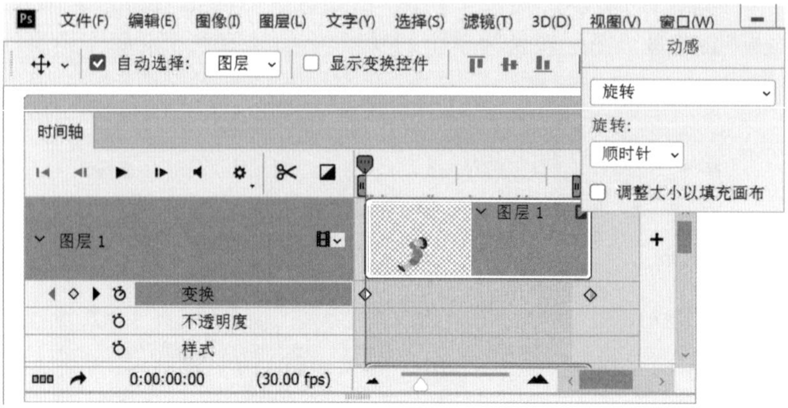

图 8-26　在图层轨道上设置动画

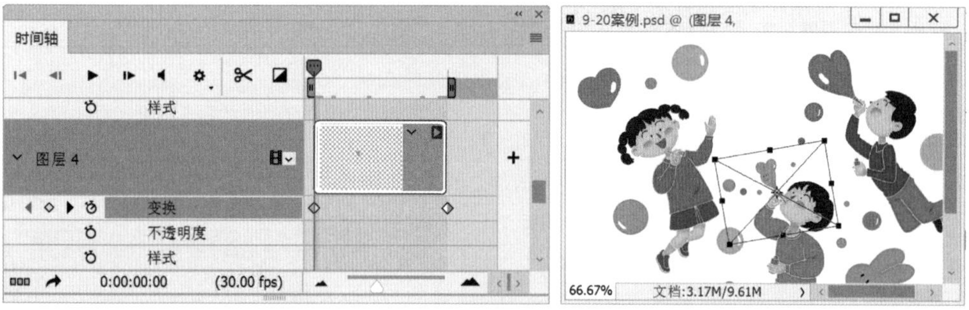

图 8-27　手动编辑动画的起始帧

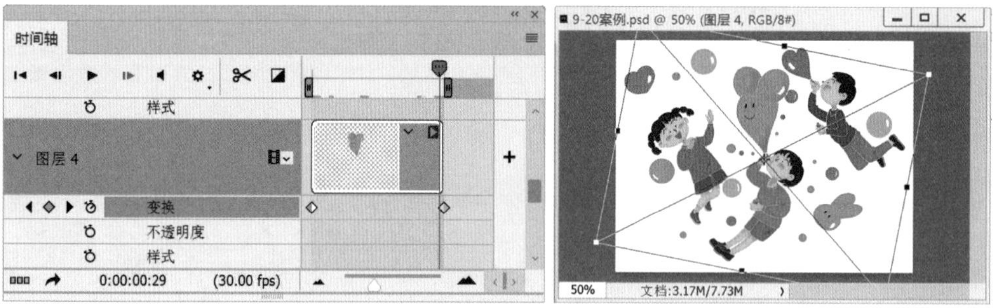

图 8-28　手动编辑动画的终点帧

(7) 利用同样的方法，对另一个吹泡泡的人物图形进行动画编辑。

(8) 所有动画编辑完成后，单击视频播放按钮，观看动画效果。对于初学者来说，由于缺乏对动作所需时间的具体研究。制作出来的动画往往要么运动过快、要么运动过慢。此时，需要一边观看播放效果、一边修改运动时间。如图 8-29 所示，可以通过拉长或缩短图层轨道的长度来实现最佳的动态效果。在这一操作过程中，要注意不同图层轨道的长度是否一致。

(9) 单击时间轴面板左下角的"渲染视频"按钮 ，如图 8-30 所示，设置相关参数，对视频进行渲染并导出视频格式的动画作品。

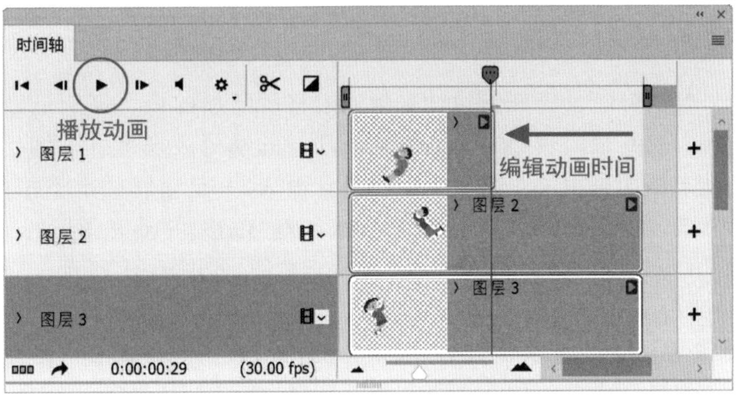

图 8-29　修正图形运动的时间

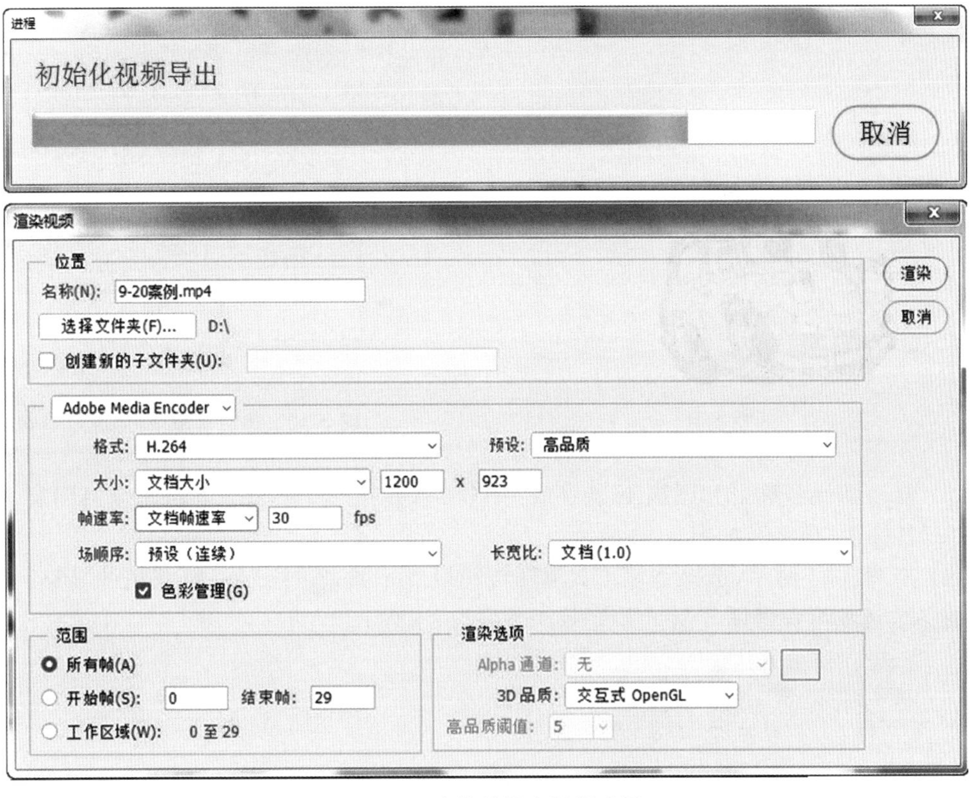

图 8-30　渲染并导出视频动画

（10）最终效果请浏览素材 8-30 动画效果. mp4，案例原文件可参考素材 8-30. psd 文件。

8.2　动态图形的基本表现形式

Photoshop 作为一款平面设计软件，它的动画功能主要表现在二维图形的动态编辑上。Photoshop CC 以后的版本，软件开发商添加了 3D 效果的操作命令与编辑面板，对于简单的 3D 动画设计，再也无须进行跨软件的操作。下面，根据 PS 动态图形的 6 种表现形式进行独立讲解。

8.2.1 位移式动态图形

视频讲解

“位移式”动态图形设计是指通过移动图形的位置来制造动画效果的设计方式。它是最简单、最常见、最易于理解的动画表现形式。例如，鸟的飞翔，这一动态画面是由两个“位移”动作组合而成，一是翅膀的上下拍打，二是鸟的飞行轨迹。接下来，通过下面的案例来了解“位移式”动态图形的工作原理。

(1) 打开“第 8 章\素材 8-31.jpg”文件，如图 8-31 所示。通过调整汽车的位置与绘制马路的白线来完成整个动画的制作。

(2) 选择魔棒工具，选取素材图片的白色背景，按 Ctrl+Shift+I 快捷键反选出汽车。再按 Ctrl+J 快捷键将选出的汽车复制到新图层，如图 8-32 所示。注意，此时会有细微的汽车边缘残留在背景图层上。为了达到最佳的视觉效果，可对背景图层进行白色填充。

图 8-31 素材图片

图 8-32 剪切汽车图形

(3) 修改图层名称，把“图层 1”名字改为“车 1”，并在“车 1”图层下新建空白图层，修改“图层 2”名称为“马路”，如图 8-33 所示。

(4) 如图 8-34 所示，选择钢笔工具与转换点工具绘制一块灰色的马路。钢笔工具的参数选项可参考图 8-35。绘制效果如图 8-36 所示。

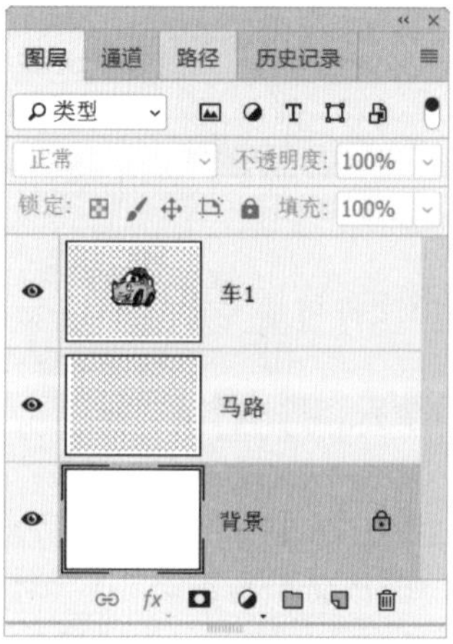

图 8-33 修改图层名称图

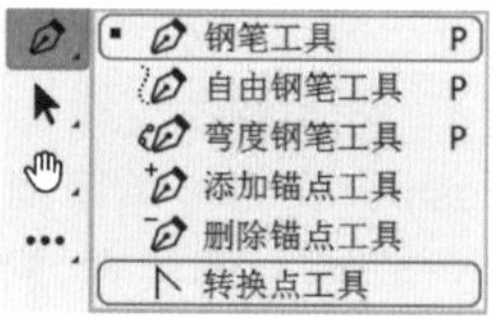

图 8-34 钢笔工具的使用

图 8-35　钢笔工具选项栏

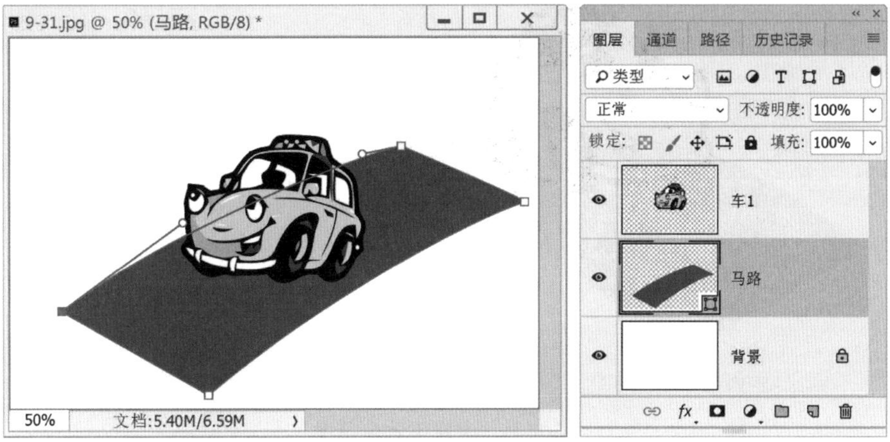

图 8-36　马路绘制效果

(5) 在“马路”图层上方新建两个空白图层，分别命名为“白线 1”与“白线 2”。在这两个图层中，分别绘制两段白线，如图 8-37 所示。白线的绘制可选用钢笔工具或多边形套索工具来完成。两条白线的交替出现能制造出车辆运动的感觉。

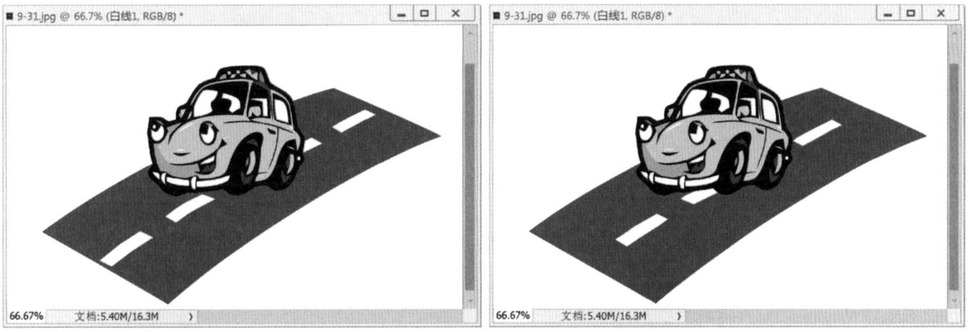

图 8-37　马路白线的绘制效果

(6) 复制图层“车 1”，并改名为“车 2”，选择“编辑”|“变换”|“旋转”命令，对小黄车进行小角度的旋转，从而形成车辆行驶中的颠簸动态，如图 8-38 所示。

(7) 单击“窗口”菜单下的“时间轴”，调出“时间轴”面板并选择“创建帧动画”，如图 8-39 所示。

(8) 关闭所有“车”和“白线”的图层可见性；选择时间轴面板的第一帧；然后打开“车 1”与“白线 1”的图层可见性；调整第一帧的延迟时间为 0.1 秒。

(9) 单击“复制所选帧”按钮，把第一帧复制到第二帧当中；关闭“车 1”与“白线 1”的图层可见性；打开“车 2”与“白线 2”的图层可见性，并把动画的循环选项调整为“永远”，如图 8-40 所示。

(10) 单击“播放”按钮，观看动画效果。执行“文件”|“导出”|“存储为 Web 所用格

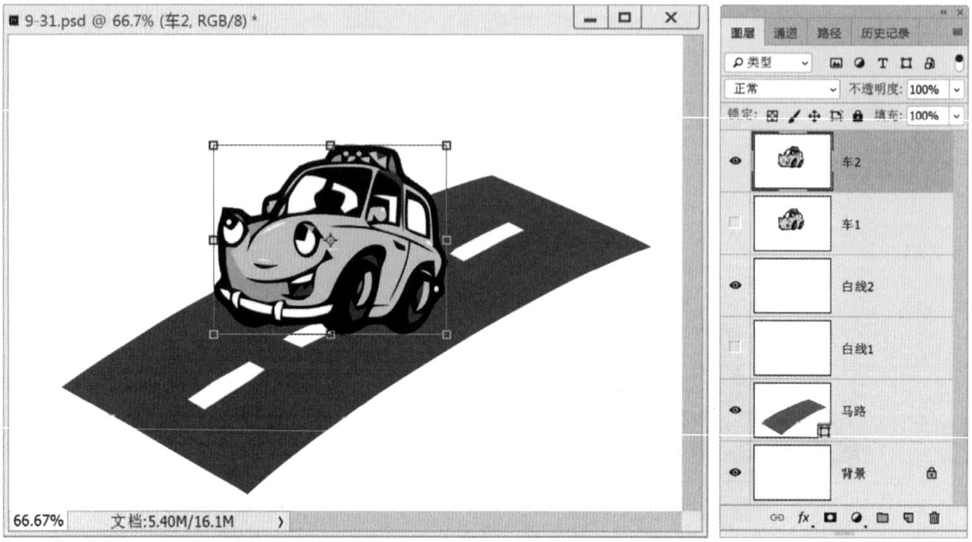

图 8-38　调整小黄车角度

图 8-39　打开“时间轴”面板

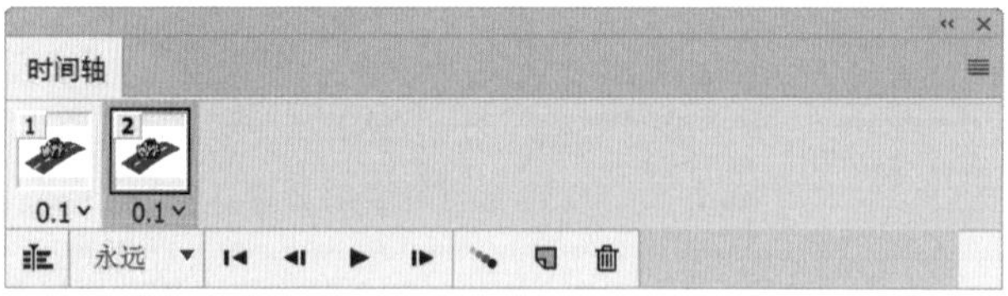

图 8-40　编辑帧动画

式”命令，进入动画的存储面板，如图 8-41 所示。在此面板中，要注意动画格式是否已经设定为 GIF，动画的播放次数是否已经设定为“永远”。最后按存储键导出动画。

（11）最终效果请浏览素材 8-41 动画效果.gif，案例原文件可参考素材 8-41.psd 文件。

8.2.2　渐变式动态图形

视频讲解

“渐变式”图形设计是指通过图像的“透明度”调整或者利用图像的“色彩渐变”来制造动画效果的设计方法。它被广泛运用于图像渐隐的二维动画当中。接下来，通过下面的案例来了解“渐变式”动态图形的工作原理。

图 8-41　动态图形的存储

(1) 新建尺寸为 1063×886 像素、分辨率为 150dpi、背景为白色的文档。

(2) 打开“第 8 章\素材 8-42.jpg”文件，如图 8-42 所示。

(3) 使用魔棒工具 ，选取魔法棒图形以外的空白区域，然后按 Ctrl+Shift+I 快捷键执行反选命令。

(4) 按 Ctrl+Shift+J 快捷键，把图形剪贴到新图层当中并更改图层名称为“魔法棒”，如图 8-43 所示。

图 8-42　魔法棒素材图片

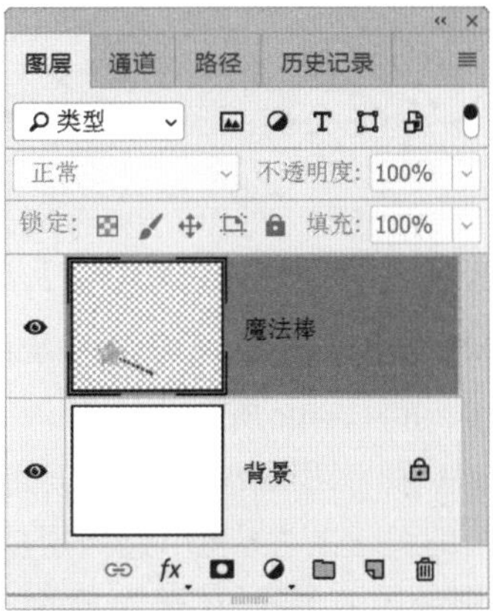

图 8-43　更改图层名称为“魔法棒”

(5) 选择多边形工具 ，选项栏参数如图 8-44 所示，绘制一个黑色的五角星。

(6) 使用矩形选框工具将绘制好的形状框选，执行“编辑”|“定义画笔预设”命令。将五角星画笔命名为“星星”，如图 8-45 所示。

(7) 选择画笔工具 ，单击选项栏上的“画笔设置”按钮，如图 8-46 所示。

(8) 在“画笔设置”面板中，对“画笔笔尖形状”“形状动态”“散布”3 项进行参数设置，具体设置如图 8-47 所示。这一步骤是为了绘制出散点分布的星星图像。

图 8-44　五角星的绘制参数图

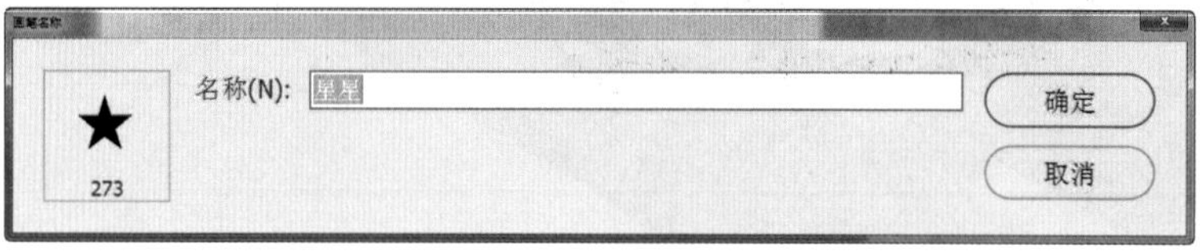

图 8-45　创建五角星画笔

图 8-46　画笔设置按钮

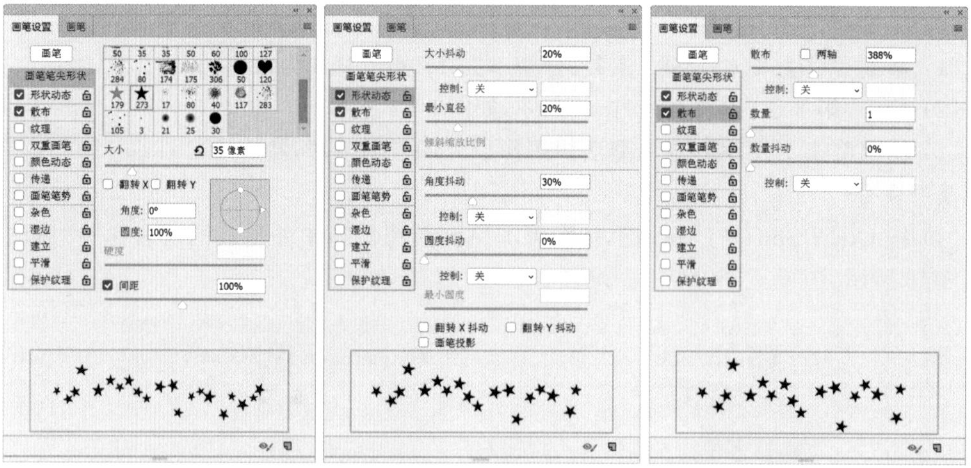

图 8-47　画笔设置

(9) 新建一个图层，命名为“群星”，使用刚刚设置好的星状画笔在“群星”图层中绘制出一组黄色的星星，如图 8-48 所示。

(10) 在“魔法棒”图层与“群星”图层之间新建一个空白图层，命名为“遮挡层”。这个遮挡层是渐变动画的关键所在，利用遮挡层的运动来实现图像渐变的动画效果。

(11) 单击渐变工具 ，在选项栏中选择“线性渐变”，并设置渐变效果为“白色→透明”。然后在“遮挡层”中绘制渐变色块，如图 8-49 所示。

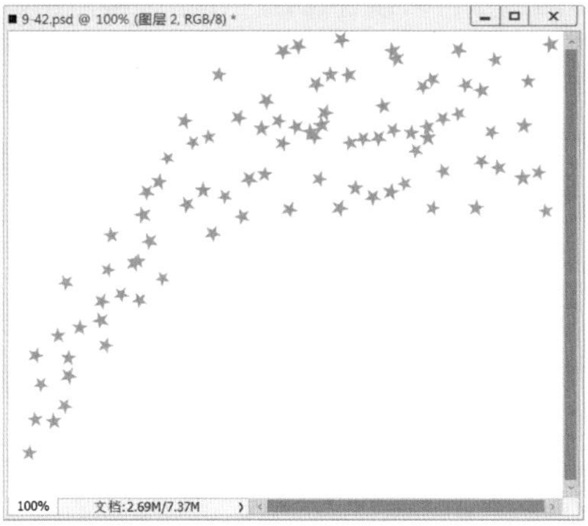

图 8-48　群星的绘制图

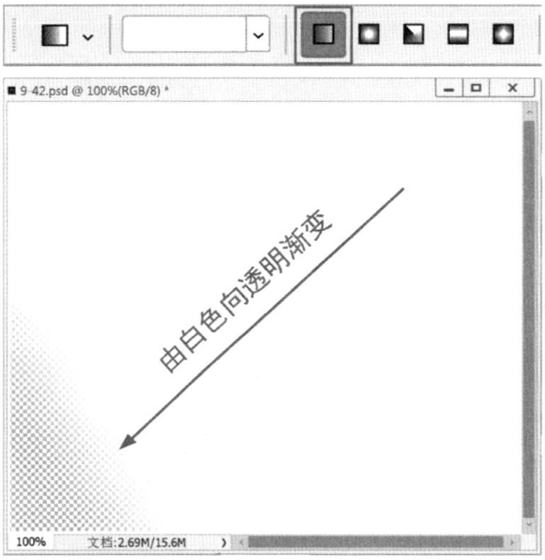

图 8-49　绘制渐变色块

（12）从“窗口”菜单中调出“时间轴”面板，创建“视频时间轴”。双击“时间轴”面板左下方的时间码，在弹出对话框中设置时间为 1 秒，根据“时间线”停留的位置，调整图层轨道的长度，如图 8-50 所示。

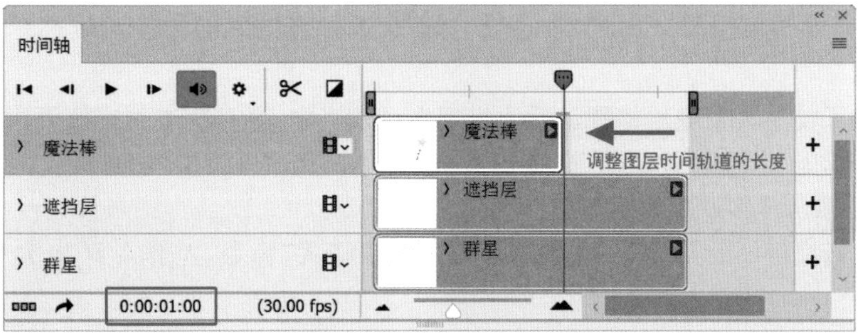

图 8-50　动画的时间设置

(13) 在“魔法棒”轨道的始点与终点各设置一个关键帧。在始点关键帧处，通过旋转命令编辑魔法棒的起始位置。接着，在终点关键帧处，再次使用旋转命令编辑魔法棒的终点位置。此时，软件会自动计算出图形运动的轨迹，操作过程如图 8-51 所示。

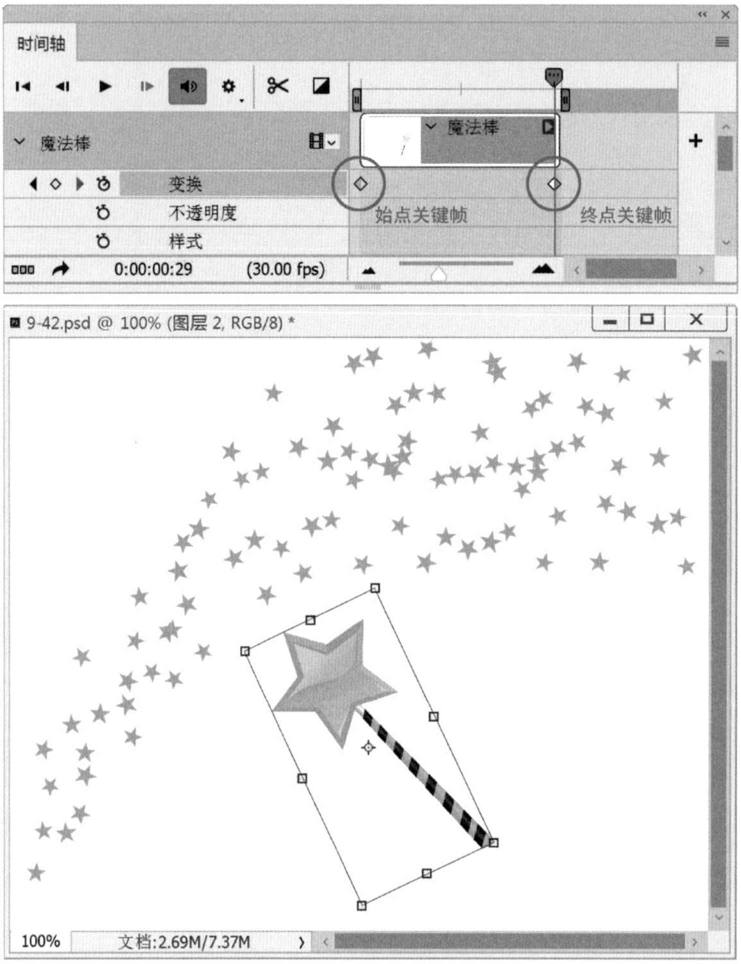

图 8-51　魔法棒的动画设置

(14) 在“遮挡层”轨道的始点与终点各设置一个关键帧。在始点关键帧处，使用移动工具 调整遮挡图层的位置。接着，在终点关键帧处，再次使用移动工具 ，把遮挡图层移动到右上角的画面以外。此时，软件会自动计算出遮挡图层的运动轨迹。操作过程如图 8-52 所示。

(15) 为了使星星在魔法棒挥动后才出现在画面当中，要对轨道的出场顺序与位置作出调整，“魔法棒”轨道要比“遮挡层”轨道往后推迟 3～5 帧，“遮挡层”轨道又比“群星”轨道往后推迟 3～5 帧。具体设置如图 8-53 所示。

(16) 执行“文件”|“导出”|“存储为 Web 所用格式”命令，把作品导出为 GIF 格式的动画。

(17) 最终效果请浏览素材 8-51 动画效果.gif，案例原文件可参考素材 8-51.psd 文件。

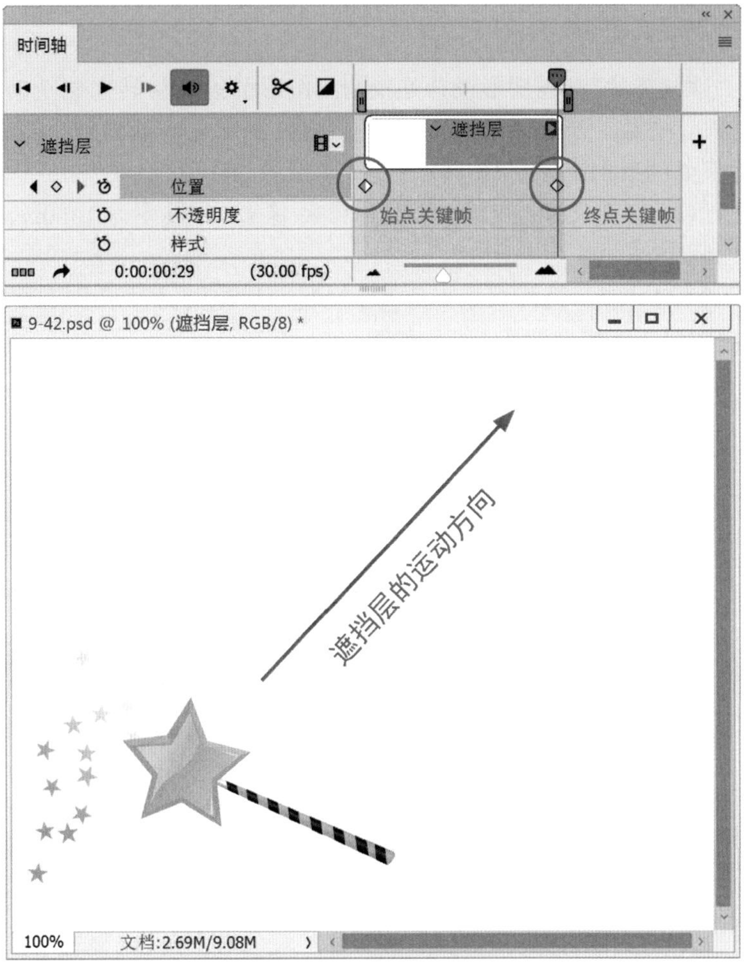

图 8-52　遮挡层的动画设置

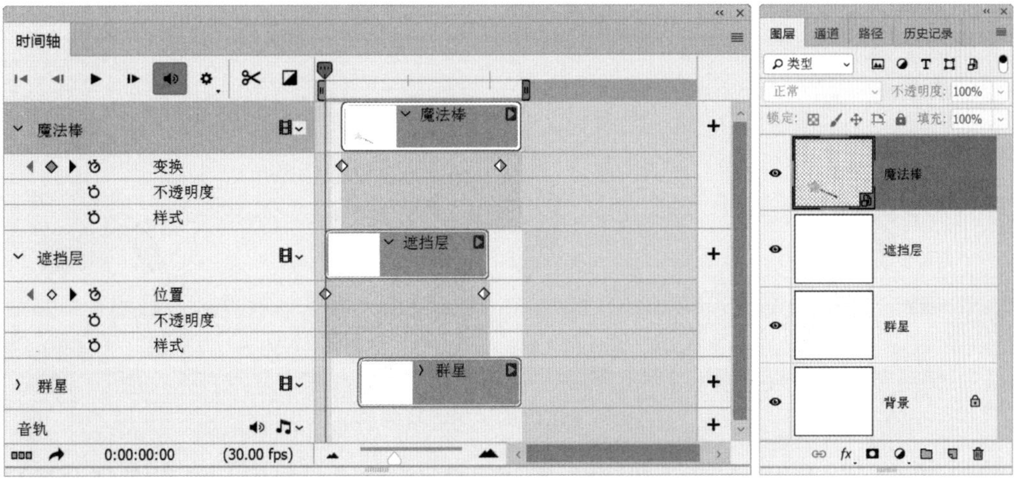

图 8-53　动画最终效果的时间轴设置

8.2.3 旋转式动态图形

视频讲解

“旋转式”动态图形设计是指利用图形的连续旋转来制造动画效果的设计方式。它被广泛应用于风车、闹钟、仪表、太阳光等动画创作当中。接下来，通过下面的案例来介绍“旋转式”动态图形的工作原理。

(1) 新建尺寸为 1240 像素×1240 像素、分辨率为 150dpi、背景为白色的文档。

(2) 新建一个空白图层，选择钢笔工具绘制一片花瓣，把“形状 1”的图层名称改为“花瓣”，接着，把图层不透明度改为 50%，如图 8-54 所示。

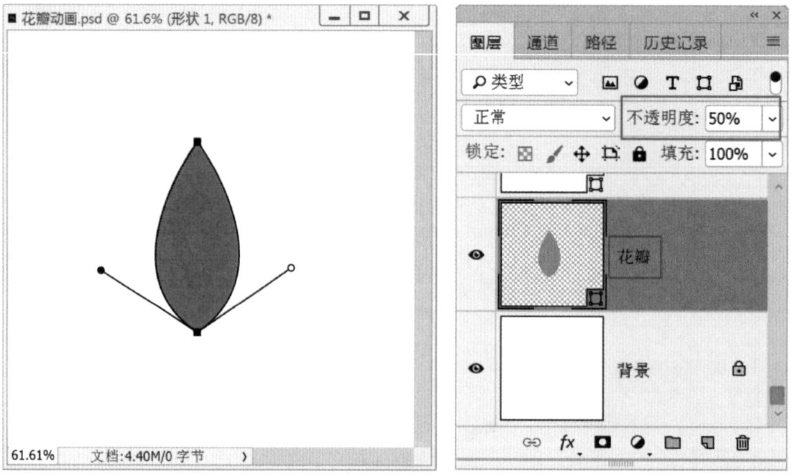

图 8-54 绘制花瓣图形

(3) 按 Ctrl+T 快捷键，把旋转中心点移动到花瓣的右下角，调整选项栏的角度参数为 20 度，然后再适当放大花瓣的尺寸，如图 8-55 所示。

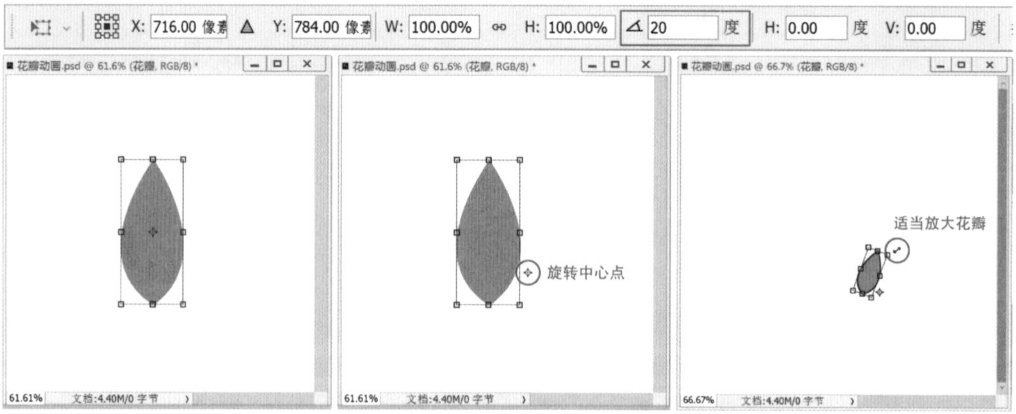

图 8-55 花瓣图形的旋转编辑

(4) 按 Ctrl+Shift+Alt+T 快捷键，执行旋转复制命令。每按一次，软件就会按照第(3)步所设定的参数自动复制一个新的花瓣。每个花瓣会占据一个独立图层。花瓣复制的数量由操作者的审美来决定，参考效果如图 8-56 所示。

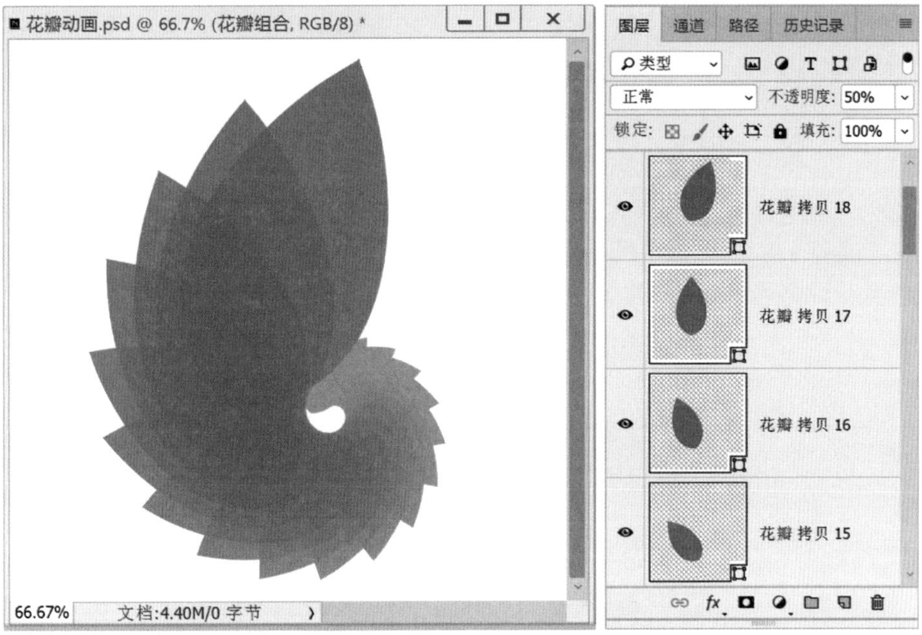

图 8-56　花瓣图形的旋转与复制

(5) 在“窗口”菜单中调出“时间轴”面板。选择“创建视频时间轴”。在众多图层轨道中，只编辑带有“花瓣”字样的轨道。为了使花瓣按顺序地逐个呈现，需要调整每个“花瓣”轨道的时间位置。首先设置当前时间，如图 8-57 所示，双击时间轴面板左下方的时间码，在弹出的对话框中把当前时间设定为 0:00:00:10，此时，红色的“时间线”会移动到 1/3 秒的地方。(注意，这个数值代表的不是 1/10 秒，而是 1/3 秒。因为计算机默认的帧率为每秒 30 帧，这里面的数字 10 代表 10 帧，正好 1/3 秒。)接着，把“花瓣拷贝”轨道整段往后移动，将其置于 1/3 秒之后。如此便能控制第二片花瓣延迟 1/3 秒出现，从而形成花瓣依次旋转出现的动画效果。具体操作如图 8-58 所示。

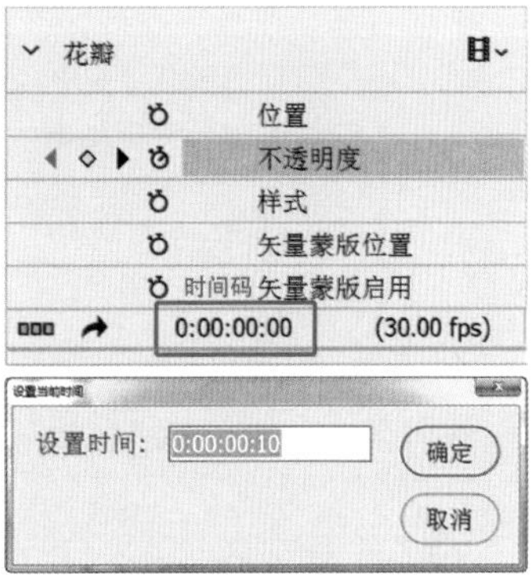

图 8-57　设置时间码

(6) 以此类推，对所有“花瓣”轨道进行出场时间的调整。前后两个“花瓣”轨道之间都设置 1/3 秒(10 帧)的时差，如图 8-59 所示。

(7) 在“时间轴”面板上单击“花瓣”图层前面的“竖三角”，然后在“不透明度”选项中为“花瓣”轨道的始点与末点添加关键帧。接着，把始点关键帧的透明度调为 50%，末点关键帧的透明度调为 0%，如图 8-60 所示。最后，用同样的方法，为所有“花瓣”轨道添加始末关键帧并设置透明度。

(8) 单击播放按钮 ▶，观看动画效果。单击时间轴面板左下角的 ➦“渲染视频”按钮，设置相关参数，对视频进行渲染并导出视频格式的动画作品。

(9) 最终效果请浏览素材 8-57 动画效果.mp4，案例原文件可参考素材 8-57.psd 文件。

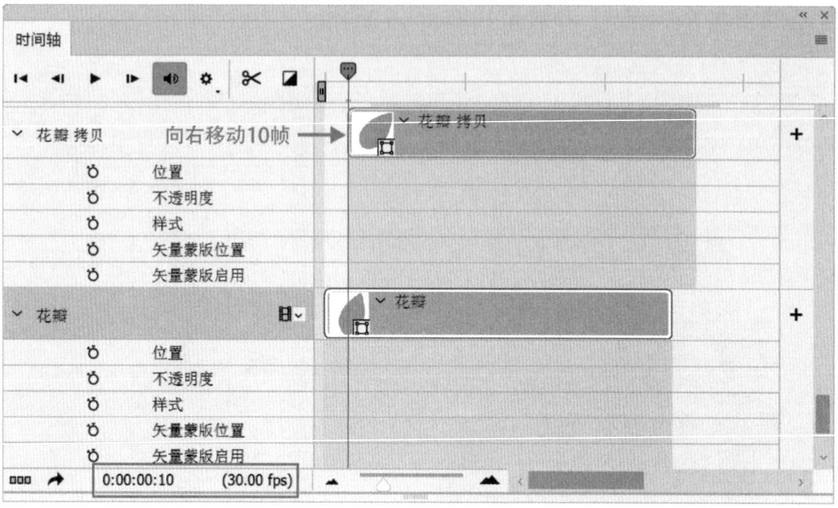

图 8-58　移动图层轨道

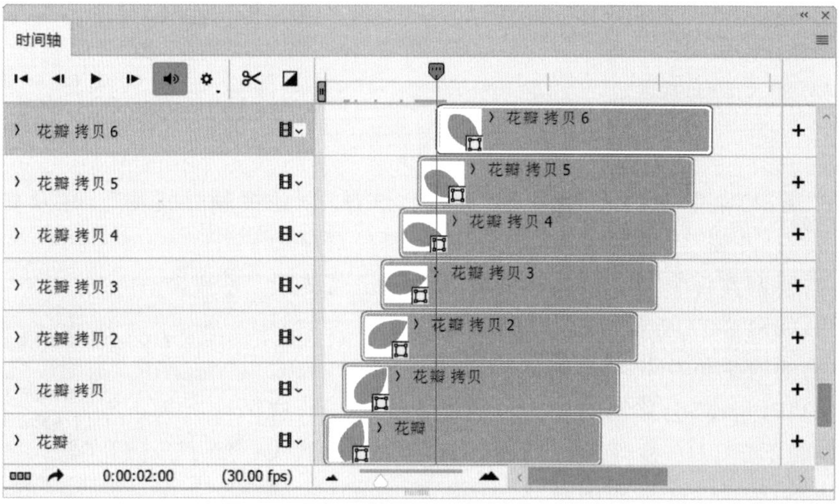

图 8-59　调整图层轨道的出场时间

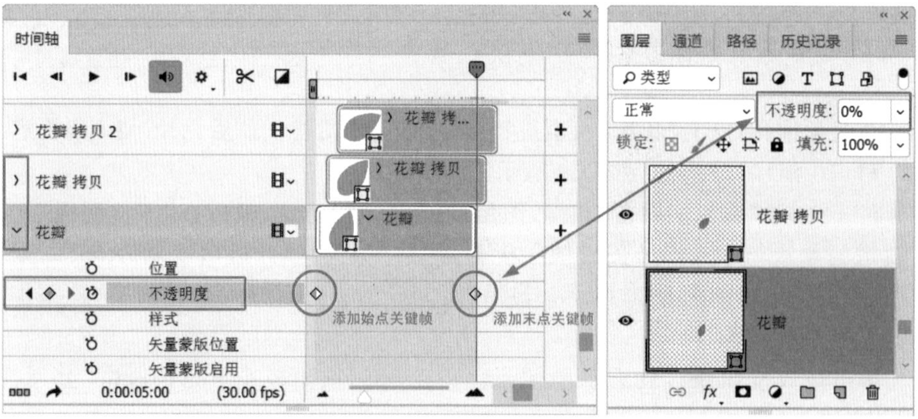

图 8-60　通过调整“花瓣”的不透明度，实现图形淡出的效果

8.2.4 闪烁式动态图形

“闪烁式”动态图形设计是指利用两个以上的图形交替闪现来制造动画效果的设计方式。它被广泛运用于网页广告的动画创作当中。接下来,通过下面的案例来了解“闪烁式”动态图形的工作原理。

视频讲解

(1) 打开“第 8 章\素材 8-61.jpg”文件,如图 8-61 所示。

(2) 单击“图层”面板下面的“创建组”按钮 ,建立“组 1”,并在“组 1”里面新建两个图层,分别命名为“雪 1”与“雪 2”,如图 8-62 所示。

图 8-61 雪景素材图片

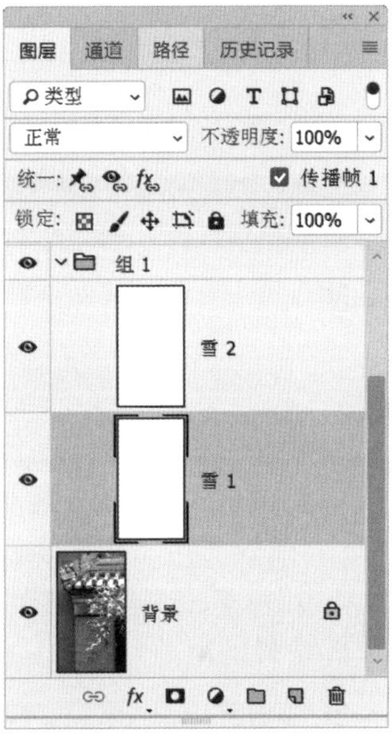

图 8-62 图层组的建立

(3) 对“雪 1”图层填充黑色,执行“滤镜”|“像素化”|“点状化”命令,在“点状化”对话框中,把“单元格大小”设置为 9,如图 8-63 所示。

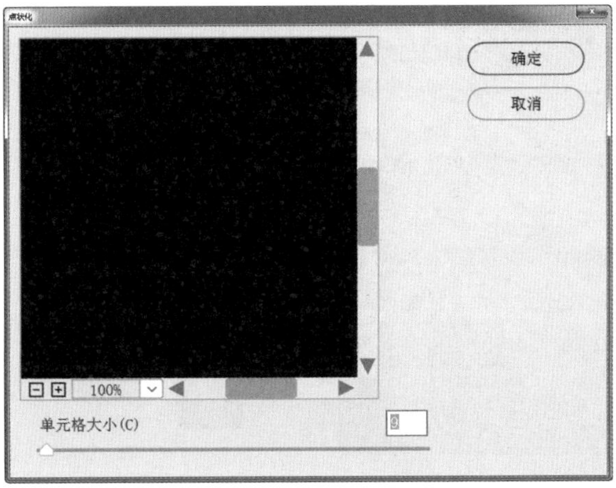

图 8-63 点状化的设置

(4) 执行“图像”|“调整”|“阈值”命令,在“阈值”对话框中,把“阈值色阶”设置为 43,如图 8-64 所示。

(5) 对“雪 2”图层填充黑色,执行“滤镜”|“像素化”|“点状化”命令,在“点状化”对话框中,把“单元格大小”设置为 22。执行“图像”|“调整”|“阈值”命令,在“阈值”对话框中,把“阈值色阶”设置为 44。

(6) 分别对“雪 1”与“雪 2”执行“滤镜”|“模糊”|“动感模糊”命令,如图 8-65 所示。

图 8-64　阈值色阶的设置

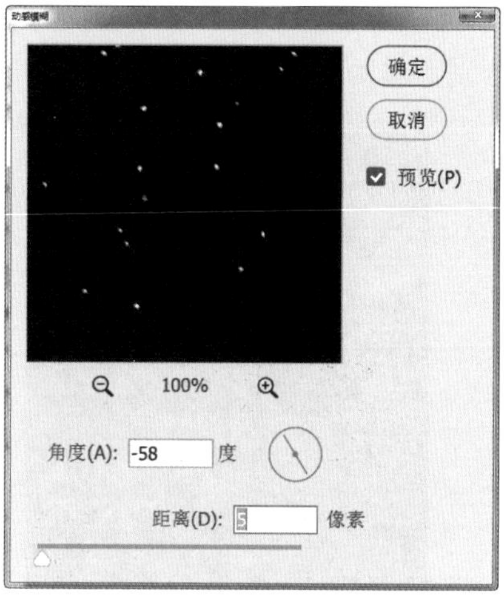

图 8-65　动感模糊的设置

(7) 分别将“雪 1”与“雪 2”的图层混合模式改为“滤色”,如图 8-66 所示,此时,有层次感的人造雪景被绘制出来了。

图 8-66　把图层混合模式改为“滤色”

(8) 使用上述的方法，制作 3～5 个图层组，每个图层组包含两个雪花图层。图层组越多，雪花交替出现的重复频率就越低，动画效果就越好。

(9) 在“图层”面板中关闭所有图层组的可见性 。

(10) 在“窗口”菜单中调出“时间轴”面板，并选择“创建帧动画”。

(11) 选择“帧动画”面板中的第一帧，并将帧的延迟时间调整为 0.2 秒。然后在“图层”面板中打开“组 1”的可见性 ，如图 8-67 所示。

图 8-67　第一帧的设置

(12) 单击“时间轴”面板下的“复制所选帧”按钮 ，创建第二帧。与此同时，关闭“组 1”的图层可见性，打开“组 2”的图层可见性。以此类推，创建 5 帧动画，每帧的画面对应一个图层组的内容。如图 8-68 与图 8-69 所示。

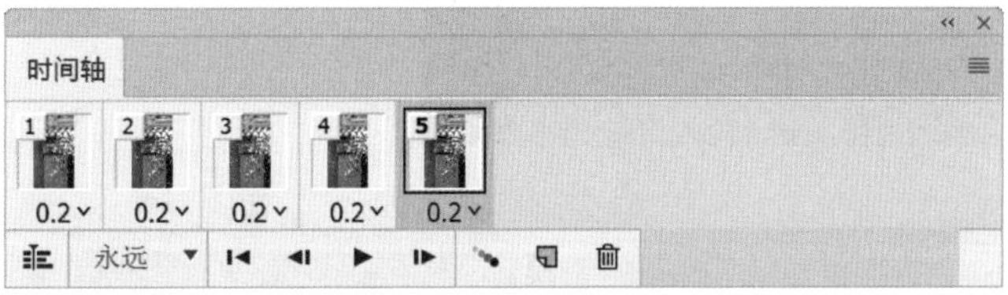

图 8-68　5 帧动画的设置

图 8-69　图层组的构成

(13) 单击播放按钮 ，观看动画效果。执行“文件”|“导出”|“存储为 Web 所用格式”命令，进入动画的存储面板，如图 8-70 所示。在此面板中，要注意动画格式是否已经选择为

GIF,动画的播放次数是否已经设定为“永远”。最后按存储键导出 GIF 动画。

(14) 最终效果请浏览素材 8-70 动画效果.gif,案例原文件可参考素材 8-70.psd 文件。

图 8-70　动画的导出

8.2.5　3D 动态图形

视频讲解

3D 动态图形设计是指利用 PS 中的 3D 功能来创作动画的设计方法。它被广泛运用于简单的网页广告设计当中。接下来,通过下面的案例来了解一下 PS 软件的 3D 动画功能。

(1) 新建尺寸为 1063×886 像素、分辨率为 150dpi、背景为白色的文档。

(2) 新建“图层 1”,选择渐变工具,对“图层 1”进行“红黄”渐变填充,如图 8-71 所示。

(3) 打开“第 8 章\图 8-72.jpg 与 8-73.jpg”文件,如图 8-72 和图 8-73 所示。

(4) 使用魔棒工具单击“党徽”图片的黄色部分,按 Ctrl+J 快捷键将“党徽”图形复制到新的图层中,并将其拖入新建的文档中。

(5) 选择 8-73.jpg 文件,将其拖入新建的文档中(图层 3)。

(6) 对“国旗”和“党徽”执行“编辑”|“变换”|“缩放”命令,调整它们的大小比例,如图 8-74 所示。

(7) 调整“国旗”图层的“混合模式”为“线性光”,不透明度为 30%,如图 8-75 所示。

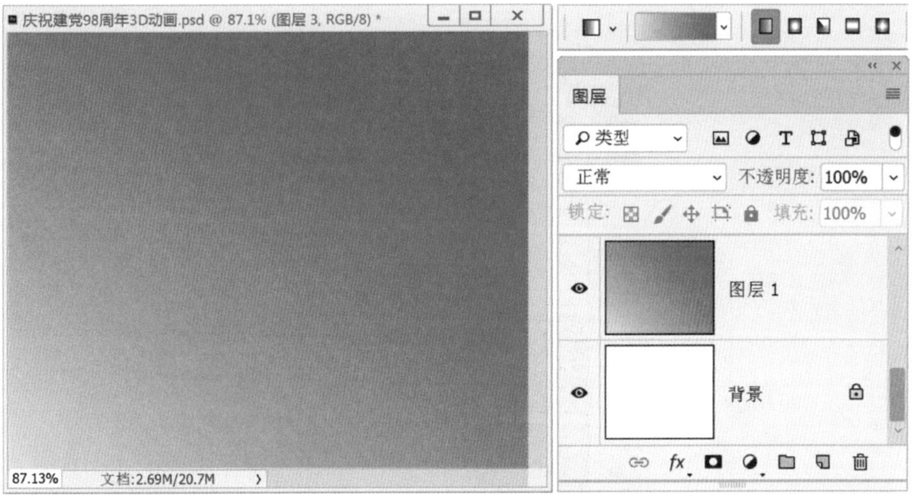

图 8-71　绘制红黄渐变色块

图 8-72　党徽素材图片

图 8-73　国旗素材图片

图 8-74　编辑图形尺寸

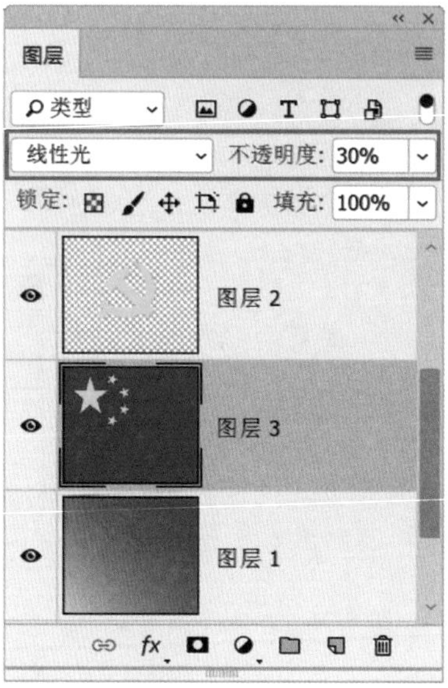

图 8-75　调整图层混合模式与不透明度

(8) 把前景色调成黄色,选择文字工具 T ,输入"庆祝建党 98 周年"字样。单击"图层"面板下面的"添加图层样式"按钮 fx ,建立浮雕字体。参数设置如图 8-76 所示。

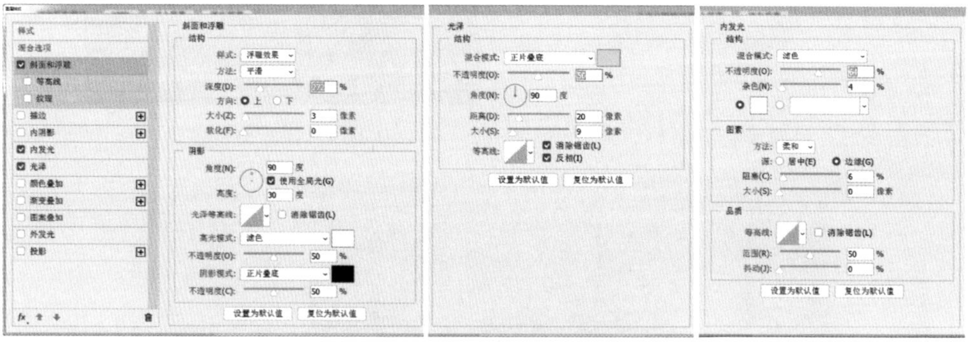

图 8-76　图层样式参数设置

(9) 选择"党徽"图层,在 3D 菜单中单击"从所选图层新建 3D 模型",把平面的党徽图形变为立体的三维模型。立体造型的参数设置如图 8-77 所示。注意,3D 造型的可塑性非常广阔,可以从物体的前面、后面、侧面、转折面、材质、光源等多个方面进行塑造。整个塑造过程全凭用户的审美喜好,没有固定统一的标准。大家在模拟操作时可以大胆尝试各种新的数值设置。

(10) 在"窗口"菜单中调出"时间轴"面板,选择"创建视频时间轴",如图 8-78 所示。

(11) 在这个案例中,将利用"3D 相机"的位置变化与"3D 光源"的照射调整来实现画面的连续运动。首先,选择"党徽"所在的图层轨道。单击时间轴中"图层 2"前面的"竖三角",在下拉式选项中可以找到"3D 相机位置"选项。接着,把"时间线"拉到左边尽头,单击"3D 相机位置"前面的小闹钟 ,在"图层 2"轨道的始点添加一个关键帧。然后返回文件画面,调整 3D 党徽的视角,如图 8-79 所示。

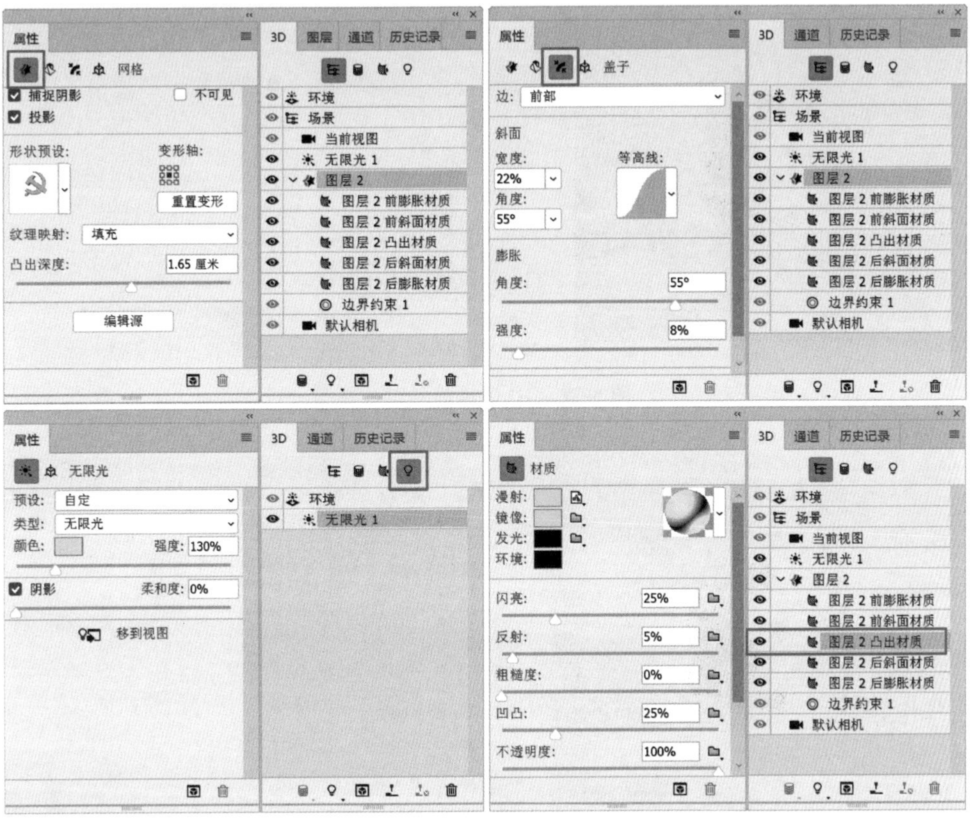

图 8-77　三维模型参数设置参考

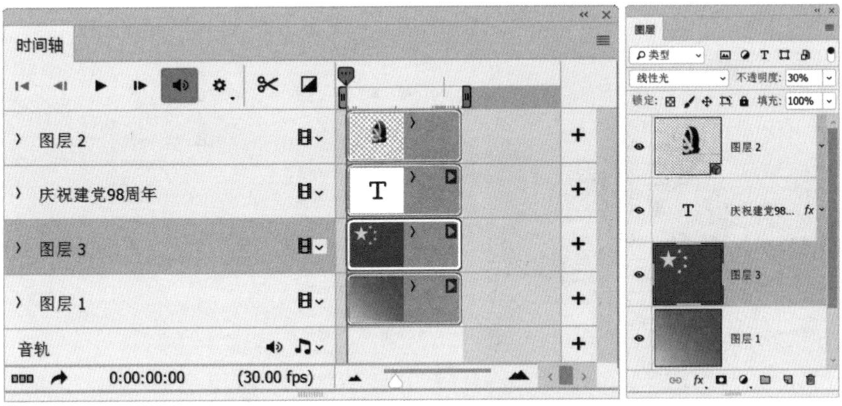

图 8-78　时间轴的开启与图层的结构

(12) 在时间轴"图层 2"下拉式选项中找到"3D 光源"|"无限光"选项,并单击"无限光"前面的小闹钟 ,此时,在"图层 2"轨道的始点上出现了第二个关键帧。这个关键帧是控制灯光效果的。接着,返回文件画面,调整灯光的角度与亮度,如图 8-80 所示。

(13) 移动"时间线"至时间轨道的 1/3 处,返回文件画面,调整 3D 模型的角度。此时,时间轴会自动生成一个关键帧来记录三维模型的运动过程,如图 8-81 所示。

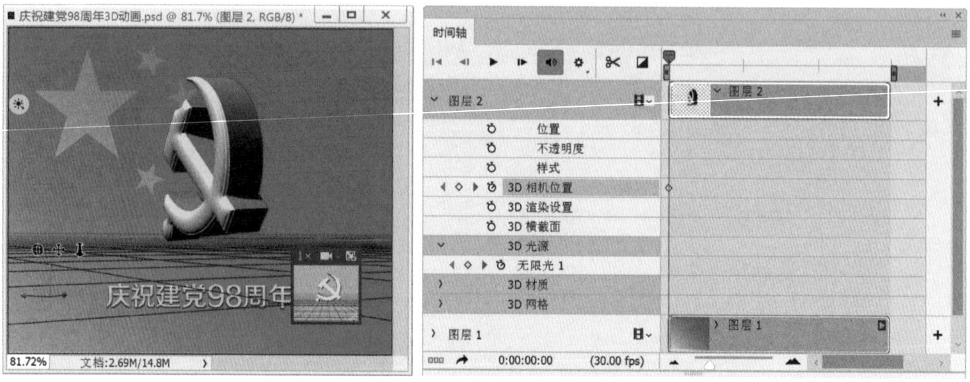

图 8-79　3D 相机的角度调整

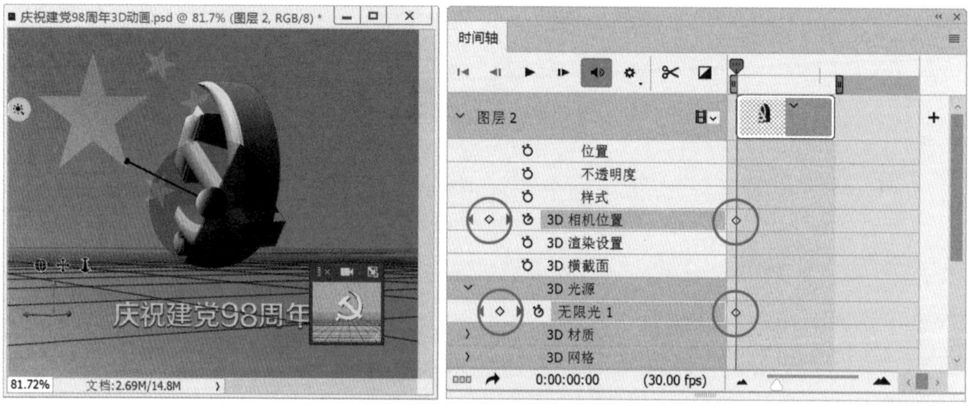

图 8-80　3D 光源调整

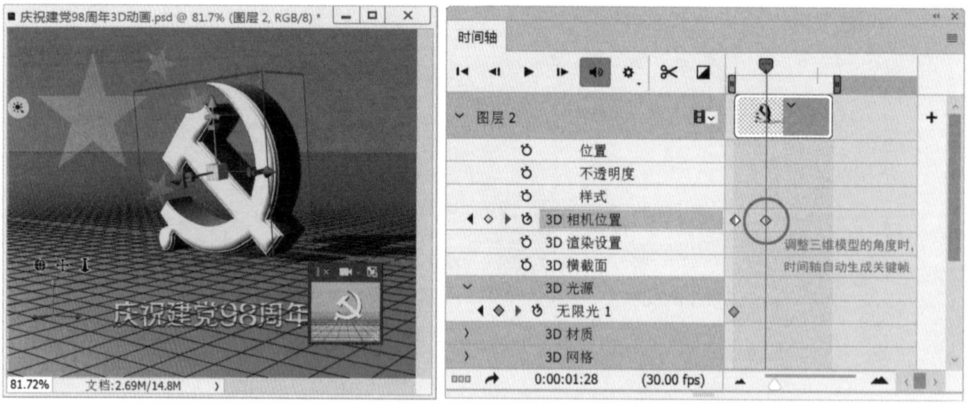

图 8-81　时间轴自动生成关键帧并记录三维模型的运动过程

(14) 利用同样的方法，在不同的时间轨道上调整三维模型的视角与光线，让时间轴自动记录物体的运动过程。一般情况下，最好让时间轴自动生成 3 组以上的关键帧，如图 8-82 所示。

(15) 单击“播放”按钮▶，观看动画效果。如有不流畅的地方，返回时间轴，对个别帧作最后调整。

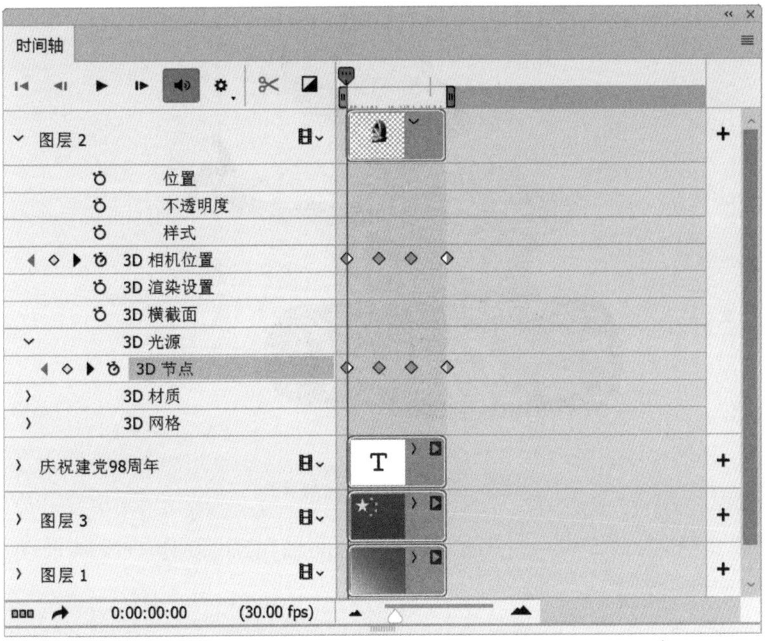

图 8-82　时间轴最终设置参考

(16) 单击"时间轴"面板左下角的"渲染视频"按钮 ，设置相关参数，对视频进行渲染并导出视频格式的动画作品。

(17) 最终效果请浏览素材 8-82 动画效果.mp4，案例原文件可参考素材 8-82.psd 文件。

习　题　8

1. 打开"第 8 章\素材 8-83.jpg"文件，通过"帧动画"方式制作一个机器人动画。制作过程可参考素材 8-83.psd 文件。

操作提示：

(1) 使用多边形套索工具选取机器人的手指并进行剪切与粘贴。

(2) 手指图层及其对应的帧必须建立 3 个以上，这样才能设计出动态流畅的动画效果。

(3) 时间轴的帧动画结构如图 8-83 所示。

(4) 最终效果请浏览图 8-84 动画效果.gif，案例原文件可参考图 8-83.psd 文件。

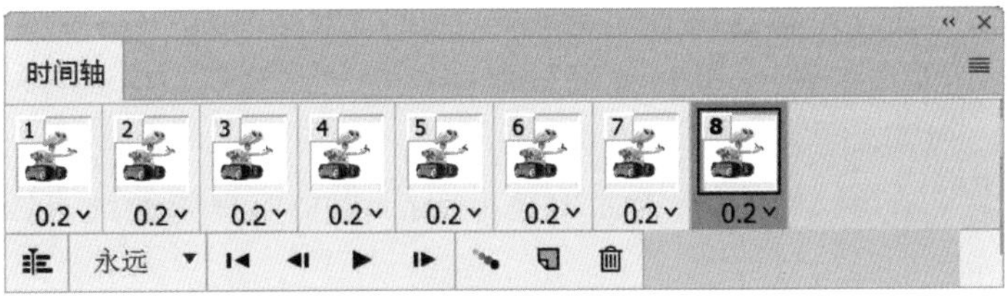

图 8-83　帧动画结构

图 8-84 机器人素材图片

2. 打开"第 8 章\素材 8-85.jpg"通过"视频时间轴"方式制作一段风景动画。制作过程可参考素材 8-85.psd 文件。

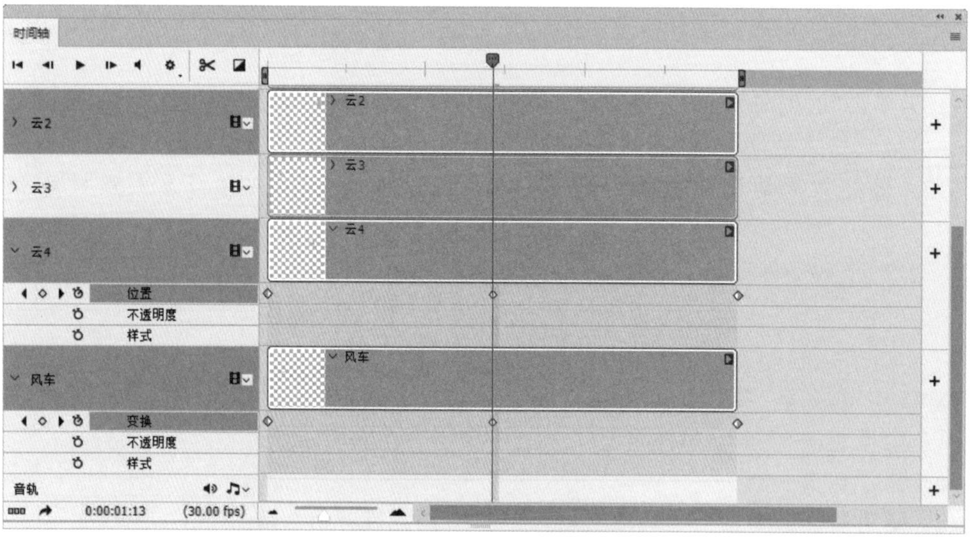

图 8-85 "时间轴"结构图

操作提示：

(1) 风车的旋转动画只需抠取叶片，注意叶片周围不能留下白边。

(2) 为了使动画在连续播放时首尾衔接自然，每个图层轨道上必须安排 3 个以上的关键帧，首尾关键帧所对应的图形，其位置最好保持不变。只有尾帧回到首帧的状态，循环播放才会无缝对接。时间轴结构如图 8-85 所示。

(3) 因为这个动画比较简单，所以无须导出 mp4 类型的视频动画，只需存储为 GIF 格式便可。

(4) 最终效果请浏览图 8-86 动画效果.gif，案例原文件可参考图 8-85.psd 文件。

图 8-86　风景素材图片

图书资源支持

感谢您一直以来对清华版图书的支持和爱护。为了配合本书的使用，本书提供配套的资源，有需求的读者请扫描下方的“书圈”微信公众号二维码，在图书专区下载，也可以拨打电话或发送电子邮件咨询。

如果您在使用本书的过程中遇到了什么问题，或者有相关图书出版计划，也请您发邮件告诉我们，以便我们更好地为您服务。

我们的联系方式：

地　　址：北京市海淀区双清路学研大厦 A 座 714

邮　　编：100084

电　　话：010-83470236　010-83470237

客服邮箱：2301891038@qq.com

QQ：2301891038（请写明您的单位和姓名）

资源下载：关注公众号“书圈”下载配套资源。

资源下载、样书申请

书圈

获取最新书目

观看课程直播